흥부가
태어난다면
제비가
돌아올까?

흥부가
태어난다면
제비가
돌아올까?

전성군 · 강대성 · 최성오 · 김광태 · 박상도 · 송경규 지음

한국학술정보

CONTENTS

제3부 최성오의 만추별곡

제4부 김광태의 여보, 사랑해!

제6부 송경규의 도시의 구원투수 꿀벌

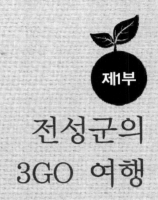

제1부

전성군의
3GO 여행

1. 봄나물 경제학

봄나물은 봄의 전령이라고 할 만큼 가장 인기 있는 제철상품이다. 향긋함과 신선하고 독특한 맛이 미각을 깨워줘 입맛 없는 봄철에 제격이다. 4월이면 봄나물은 최적이다. 봄나물은 갑작스러운 기후변화와 겨울 동안 고갈된 각종 영양소의 부족을 채워준다. 비타민과 각종 영양소가 풍부한 제철 봄나물을 섭취해 봄이 전하는 싱싱함만큼이나 나른한 몸을 생기 있게 바꿀 수 있다.

사실 봄이 되면 충분히 휴식을 취해도 나른하고 졸리다. 사람이나 동물이나 마찬가지다. 이럴 때 봄나물로 식단을 꾸며보자. 가장 경제적이며 최적의 힐링 환경이 만들어질 것이다. 얼마 전 이런 봄나물을 주제로 한 청년장사꾼 '나물투데이'가 네이버와 청년위원회에서 주관한 온라인 창업지원 프로젝트 본선에 올라 대상을 차지했다.

겨울 동안 굴 안에서 움직이지 않은 채 긴 잠을 자고 난 곰·노루·산토끼 등은 봄이 되면 굴 밖으로 나오면서 본능적으로 꽃향기를 찾는다. 이때 이 동물들이 가장 먼저 찾아내는 것 중의 하나가 바로 앞

은부채꽃이라고 한다. 이 꽃은 눈과 얼음이 채 녹지도 않은 깊은 산골짜기에서 손바닥 같은 포엽으로 둘러싸인 채 먼저 나온다.

동물들만이 이러한 봄맞이 건강 비법을 갖고 있는 것은 아니다. 사람의 경우에는 겨울 동안 동면에 들어가지는 않지만 대신 다른 계절에 비해 덜 움직인다. 그러면서도 음식 섭취량은 오히려 더 많은 편이다. 그래서 봄이 되면 피부는 푸석하고, 일에 의욕을 잃어 공연히 짜증만 느는 춘곤증이 생긴다.

시기적으로 5월 초까지 지속되는 춘곤증은 생체리듬이 아직 풀리지 않은 데서 발생하는 일종의 '부적응의 상태'라고 할 수 있다. 또 신체 활동량에 맞는 칼로리와 각종 영양소들의 섭취 부족에 의한 영양상 불균형도 요인으로 작용한다.

특히 겨울 동안 운동이 부족하거나 피로가 누적된 사람일수록 춘곤증이 심하다. 그래서 예로부터 우리의 부모님들은 봄이 되면 길가 둑에 파릇파릇 돋아나는 쑥의 새싹을 캐내어 쑥국을 끓인 후 집안의 모든 식구들에게 먹게 했다.

이것이 바로 우리의 조상 대대로 내려온 건강 비법이다. 이처럼 춘곤증을 극복하기 위해서는 가벼운 운동이 좋은 양생법이지만, 역시 비타민과 무기질 등의 영양소를 충분히 섭취하는 식생활이 중요하다. 춘곤증을 물리치고 활력을 잃은 몸의 신진대사를 향긋한 봄나물로 원활하게 바꿔보자.

특히 봄의 계절 별미인 나물은 식단의 보배다. 자연의 향기가 가득한 봄나물은 체내에 부족한 발진의 기운을 보충해주고, 식욕을 돋우며, 몸과 마음을 상쾌하게 해 나른함을 없애주는 고마운 봄의 전령들이다.

내리쬐는 봄 햇살을 맞으며 산과 들로 나가보면 어느새 파릇파릇 설레는 봄나물의 향연이 시작되고 있다. 맛좋은 봄나물 대표 주자 냉이, 들에서 나는 한약재 달래, 생명력 강한 야생초 민들레, 피로 회복에 좋은 두릅, 여름 더위에 강해지는 씀바귀, 항암치료제 머위, 피를 맑게 하는 돌나물, 알칼리성 산채의 대표 취나물 등이 바로 그 주인공들이다.

봄철에 산이나 들에 자라나는 풀은 아무것이나 뜯어 먹어도 약이 된다는 말이 있을 정도로 영양이 풍부하다. 그래서 웰빙족들은 회색 도시를 탈출해 건강을 농사짓는 산촌마을로 발걸음을 옮기고 있다. 제철에 나는 신선한 봄나물을 찾아 가까운 들과 밭으로 나가보자. 흙과 더불어 봄 향기를 맡으며 몸에 좋은 봄나물까지 캔다면 일석다 조(一石多鳥)의 경제적인 효과를 보게 될 것이다. 아울러 봄 향기 가 득한 봄나물 식탁은 금세 잃었던 입맛과 기운을 되찾게 할 것이다.

(2016년 04월 15일, 기호일보)

2. '농업의 진화' 스마트팜 시대

떠오르는 스마트 환경시스템

최근 스마트팜, 스마트 그린하우스 등 스마트 환경시스템이 농촌 의 미래 수익원으로 떠오르고 있다. 이는 전통적인 농업활동에 스마트 솔루션을 접목한 서비스를 뜻한다. 즉, 안전한 농산물을 소비자에게 전달하기 위해 유기농을 비롯한 자연친화적인 재배방법과 과학기술을 농업환경에 접목시킨 창조농업의 사례다.

이 같은 6차 산업으로 불리는 스마트 환경시스템을 위해 농림축산식품부는 금년 농식품펀드 운용계획을 발표했다. 올해 1천360억 원(정부 900억 원, 민간출자 460억 원) 규모로 펀드를 신규 조성해 농식품경영체에 대한 투자를 확대한다. 특히 스마트팜펀드(500억 원)를 신규로 결성, ICT를 기반으로 한 농업의 과학화와 첨단산업화의 토대 마련을 지원하고, 농식품 수출업체(100억 원)와 6차 산업 경영체투자(100억 원)를 위한 특수펀드도 추가할 계획이다.

농업이 바뀌고 있다

옛 속담에 '농작물은 주인의 발자국 소리를 듣고 자란다'라는 말이 있다. 이는 주인이 논밭에 자주 나가 농작물을 살펴주면 최적의 환경이 유지돼 풍년 농사를 지을 수 있다는 말이다. 이처럼 옛날에는 주인이 자주 들판에 나가 농작물이 자라는 상태를 관찰, 그 상태나 정도에 따라 비료, 농약, 거름 등을 주고, 논의 위치별로 땅심이 좋은 곳과 좋지 않은 곳을 미리 알고 있어 그 위치에 알맞은 처방을 해줬다.

근래에 들어 인간의 노동력을 대신하기 위해 많은 종류의 농기계가 개발됐다. 일반적으로 농기계는 작물의 생육 상태나 땅심에 근거해 위치별로 비료나 농약을 달리 살포하지 못하고 일률적으로 살포하게 된다. 그러다 보니 필요 이상으로 비료를 많이 사용해 환경을 오염시키게 되고, 비료나 농약값도 많이 들게 된다. 이러한 비효율적이고 비환경적인 문제를 해결하면서 안전한 먹을거리를 생산하기 위해 개발된 농사기술이 스마트 환경시스템이다.

농촌의 미래를 준비하는 대안

스마트기술을 사용하는 가장 큰 목적은 농경지로부터 발생하는 경제적 이익을 증가시키면서 환경을 보호하기 위해서다. 스마트 창조농업은 산업화에 따른 대기오염 및 황사 등 자연의 변화와 토양오염에서 격리된 공간에서 인위적인 조건으로 작물을 재배할 수 있다. 스마트 환경이 접목된 창조농업은 균일한 품질과 작물 성장환경에 맞는 환경관리로 인해 보다 안전한 농산물을 생산할 수 있다. 이제 정밀 공업기술과 농업 자동화에 관한 기술을 바탕으로 한 자동화 관리시스템과 재배관리기술이 농촌의 희망으로 떠오르고 있는 것이다.

또 농업인과 농기업인에게 자동화 정밀 농업기술과 선진 농업기술을 이어주는 사례로 온·습도 통보제어 및 자동개폐기를 들 수 있다. 이는 하우스 내의 온도, 습도 등의 환경감시값을 입력받아 하우스 내의 온도, 습도를 인식하고 사용자에 의해 설정된 소정의 기준 제어값과의 비교를 통해 이상 발생 시 원격지의 사용자 휴대전화 단말기에 이동통신망을 통해 문자메시지(SMS)로 알림과 동시에 자동개폐장치를 제어해 하우스 내의 온도 및 습도를 설정된 제어값에 맞춰 조절하도록 하는 것이다.

하우스에 설치된 온·습도 통보제어기와 자동개폐장치를 사용자가 요구하는 수준에 맞춰 자동 제어함은 물론 사용자가 원격지에서 이를 관리하고 하우스 내의 결과를 통보받을 수 있도록 하는 감시통보 제어시스템이다. 조건에 따른 자동개폐 기능도 포함돼 작물의 성장조건에 적절한 환경 유지, 편리성 추구 및 작업장의 안전성 사전 예지를 통한 예방관리가 가능토록 해 최대의 수확을 올릴 수 있도록 지원하는 정보통신기술을 접목시킨 종합적인 통보제어 시스템이다.

서비스 기능으로는 정주기 통보 알림 기능, 하우스 전원 정전 통보 기능, 하우스 내의 현재 온도 및 습도 실시간 확인 기능, 휴대전화로 온·습도 상·하한 원격 설정 및 이상 통보 기능, 자동 또는 수동 개폐 기능 등을 들 수 있다. 앞으로 스마트 환경을 접목시킨 창조농업은 농촌의 미래를 준비하는 대안이자 수익원 중의 하나가 될 것이다.

(2016년 04월 08일, 기호일보)

3. 꽃향기를 팔아라

새봄이다. 첫 봄꽃여행을 꿈꾸는 시간이다. 3월 18일부터 섬진강 매화축제가 시작된다. 봄꽃 중 가장 먼저 피는 꽃은 매화다. 섬진강 지역의 광양 청매실농원과 양산순매원은 매화꽃 축제 준비에 한창이다.

올해도 변함없이 섬진강에는 매화강이 흐르고 버들강아지와 노란 유채꽃이 봄집을 짓기 시작했다. 섬진강에서 그냥 지나칠 수 없는 곳, 아홉 구비를 휘돌아 흐르는 강물은 도도하다. 당산에 서면 저만치에서 급할 것도 없는 강물이 유유자적 있는 듯 없는 듯 흐르고, 저물 밑바닥에서 튀어 오르는 물방울이 풀빛을 섞어 향기를 쏟아낸다.

섬진강은 고요한 메아리가 여울물 줄기처럼 찰랑대며 흘러오는 참 긴 소리다. 난초가 깊은 산중에서 은은한 향기를 퍼뜨린다면 매화는 강변의 공기를 빨아들여 사랑의 향기로 변화시키는 초능력이 있다.

매화는 모든 초목이 꽃샘추위에 떨고 있을 때도 신경 쓰지 않고 봄소식을 가장 먼저 알려주고, 희망을 전해주는 눈 속의 꽃이다. 꽃말은 기품, 품격이다. 사군자와 세한삼우로 자리매김한 꽃 중의 지존이다.

겨울을 견디는 소나무(松), 대나무(竹) 그리고 매화나무(梅)를 세한삼우(歲寒三友)라고 하며, 난초·국화·대나무·매화를 사군자(四君子)라고 한다. 매화는 세한삼우에도 사군자에도 포함돼 선비의 품격을 나타내는 꽃으로 많이 표현돼왔다.

이런 매화가 사람과 더불어 함께해 온 것은 매실이 긴히 쓰였기 때문이다. 한방에선 매실을 오매라 해 설사를 멈추게 하고 기생충을 없애고 소화불량, 설사, 이질에 효험이 있고 눈을 맑게 하는 건강식품이었다.

매실주, 매실차, 농축액, 장아찌, 절임, 잼 등 매화의 결정체인 매실에는 약 80%의 과육이 있는데, 약 85%가 수분이며 당질이 10% 정도를 차지한다. 무기질, 비타민 등이 풍부하다. 매실의 유기산은 구연산, 사과산, 호박산, 주석산 등이며 칼슘, 인, 칼륨 등의 무기질과 카로틴도 약간 함유돼 있다.

그래서 건강식품으로 이용되지만, 뭐니 뭐니 해도 매화꽃이 지닌 매력이야말로 단연코 압도적이다. 특히 삼동을 견뎌내고 차가운 춘설 속에 꽃눈을 틔우는 인고의 기질부터가 여느 꽃과는 다르다.

섬진강 오지마을인 임실 구담마을의 경우 매화가 만발하면 방문객들의 발목을 사로잡는다. 이 마을은 농어촌 체험 및 휴양마을로 지정돼 매화 마니아들에게 편의시설도 제공한다.

구담마을에 체험관을 건립하고, 매화꽃 길을 따라 산책로를 조성해 매화를 마음껏 관람할 수 있다. 체험관에는 숙박도 가능하다. 안전한 체험활동을 위해 시설물 및 체험활동에 대한 책임보험이 가입돼 있다. 매화 만발이 예정된 4월 2일부터 10일까지 구담마을에서 매화꽃축제를 열어 방문객 및 관광객들을 기다리고 있다.

고양시의 경우 2016 고양국제꽃박람회의 성공적 개최를 견인할 'SNS 유학생 기자단'까지 모집 중이다. 전 세계의 아름다운 꽃향기를 담아 신한류 메시지를 선물할 목적이다.

일본에서는 향기식품 개발에 열을 올리고 있다. 고꼬노에읍(九重町)의 라벤더 농원은 라벤더 향기와 요리를 동시에 파는 비즈니스가 돋보인다. 농원에서 재배된 라벤더를 팔고 이를 구경하러 온 도시인들에게 그 향기와 요리를 제공한다. 또 농원 입구에 있는 낙농업 목장은 그 지역의 자연경관과 함께 서양의 목장을 연상케 해 관광객에게 인기가 있다. 이를 이용해 직접 짠 신선한 우유로 각종 아이스크림을 직접 제조·판매함으로써 도시 소비자에게 가장 맛있는 아이스크림을 제공할 수 있다.

이처럼 우리도 꽃향기와 요리를 팔아보자. 새봄이 돌아오면 섬진 강변은 온통 매화로 눈꽃을 피울 것이다. 그리고 바로 벚꽃과 배꽃이 그 뒤를 이를 것이다. 머지않은 장래에 우리의 농촌에도 꽃의 향기와 요리를 동시에 파는 농업의 고차산업화 활성화를 기대해본다.

(2016년 03월 11일, 기호일보)

4. 씨앗 '한 톨'의 경제학

옥수수 씨앗 '한 톨'은 기적의 작물이다. 알고 보면 사람이 옥수수를 키운 게 아니라 옥수수가 사람을 키웠기 때문이다. 옥수수 씨앗 하나를 손바닥에 올려놓으면 포동포동 맛깔스럽다. 씨앗 하나의 진솔함과 씨앗 한 톨의 폭발성은 작지만 큰 희망을 주는 경제학이다.

특히 백두대간부터 제주도 해안까지 어떤 땅, 어떤 기후에서도 잘 자라는 효자 작물이다. 씨앗 한 톨로 한 말을 수확할 수 있는 경제성이 있고, 힘든 노동 없이 씨앗을 뿌리고 기다리면 된다.

진정 작지만 경제적인 씨앗이다. 씨앗 한 톨을 심어서 새롭게 거두는 기쁨이 무엇인가를 헤아리게 한다. 밥솥에 쪄서 모락모락 김이 피어나는 옥수수는 바로 강냉이라고 하는 작물이 사람에게 베푸는 경제적인 선물이다.

이 옥수수는 무엇일까. 옥수수는 무엇이기에 우리한테 밥이 되고, 우리 목숨을 연명해주며, 이 땅에 밭을 이뤄 열매를 맺어 충분한 먹거리를 베푸는 경제적인 선물이 될 수 있었을까. 사람들은 옥수수 두 쪽을 먹으면서 배가 부른다.

강냉이를 먹는 동안에는 누구나 평화롭고 평등하며 포근하다. 심지어 마야인들은 옥수수는 신이 죽어 환생한 신성한 작물로 생각했고, 사람도 옥수수 반죽으로 빚어진 피조물이라 믿었다.

옥수수는 기원전 4천 년경 중앙아메리카에서 시작됐다. 옥수수의 시작과 더불어 인류의 정착도 본격적으로 가동된다. 특히 마야문명은 옥수수와 대단한 연관이 있다. 마야는 기원전 2천 년경 카리브해와 북태평양 해안가의 옥수수 정착 농업과 함께 시작해 이후 농사지을 땅과 물을 찾아 내륙으로 나아간 문명이다. 때문에 마야에서 옥수수는 단순한 식량 차원을 넘어선다.

이는 마야의 건국신화에도 나타난다. 마야의 건국신화 '뽀뽈 부'에는 마야의 천지창조, 쌍둥이 형제의 모험, 인류 출현의 스토리 등이 담겨 있는데 그 중심에 옥수수신이 있다. 옥수수는 마야인들의 종교는 물론 정치, 경제, 사회문화, 사상에 큰 영향을 끼쳤다.

개구리가 겨울잠에서 깨어난다는 경칩이 얼마 남지 않았다. 경칩은 3월 5일께로 이 무렵에 땅속의 벌레들이 얼음이 풀리고 우레가 울며 비가 오는데 놀라 겨울잠에서 깨어나 꿈틀거린다고 한다. 바야흐로 농촌의 봄이 시작되는 출발점이다. 씨 뿌리는 수고가 없으면 결실의 가을에 거둘 것이 없듯 경칩 때부터 부지런히 서두르고 씨를 뿌려야 풍요로운 수확을 맞이할 수 있다.

변화의 시대에 농촌은 무엇으로 살아남을 수 있을까. 다음 얘기는 씨앗의 소중함을 재삼 일깨워준다.

한 남자가 꿈속에서 시장에 갔다. 새로 문을 연 듯한 가게로 들어갔는데, 가게 주인은 다름 아닌 하얀 날개를 단 천사였다. 그 남자가 이 가게엔 무엇을 파는지 묻자 천사가 대답했다. "당신의 가슴이 원하는 건 무엇이든 팝니다." 그 대답에 너무 놀란 그 남자는 생각 끝에 인간이 원할 수 있는 최고의 것을 사기로 결심하고 말했다.

"마음의 평화와 사랑, 지혜와 행복, 그리고 두려움과 공포로부터 자유를 주세요." 그 말을 들은 천사가 미소를 지으며 말했다. "선생님 죄송합니다. 가게를 잘못 찾으신 것 같군요. 이 가게는 열매를 팔지 않습니다. 단지 씨앗만을 팔 뿐이죠."

숯과 다이아몬드는 그 원소가 똑같은 탄소라는 것을 아시는지요? 그 똑같은 원소에서 하나는 아름다움의 최고 상징인 다이아몬드가 되고, 하나는 보잘것없는 검은 덩어리에 불과하다는 사실을! 인생을 살아가는 데 신은 인간에게 공평하다고 본다.

어느 누구에게도 씨앗은 똑같이 주어지지만 그것을 다이아몬드로 만드느냐, 숯으로 만드느냐는 자신의 선택에 달려 있다. 또한 인생은 다이아몬드라는 아름다움을 통째로 선물하지 않는다고 본다. 단지 가꾸는 사람에 따라 다이아몬드가 될 수도 있고, 숯이 될 수도 있는 씨앗을 선물할 뿐이다.

이 세상에 자연법칙이 있다는 사실은 누구나 알고 있다. 물론 자세히 모를 수는 있지만, 어쨌든 자연법칙을 이해하는 사람이라면 모든 현상은 분명하고 정확한 원인의 결과라는 경제법칙을 안다. 그리고 그 법칙들을 경험하고 살고 있다. 씨앗 '한 톨'의 경제학이 최고의 논밭을 만든다.

(2016년 02월 26일, 기호일보)

5. '플랜 Z' 시대의 농촌

최근 소비 트렌드가 바뀌고 있다. 소비 트렌드는 경제 상황을 반영하는 아이콘이다. 그래서 소비 트렌드를 하나의 핵심 경제 키워드로 가치화시키는 노력이 활발하게 전개되고 있다. 그 대표적인 것이 '플랜 Z'라는 용어다.

본래 창업 분야 용어인 '플랜 Z'는 '최후의 보루' 전략이나 '구명보트' 전략을 뜻한다. 소비 분야에서는 실속형 소비 패턴을 지칭하며, 가격 대비 성능을 추구하는 '가성비'의 원리라고 할 수 있다.

트렌드 코리아 2016에 따르면 최근 사람들의 소비 행태가 플랜 A(최선)도, 플랜 B(차선)도 아닌 플랜 Z(최후)의 패턴을 보인다는 것이다. 흠집이 있는 과일이나 유통기한이 다 된 식품, 대형 마트 등 대형 소매상이 독자적으로 개발한 브랜드상품 등을 싸게 사려는 소비 행태는 청승이 아니라 실속 있고 영리한 소비행위로 취급된다는 것이다.

이른바 '먹방'이 핫이슈가 되면서 각종 안방 요리 프로그램이 예능 트렌드를 이끄는 현상도 그런 맥락에 닿아 있다. 실속 있는 '편도족'의 증가로 인한 편의점 도시락의 인기와 셀프 인테리어의 유행도 마찬가지다. 이는 브랜드보다는 가성비, 이름보다는 내실의 시대가 오고 있다는 것을 증명하는 셈이다.

플랜 Z는 극심한 경제 불황과 팍팍하고 답답한 사회 현실에서 비롯된다. 골든타임경제, 경제위기상황 등의 절박한 이슈들은 한계상황에 내몰린 우리 사회의 문제점을 잘 대변한다.

하지만 긍정적인 측면도 있다. 플랜 Z 시대 소비의 특징은 무조건 안 쓰는 게 아니라 자신의 수입에 맞게 쓰면서 합당한 만족을 얻는다는 점이다. 이를테면 경제성장이 정체되면서 오히려 물질적 사치의 시대에서 기본적 가치의 시대로 패러다임이 옮겨가고 있다는 것이다. 따라서 농업정책도 이런 시대정신의 변화에 발맞춰 농업의 공익적 가치를 존중하고 농업인의 사회적 존중을 보장하는 패러다임으로 바뀌어야 마땅하다. 기업농의 탐식과 탐욕을 막고, 상대적 약자농에게 기본적인 만족과 혜택을 가져다줄 수 있는 공정한 정책 개발이 그 해답이다.

기업농화는 결국 극심한 경쟁을 구조화하고 있는 경제체제다. 그러므로 가장 희생당하는 사람들은 경쟁력이 없는 소농경제일 수밖에 없고, 경제적 약자들은 단순히 살아남기 위해서라도 서로 엄청난 싸움을 하지 않을 수 없다.

그 과정에서 삶의 근본을 성찰하고, 농촌경제 환경을 배려할 수 있는 물리적·심리적 여유는 농촌경제 전반적으로 보면 갈수록 줄어들게 마련이다. 그 결과는 바로 농촌경제의 전면적 후퇴를 야기시킨다.

이만한 국토와 5천만 명이나 되는 인구를 가지고 있는 사회가 농업을 외면하고도 자신의 역사와 문화를 가진 국가로서 존속할 수 있다고 생각하는 것은 광기나 다름없다.

그러면 어떻게 해야 하는가. 쉽게 대답할 수 있는 문제는 아니지만, 한 가지 확실한 것은 알고 있다. 그것은 지금이라도 농업의 근원인 흙을 살리고, 농업과 농촌을 보호하기 위해 전력을 기울인다면 희망이 생긴다는 것이다. 결국 농업에 대한 근본적인 생각을 흙에서 출발시켜야 한다는 뜻이다.

어릴 적 눈사람을 크게 만들기 위해 열심히 눈을 뭉치고 굴리다 보면 하얀 눈 아래 묻혀 있는 검정 흙이 묻어 나와 눈사람을 망쳐 놓곤 했다. 생각해보면 사실 흙은 원래부터 존재했던 것이고, 겨울과 함께 찾아온 눈이 흙이라는 본질을 덮어버린 것이다. 하지만 사람들은 눈을 좋아할 뿐 덮어버린 흙은 외면해버린다.

사실 세상에 존재하는 흙이 진실이라면 그것을 덮어버린 고정관념, 편견, 오해 등이 눈일 것인데, 보기에 좋은 하얀 눈에만 관심을 둔다. 따라서 '플랜 Z' 시대에 노는 땅을 살리고 흙을 부활시키는 일은 농업과 농촌경제의 미래를 위해 우리들에게 부과된 경제적 과제이다.

(2016년 02월 12일, 기호일보)

6. '습지'가 경제상품

근래 습지에 대한 중요성이 강조되고 있다. 습지는 지역의 이미지를 높일 뿐만 아니라 경제성에도 효과적인 역할을 한다. 그래서 습지를 하나의 경제상품으로 가치화시키는 작업을 활발하게 전개시키고 있다. 일본과 호주·홍콩 등은 지자체가 직접 지역의 습지를 경제상품으로 만들기 위해 발 벗고 나서고 있다.

　그 일환으로 생태공원 조성, 생태학습관 운영과 같은 습지를 이용한 다양한 사업을 계획 중이다. 특히 일본 오제 습지와 호주 밴락스테이션 습지, 홍콩 마이포 습지가 대표적인 사례다.

　오제 습지는 인간의 손이 닿지 않은 자연 그대로의 습지 자체를 잘 보존해 지역의 브랜드가 된 곳이다. 해발 1천500m에 위치한 산지 습지인 이곳은 물파초, 끈끈이주걱 같은 980여 종의 희귀 동식물이 서식하는 생태박물관이다. 오제라는 브랜드를 활용해 지역의 이미지를 높이고 경제적 가치를 창출하고 있다.

　밴락스테이션 습지 또한 습지의 철저한 보존으로 지역에서 생산되는 상품의 가치를 높인 경우다. 람사르 등록 습지이기도 한 이곳은 포도 재배를 위해 머레이 강 인근 땅을 인수한 한 기업에 의해 1994년 복원됐다. 특히 습지를 활용해 환경마케팅에 성공한 하디와인사는 현재 전 세계 11개 지역의 습지 보존 프로그램에 참여하는 대표적인 친환경 기업이다.

　마이포 습지는 좀 더 색다르다. 고층 빌딩들로 상징되는 홍콩의 도심 한복판에 생태관광으로 성공한 세계적인 람사르 등록 습지가 조성된 경우다. 맹그로브 숲이 128만 9천㎡에 걸쳐 펼쳐져 있다. 이곳은 주택지구와 마이포 습지 사이에 완충지대로 조성된 하나의 습지공원이다.

　우리나라는 무안 백련지 습지와 순천만 갯벌, 우포늪 등이 대표적인 사례다. 무안 백련지의 경우 33만㎡의 습지인 회산백련지는 동양 최대의 백련 자생지로 알려져 있다. 하지만 이전에는 어느 누구도 눈여겨보지 않았던 습지다. 이름 없던 습지가 이제는 누구나 한 번쯤 가보고 싶은 관광명소로 바뀌고 있다.

순천만 갯벌은 10년 전 람사르 등록이 된 습지다. 순천만은 우리나라 습지 가운데 브랜드화에 가장 성공한 습지로 꼽힌다. 20년 전 사라질 위기에 처하기도 했지만 지자체와 지역민 모두가 힘을 모아 개발에서 보존이라는 극적인 전환을 맞아 오늘에 이르게 됐다.

1998년 람사르 습지에 등록된 경남 창녕의 우포늪은 1천여 종의 동식물이 공존하는 거대한 자연생태 박물관이다. 2008년 10월 람사르 총회 개최 후 대단한 변화를 꾀하고 있다.

아울러 우리나라 서해안의 갯벌은 남한 전체 갯벌의 83%에 달한다. 나머지 17%는 남해안에 분포돼 있으며, 남해안에 걸친 갯벌은 남한 전체 면적의 3%에 해당한다. 더하여 우리의 갯벌은 규모 면에서 그치지 않고 그 내용 면에서도 대단한 경제적 가치를 지니고 있다.

먼저 생물 다양성을 들 수 있다. 서해안에서의 갯지렁이류, 갑각류, 연체동물 등의 발견은 214종이나 되고, 그중에서도 국내 최초로 세계학회에 보고된 것이 단각류 5종, 갯지렁이류 2종에 달한다.

갯벌 총자산적 가치의 70%에 이르는 정화 기능 역시 막강한 경쟁력을 지니고 있다. 환경부에 따르면 우리나라 서·남해안의 갯벌은 영국의 염습지에 비해 15~200배의 오염물질 정화 능력을 갖는다고 한다. 이런 탁월한 능력을 가질 수 있는 이유는 점토질 때문이다.

외국의 갯벌은 대부분 미사토양으로 이뤄진 데 반해 우리 갯벌은 점토질로 이뤄져 있고, 이 점토질은 부영양화와 적조 유발의 원인인 질소와 인을 정화하는 데 상대적으로 강점을 지닌다.

이처럼 습지의 기능은 인간 사회를 형성하는 데 중요한 역할을 하고, 그 자원도 인간 사회에 각종 경제적 이익을 가져다준다.

가축의 사육이나 수렵, 어업, 농업 등을 행하는데, 특히 저개발국가에서는 습지와의 경제적인 연결이 강해 많은 사람들이 자연습지와 밀접하게 관련돼 생활하고 있다.

경제적으로 발전된 국가도 그만큼 직접적이지 않은 경우가 많다고는 해도 다양한 형태로 습지의 기능을 이용하고 자원을 향유하고 있으며, 어느 사회에서도 습지는 중요한 역할을 하고 있다. 따라서 습지를 경제 상품으로 만드는 노력이 더욱 필요한 때이다.

(2016년 01월 29일, 기호일보)

7. 농업환경 어젠다

올해는 60년에 한 번 돌아오는 '붉은 원숭이의 해'이다. 원숭이는 인간과 가장 많이 닮은 동물로 만능 재주꾼이며, 섬세함과 지혜로움을 갖춘 동물이다. 특히 농정 분야에서 올해는 원숭이의 지혜와 재주를 한국 농업의 발전 전략에 접목시키는 뜻깊은 한 해를 만들어내야 한다.

사실 올 한 해도 우리 농업은 대내외적으로 여러 가지 도전과 난관에 직면할 것으로 예상된다. 세계 농업이 FTA 시대를 맞고 있기 때문이다. 현재 미국과 유럽연합 등 농산물 수출국들은 FTA를 앞세워 자국 농정의 이익 추구를 위해 농축산물을 최대한 수출하는 데 주력하고 있다. 이처럼 지금 지구촌 농업환경은 다자주의에서 벗어나 FTA 등 지역주의로 급속하게 재편된 상태다. 그 한가운데 한국 농업이 몸부림치고 있다.

작년 12월 20일 중국·베트남·뉴질랜드와의 FTA가 발효되면서 우리의 FTA 발효국가는 51개로 늘었다. 정부가 협상 중이거나 FTA를 검토하는 나라까지 합치면 무려 79개국이다. 한·아세안 FTA처럼 이미 체결된 FTA의 개방 수준을 높이자는 요구도 거세지고 있다.

더 큰 문제는 수입농산물의 경쟁력이 해를 거듭할수록 높아진다는 것이다. 관세는 매년 감축되다 결국 사라지는 구조이기 때문이다.

2004년 발효된 한·칠레 FTA의 경우 이미 2014년에 돼지고기·닭고기·치즈·키위 등의 관세가 완전히 철폐됐다. 미국·유럽연합과의 FTA도 올해 벌써 발효 5년 차와 6년 차에 접어들면서 이들 나라에서 수입되는 농산물의 관세가 많이 감축된 상태다.

더불어 환태평양경제동반자협정(TPP)과 역내포괄적경제동반자협정(RCEP)으로 대표되는 메가 FTA도 지금까지 체결된 FTA에 상응하는 위협이 될 것으로 보인다. TPP는 개방 수준이 매우 높아 우리가 참여할 경우 쌀·축산물·과일을 중심으로 추가적인 개방이 불가피할 것이다.

이렇듯 안타깝지만 올해도 우리의 농업환경이 결코 녹록치 않다는 것을 시사한다. 정부도 농식품의 대외 경쟁력을 위해 수출지원대책 등을 쏟아내고 있지만 역부족이다.

하나 어차피 경쟁이란 명제 앞에 우리 농업의 운명이 걸려 있다면 방법을 찾아야 한다. 그동안 세계 무역질서 재편 과정에서 생존의 길을 모색해왔던 것처럼 다시 지혜를 짜내야 한다.

첫째, 농정의 틀을 바꿔야 한다. 아무리 국민들에게서 농업·농촌에 대해 공감을 얻더라도 기존 농정대로라면 농업의 지속가능성을 담보할 수 없다. 전체 농정의 흐름에서 보면 1990년대 이후 개방시대에 접어들면서 기본적인 농정의 큰 틀은 그대로 유지해왔고, 단지 어느 쪽에 포커스를 두느냐의 차이가 있었다. 이제는 쌀 중심의 농정에서 앞으로는 쌀보다 채소·과수 등 다른 작목으로 농정의 초점을 옮겨 밭작물에 대한 경지이용률을 높여야 한다.

둘째, 한국식 농업목표를 설정해야 한다. 농업총생산이 국가총생산에서 차지하는 비중이 2% 남짓인데, 식량자급률은 23%이다. OECD 국가 중 그 비중이 0.6%, 0.7%인 나라가 많은데도 그런 나라의 대부분은 식량자급률이 100%를 넘는다. 만일 3만 달러 시대로 가면 우리 농업이 설 자리가 없다.

셋째, 농정을 바꾸고 농업목표를 설정해도 농정과 농업인들 간 '교량'이 없으면 효과를 내기 어렵다. 농정을 농업인들에게 알리고, 농업인들의 목소리를 정부에 전달하기 위한 중간다리 조직을 강화시켜야 한다.

농업은 농업인만의 문제이고, 효율성과 시장논리로만 접근한다면 공급이 넘쳐나는 완전개방시대 한국 농업의 미래에 희망을 얘기할 수 없다. 따라서 농업의 존재 가치와 역할에 대한 국민 인식이 재정립돼야 한다.

붉은 원숭이는 재주 많고 영리하며 사람을 가장 많이 닮은 동물이며, 가족의 사랑과 화목을 중시하는 동물이다. 2016년 한 해는 원숭이의 지혜처럼 우리나라의 농정이 영리하게 대처해주길 소망해본다.

(2016년 01월 15일, 기호일보)

8. 도시농업인 백만시대

'도시농업인'이 늘고 있다. 지금 같은 추세라면 2017년에는 도시농업인이 100만 명에 이를 것으로 본다. 도시텃밭 면적도 1천500ha에 달할 것이다.

이제는 도시농업도 경제적 효율성 측면에서 접근이 필요하다. 도시농업이란 좁게는 도시 내에서 이루어지는 농업행위이며 주로 채소류를 키운다. 넓게는 도시행정구역에 포함된 도시근교농업과 도심지내에서의 농업활동도 포함된다.

영국의 할당채원지(Allotment), 독일의 분구원(Kleingarten), 일본의 시민농원 등이 대표적인 형태다. UN도 지구촌 인구의 절반 이상이 도시지역에 모여 사는 시대가 됐다는 점에 주목해 도시농업위원회를 설치했다.

앞으로 새롭게 도시계획이 적용되는 대도시에 도시농업을 권장하는 추세다. 지금은 전 세계 2억 명의 인구가 전업적으로 도시농업을 하고 있다. 도시농업은 기본적으로 식량생산의 기능을 통해 도시빈민들에게 경제적 도움이 된다.

아울러 도시농업을 통해 도심에 부족한 녹지대를 확보할 수 있고, 그로 인해 소음경감, 오염저감, 도시 내 쓰레기 유기물질의 퇴비화 이용으로 인한 환경적 가치가 크다.

도시농업이 활성화되면 농촌의 농업인은 물론이고 농업체험지도사나 농자재 기업 등 여러 분야에서 부가가치를 높일 수 있다는 장점도 있다.

이제 도시농업은 도시농사꾼의 차원을 넘어 도심지의 생태환경문제, 친환경 먹을거리와 은퇴인구증가에 따른 여가 활용, 생활공동체 해체 등에 대한 대안으로 주목받는 시대다. 이런 순기능에 힘입어 근래 도시농사를 지을 수 있는 기회가 많이 주어져 있고, 도시농사를 체험하고 배울 수 있는 프로그램 및 교육기관도 개설돼 어렵지 않게 도시농업인이 될 수 있다.

사실 도시농업인은 전통적인 의미의 농업인과는 다르다. 대개 농업이라고 하면 농촌에서 농사짓는 고령층을 떠올리지만, 도시농업인 중에는 젊은 층도 적지 않다.

과거에는 현직에서 은퇴했거나 농사에 향수를 느끼는 노년층이 많았지만 요즘엔 다양한 이유로 텃밭을 찾아 나선 젊은 층이 점차 늘어나는 추세다.

이를테면 아파트 주변 주말농장이나 도심텃밭, 자신의 집 베란다나 옥상 등을 통한 취미·여가활동이라든가, 자급자족에 재미를 느껴서 자신이 먹거나 주변 사람들과 나눠 먹기 위해 작물을 재배하는 등, 도시농사를 짓는 동기는 다양하다. 이 때문에 정부와 지자체도 도시농업 활성화에 적극적이다.

이렇게 도시농업을 권장하는 이유는 첫째, 도시녹화다. 가로수를 심고 공원을 조성하는 정도로 생각하는 데서 한걸음 더 나간다. 도시열섬 현상을 줄이고 공해를 줄이는 데 효과가 있다.

둘째, 일자리 창출이다. 도시민중 자꾸 늘어나는 실업대책의 일환으로 도시농업이 권장되고 있다. 반면 우리나라 도시의 경우, 그 동안 도시설계가 사람의 척도에 맞추어 건설됐다.

엘리베이터와 자동차는 도시의 경계를 위로, 밖으로 자꾸만 확장시키고 있고, 주민 대다수가 대중교통수단에서도 멀어져 승용차 2~3대 보유 가족이 됐다. 이런 환경은 동료시민들과의 접촉으로부터 스스로를 격리하는 세상이 됐다.

그 결과 도시의 환경은 망가진 채 부분적으로 방치되고 있다. 그러다 보니 아직은 관광농원 또는 도시 주변의 주말농장을 도시농업으로 인식하고 있는 정도다.

그 동안 대도시 등에서는 옥상녹화, 소규모 농원조성 등 제한적 개념으로 사용됐고, 근교도시에서는 도시농업동호회, 아파트공동체, 종교단체 등이 중심이 돼 텃밭, 주말농장, 근교농업 형태로 추진되었다.

게다가 근교도시의 농업방식조차도 비닐하우스에서 고투입농법을 통한 집약농업이었던 까닭에 상대적으로 농지오염을 가속화시켰다.

따라서 이러한 상황을 반전시킬 수 있는 경제적 효율성 측면의 전략이 필요하다. 우선, 도시농업이 가능한 적정 유휴지 분류 등 기초조사를 실시할 필요가 있다.

둘째, 농협 등 협동조합네트워크를 통해 지역별·테마별 도시농업 시범사업을 운영해볼 필요가 있다.

셋째, 쿠바식 도시농업 모형을 우리나라 상황에 맞게 재구성해 운영해봄으로써 성과가 좋을 경우, 농촌형 직불제 도입도 검토되어야 한다.

(2015년 11월 27일, 기호일보)

9. 유쾌한 동행(同幸)

'욕망부채질이론'이란 게 있다. 만일 소비의 증가보다 욕망의 증가가 더 크다면 경제성장으로 인한 물질적 풍요는 오히려 인간을 더 불행하게 만들 수도 있다는 것이다. 이 욕망부채질이론은 근래 심리학자들이 제안한 이론이지만, 사실은 마르크스가 이미 150여 년 전에 주장한 이론이다. 그에 의하면 자본주의시장은 국민으로 하여금 늘 무언가 부족하다고 느끼게 하고 늘 불만스럽게 만든다. 물욕과 소유욕이 끊임없이 부풀어 오르기 때문이다. 그러니 행복해질 수가 없다.

자본주의가 아무리 전대미문의 높은 생산력을 가지고 있다고 한들 인간의 욕망을 이와 같이 끊임없이 부풀린다면 사람들은 늘 부족함과 결핍에 시달릴 수밖에 없다. 이것이 자본주의의 숙명이라고 마르크스는 단언하였다. 사실 운명과 숙명은 차이가 있다.

운명은 앞에서 날아오는 돌이라 피할 수 있지만, 숙명은 뒤에서 날아오는 돌이라 피할 수 가 없다. 지난 반세기 동안에 과학자들이 선진국에서 행복의 역설을 발견하였다고 하지만, 마르크스는 오래전에 이미 행복의 역설을 예언했을 뿐만 아니라 우리에게 그 원인도 이야기해주고 있다.

반면 행복에 이르는 길에 대하여 세속 철학과는 정반대의 가르침도 있다. 욕심을 줄이라는 것이다. 금욕 철학의 가르침이다. 세속 철학은 분자(소비)를 크게 함으로써 행복에 이르는 길을 이야기하고 있음에 반해서 금욕 철학은 분모(욕망)를 적게 함으로써 행복에 이르는 길을 가르치고 있다고 해석할 수 있다.

옛날부터 현인들은 우리에게 욕심을 버리고 마음을 비우며 소박하게 살 것을 늘 당부하였다. 그래서 금욕을 통해서 진정한 행복을 추구했던 현인들이 얼마나 많았던가.

그런데 최근 심리학자들이 밝혀낸 바에 의하면 이 두 변수는 독립적인 것이 아니라 서로 연관되어 있다. 즉, 소득이 늘어난 결과 소비가 증가하면 욕망 또한 커지는 경향이 있다.

마티즈자동차를 몰다가 아반테자동차를 사면 마음은 곧장 쏘나타자동차로 향하게 되고, 쏘나타자동차를 타면 마음은 다시 쏘렌토나 그랜저자동차를 원하게 된다. 같은 맥락으로, 18평 아파트에 살다가 27평 아파트를 구입하면 곧장 38평 아파트에 살고 싶고, 38평 아파트로 옮겨가면 곧장 48평 아파트를 향하여 치닫는 것이 인지상정이다.

하지만 사실 알고 보면 인간의 행복을 가져오는 것은 드물게 일어나는 커다란 덩어리의 행운보다는 날마다 발생하는 작은 혜택들이다.

한 예로 서울 성북구 상월곡동의 한 아파트가 개별난방 전환공사 도급계약을 체결하면서 '갑을'로 돼 있는 당사자 표기를 '동행(同幸)'으로 했다고 한다.

함께 행복해지자는 뜻을 담아 도급인인 아파트입주자대표회의를 '동'으로, 수급인인 업체는 '행'으로 계약서에 명기했다. 이에 성북구청이 호응해 구청이 체결하는 모든 계약에 이 표기를 활용하기로 했다. 갑질을 하지 않겠다는 뜻을 정말 진솔하게 표현한 사례라 하겠다.

2015 '도시와 농촌의 유쾌한 동행 해피버스데이'가 늦은 가을까지 한창이다. 해피버스데이는 농림축산식품부가 주최하고 농림수산식품

교육문화정보원이 주관하여 도시산업과 농촌산업이 융복합된 농촌을 몸과 마음으로 체험하는 프로그램이다. 함께 동행해서 즐겁고, 무엇보다도 변화하고 있는 농촌을 보고 만지고 느낄 수 있어서 좋다.

고대 페르시아의 속담에 "발이 없는 사람을 보기 전까지는 내게 신발이 없다는 사실을 슬퍼했다"라는 교훈을 되새기며, 이제는 '갑' '을' 할 것 없이 '동행'으로 가도록 함께 노력할 때이다.

동행은 우리가 다함께 지낼 수 있는 더 나은 경제적인 방법을 향한 걸음마를 가르쳐준다.

그런 의미에서 도시와 농촌도 '공동체 의식'을 새롭게 조명하고 무엇보다도 도시와 농촌의 적극적인 유쾌한 '경제적 동행'이 필요한 때이다.

(2015년 11월 13일, 기호일보)

10. 엘리트 귀농시대

최근 정부가 다양한 귀농귀촌지원 대책을 내놓으면서 젊은 귀농인도 늘고 있다. 통계에 따르면 지난 해 귀농귀촌 가구는 총 4만 4천682가구로 2013년(3만 2천424가구)보다 37.8% 증가했다. 2010년(4천67가구)과 비교해서는 4년 새 10배 이상 늘어난 수치다.

작년 귀농귀촌자 수가 사상 최대치를 기록한 가운데, 귀농귀촌 트렌드에도 변화가 생겨나고 있다. 과거 60대 이상 은퇴 연령층이 주를 이루던 것이 최근에는 30~40대 엘리트층의 증가 폭이 크게 늘어나면서 농촌인구가 젊어지고 있다.

또한 3~4인 이상 가구의 유입도 점차 늘어나면서 아예 가족단위로 삶의 터전을 옮기는 귀촌이 자리를 잡아가고 있다. 특히 젊은 엘리트층은 인터넷으로 정보를 공유함은 물론 도시 출신 엘리트들이 모여 사는 경우도 많아졌다. 전북 장수의 하늘소마을과 경북 봉화의 비나리마을, 전북 진안의 새울터마을 등은 고학력 귀농자들이 많이 모여 사는 대표적인 귀농공동체이다. 이들은 귀농준비 단계부터 정보를 공유하고 지자체의 지원을 받아 농촌 삶에 더 쉽게 적응한다. 이는 근래 지자체들이 지역 내 인구증가를 목표로 도전적인 귀농정책을 펼친 탓이다.

하지만 현재 정부가 추진하고 있는 각종 지원정책은 귀농선진국에 비해 여전히 미흡하다. 실례로 올해 농식품부가 추진하는 귀농귀촌 지원 예산은 총 1천145억. 농협자금을 활용해 정부가 이자차이만 보조하는 농업창업 및 주택구입 지원사업 1천억 원을 빼면 145억 규모다. 이렇다 보니 귀농했다가 역귀농한 엘리트층도 발생하고 있다. 귀농 후 농사를 지었지만 생산비에 비해 소득이 낮아 오히려 빚을 지게 되는 경우, 많지는 않았지만 일정한 소득을 올리던 도시생활이 더 낫다고 생각해 다시 돌아온 경우다.

한국농촌경제연구원에 따르면 유럽연합은 올해부터 40세 미만으로 농업을 시작한 지 5년이 안 된 농업인에게 최대 5년간 '청년농업인 직접지불금'을 지원한다. 연간 8억 5천600만 유로(약 1조 3천억 원)의 예산이 편성된 '청년농업인 직접지불금'은 회원국의 의무조항으로 국가별로 배정된 직접지불금 총액의 2%까지 지불할 수 있다.

영국은 농촌을 원하는 젊은 귀농인을 위해 'Fresh Start Academy'를 운영하고 있다. 이는 잉글랜드 전역의 관련 대학과 연계해 1년 과정으로 운영되며 평균 22~35세 연령을 대상으로 농축산물 생산부터 농장경영, 도매업 등 농업관련 산업의 다양한 분야에 대한 교육프로그램을 제공한다.

프랑스는 2년 교육과정으로 '청년농업인 육성체계'를 운영 중이다. 2년간의 훈련을 받은 후 농촌지역의 비농업 또는 농업부문에서 정착할 수 있도록 지원한다. 프랑스에는 매년 1만 명 정도가 신규로 농업에 정착을 하는데 50%인 5천 명 정도가 '청년농업인 체계'의 지원을 받는다. 청년농업인들에게는 프로젝트에 따라 차이가 있지만 정착하는 첫해에 8천~3만 5천 유로의 보조금이 지원된다.

일본은 2012년부터 시행한 '신규취농종합지원사업'을 통해 45세 이하의 청년 취농자에게 준비기간 2년, 독립기간 5년 등 총 7년에 걸쳐 '청년취농급부금'이라고 부르는 급여형태의 보조금을 지급하고 있다. 지급액은 연간 150만 엔(약 1천500만 원)이며, 부부가 같이 취농할 경우에는 부부를 합하여 1.5인분의 지원금을 받을 수 있다. 연소득이 250만 엔을 초과할 경우 지급대상에서 제외된다.

따라서 우리나라도 엘리트 귀농인을 유입하기 위해서는 보다 체계적이고 장기적인 안목에서 도전적인 지원정책을 펼쳐야 한다. 그리하여 단순히 전원생활을 넘어서 장기간에 걸친 생애 계획을 세우는 것이 보편화되도록 도와줘야 한다.

현재 우리 농촌의 현실은 엘리트 귀농가구가 농업소득만으로는 생활을 영위하기 힘든 상황이다. 지역사회에 필요한 교육·문화·여가·보건의료·사회복지 등 공공서비스 분야에서 다양한 좋은 일자리를 창출하여 엘리트 귀농인들이 참여할 수 있는 방안을 모색해줘야 한다.

(2015년 10월 30일, 기호일보)

11. 성공하는 농업인의 일곱 가지 습관

지금 우리 농촌사회에 정말 필요한 메시지는 성공하는 농업인의 몸에 배인 습관을 살피는 데 있다.

첫째, 동화만사성(洞和萬事成)을 추구한다. 충남 보령시 청라면 장현리에서 10대째 농사를 짓고 있는 김민구 씨는 나홀로 성공보다는 마을 농가 전체가 성공해야만 장기적으로 비전이 있다고 생각하는 사람이다.

그래서 마을 공동의 팜스테이를 추진 중이다. 마을 전체가 팜스테이를 하게 되면 점심은 밥을 맛있게 하는 농가에 가서 먹고 오후에는 오리농법으로 농사짓는 논에 가서 체험하는 등 방문객들이 먹을거리·볼거리·할거리를 한꺼번에 할 수 있다는 것이다.

둘째, 농업에 엔터테인먼트를 결합시킨다. 경기도 화성시 봉담읍의 김민중 씨는 원래 연예인을 꿈꾸었던 까닭에 농사와는 거리가 먼 집안이었다. 하지만 지금은 '상추 오빠', '다솜추 전문가'로 통하고 있다. 젊은 농사꾼이 색다른 상추를 재배하는 것도 이야깃거리지만, 재배 방법도 독특하기 짝이 없다. 예컨대 상추에게 힙합을 들려준다.

정말 상추에게 힙합을 들려주면 잘 클까? 과학적 근거는 그다지 중요하지 않다. 힙합을 좋아하는 민중 씨가 힙합을 틀어놓고 즐겁게 일하면 상추도 예쁘고 크게 쑥쑥 자란다.

셋째, 긍정적인 열린 사고를 근본으로 한다. 경북 예천에서 일본으로 꽃을 수출하는 박세우 씨는 성공담만큼이나 실패담도 많다.

처음 남천을 시작할 때 중국에서 씨를 수입했다. 육모를 하는 동안 씨가 썩어버렸다. 씨가 얼어 있었던 것이 문제였다. 이처럼 생명이 있는 것은 복잡하다. 이 때문에 세우 씨는 실패를 했다고 해서 좀처럼 낙담하지 않는다. 어떤 일을 하던 긍정적인 열린 사고가 필요하지 않은 사업은 없다고 힘주어 말한다.

넷째, 항상 고객의 편에서 생각하고 판단한다. 서울에서 전북 진안으로 귀농해 '무릉원' 농장을 운영하고 있는 박용 씨의 식당 '미학'은 여러 팀의 손님을 한꺼번에 받지 않는다는 데 있다.

한 번에 한 팀만, 예를 들어 점심시간에 4명이 한 팀이 되어 예약을 한 뒤에 10명이 한 팀이 되어 오시겠다고 하면 정중히 다음에 오시기를 권유한다.

식당은 넓지만 산골짜기 식당을 찾아온 손님에게 도시의 번잡한 식당처럼 모실 수는 없다는 게 식당 '미학'의 원칙이다.

다섯째, 장인정신을 이어간다. 경기도 파주시 적성면에서 부모님과 함께 산머루농원을 운영하고 있는 서충원 씨가 7천 평 머루농원에서 얻은 매출액은 수억 원이 넘는다.

충원 씨는 몇 백 년씩 가업으로 포도주를 생산하는 프랑스의 포도

주 명가처럼 되기 위해서는 오랜 세월 쌓이고 쌓여야 가능한 일이기에 아버지에 이어 충원 씨, 다음은 아들인 동희 군으로 징검다리를 이어갈 계획이다.

여섯째, 인적네트워크를 구축해 정보를 공유한다. 경기도 연천군 장남면에서 부모님과 함께 벼농사와 인삼농사를 짓고 있는 오세철 씨는 한국농업대학 특용작물과 졸업생이다.

세철 씨는 인삼농사 잘 짓기로 꽤나 유명해 한국농업전문학교 동기나 후배들이 인삼 재배방법을 배우기 위해 찾아오기까지 한다. 보통 인삼경작자들은 재배방법을 기밀로 여기고 가르쳐주지 않는데 세철 씨는 자신이 아는 것은 최대한 공개한다. 모두들 성공해야 세계시장에서도 더 독보적인 위치에 오를 수 있다고 생각하는 세철 씨다.

일곱째, 주관을 이겨낼 줄 안다. 강원도 정선군 남면 낙동리 제일농장의 전영석, 염영주 부부는 서른 살 동갑내기로 15만여 평이 넘는 밭에 고랭지채소·더덕·오가피를 키우고, 산자락 60만 평에 잣나무와 산채, 약초를 키우고 있다. 이들 부부는 주관을 이기면 성공한다고 한목소리를 낸다. 영석 씨는 농장 일을 하는 틈틈이 사람 만나는 일과 교육받는 일을 게을리하지 않는다. 즉, 사람을 많이 알고 있어야 주관을 이겨낼 수 있다는 것이다.

이처럼 성공하는 농업인들은 일곱 가지 습관으로 한국 농업의 부흥을 꿈꾸고 있는 중이다.

(2015년 10월 16일, 기호일보)

12. 자연도 '휴식'이 필요하다

"힘들고 어려운 일을 할 때에는 일하는 만큼의 휴식도 필요하다."
세르반테스의 말이다. 자연의 산물인 농경지도 마찬가지다. 역사적
으로 쌀 농사중심의 아시아는 지력유지를 위한 원칙적인 농법(農法)
은 존재하지 않았다.

쌀과 같이 물을 사용하는 농업은 흐르는 물에 의해 영양분을 대략
공급받을 수 있었기 때문이다.

그러나 밭농사 중심의 유럽은 지력회복을 위한 농법이 18세기 이
전부터 존재했다. 쌀 농업과 같이 지력을 보충해줄 '물'을 이용할 수
없는 밭 농업의 속성 때문이다. 이로 인해 유럽의 농민들은 지력 보
충을 위해 여러 가지 농법을 생각하게 되었다. 그 가운데 가장 먼저
생각해낸 것이 작물을 수확하고 난 후에 일정기간 땅을 쉬게 하는
휴경(休耕)이다.

이런 휴경은 역사적으로 가장 오래된 농업기술이다. 그리고 농업
기술은 휴경과 시비방법의 관점에서 도전과 발전의 역사였다고 말
할 수 있다. 예컨대 유럽농업은 화전식 농업에서 삼포식(三圃式) 농
업으로, 그리고 삼포식 농업에서 다시 윤재식(輪栽式) 농업으로 발전
한다. 이러한 유럽 농업기술의 계보는 연작 후 경작을 포기하는 이
동경작에서 3년에 한 번 경지를 쉬게 하고 방치하는 휴한으로, 그리
고 휴한지에 목초를 파종하여 목초와 근채류를 번갈아 경작하는 휴
경방법 발달의 역사이기도 하다.

휴경은 재배기술의 관점에서 다음과 같은 두 가지 의미를 갖는다. 하나는 휴경을 통해 지력을 자연적으로 회복시키는 것이고, 다른 하나는 휴경 시에 경지를 깊이 갈아엎어 잡초를 제거함으로써 생산효과를 높이는 역할이다.

이처럼 휴경이 갖는 경지의 지력유지와 잡초제거 기능을 통해 유럽에서는 이를 이용한 이포식 농법과 삼포식 농법이 발달했다. 아울러 휴경을 중심으로 가장 바람직한 토지이용방법도 고안하게 되는데 그것이 바로 윤재식 농법이다.

우리나라에서도 지력을 자연방식으로 만들고 또 유지하려는 농법이 있었다. 그것이 바로 전통적인 화전(火田) 방식이다. 이는 자연 상태에서 지력을 확보하는 방법으로 만들어진 농법이다. 산지를 개간하기에 앞서 잡초나 나뭇가지를 불로 태워 재로 만들어 자연비료를 얻고, 더불어 병충해도 없애는 방법이다. 화전은 자연 속에서 영양분을 인위적으로 빼앗아 농사짓는 원시적인 약탈농업이기도 하다.

우리나라도 화전의 역사는 매우 깊다. 1960년대까지만 해도 강원도 산간 지방에는 많은 화전이 있었다. 또 화전을 일구어 생활을 이어가는 화전민도 많았다.

그들은 한여름부터 초가을에 걸쳐 나무를 베어내고 또 잡초들을 캐내어 땅 위에 깔아 말린다. 이것이 이른바 개간(開墾)이다. 그리고 베어낸 나무들을 한 번 더 잘게 잘라서 다시 산비탈에 늘어놓는다. 그리고 잘라낸 나무들이 건조되는 것을 기다려 불을 지핀다. 불을 지피면 경사면을 따라 불은 활활 타오른다.

그리고 지면은 열을 받아 산등성이는 뜨겁게 달궈진다. 그렇게 해서 천연비료인 지력을 얻는다. 하지만 동일한 산등성이에서 화전을 일구더라도 불을 어떻게 지피는가에 따라 얻게 되는 천연비료의 양이 달라진다.

그래서 화전의 경우에는 불을 지피는 방식이 특이하다. 일반적으로 불을 지필 때는 불을 아래쪽에서 위쪽으로 놓아간다. 그래야 불이 잘 타오르기 때문이다.

그러나 화전민들은 불을 산비탈 아래쪽에서 위쪽이 아닌 위쪽에서 아래쪽으로 방향을 잡아 불을 지핀다. 화전민들이 이처럼 위에서 아래로 불길의 방향을 잡아가는 것은 일단 불을 통제하기 쉽고 또 정해진 면적만을 일구기 위해서이다. 그러나 거기에는 속 깊은 화전민들의 지혜가 깃들어 있다.

즉, 불을 위쪽에서 아래쪽으로 지피게 되면 불은 더디 타오른다. 연소가 오랫동안 지속되는 것이다. 연소가 오랫동안 지속되면 불이 쉽게 타오르는 것에 비해 지열은 몇 배 더 증가하게 된다. 지열이 높아지면 지력에는 충격적인 변화가 온다.

비료성분이 더 많이 만들어지는 것이다. 실험 자료에 의하면 땅을 뜨겁게 달구어 지표온도가 100℃까지 올라갈 때에는 50℃일 경우에 비해 암모니아 성분은 40%, 칼리성분은 두 배 가까이 더 증가한다.

이런 이유로 화전민들은 비료성분을 하나라도 더 얻기 위해 우리 상식과는 반대로 불을 위에서 아래 방향으로 지피는 것이다. 이처럼 땅을 일구고 불을 피워 지력을 높이려는 조상의 지혜는 현대문명의 자연파괴에 경종을 울려준다.

(2015년 08월 21일, 기호일보)

13. 3GO(더위·고기·힐링 잡고) 여행

8월 무더위가 절정에 달하고 있다. 여름휴가철 절정기이기도 하다. '힐링'이라는 단어를 떠오르게 하는 시기다.

때마침 '치유'를 의미하는 '힐링'이 하나의 축을 형성하며 우리 사회 곳곳에 퍼져나가고 있다. 비단 우리나라 안에서만 나타나는 현상이 아닌 전 세계적인 흐름이다. 다가올 미래에는 이보다 한 발짝 더 나아간 개념으로, 힐빙(heal-being)이 힐링을 뒷받침할 새로운 대안으로 제시되고 있다. 인류와 환경의 어울림을 바탕으로 행복한 삶을 위한 새로운 문화의 아이콘인 동시에 웰빙과 로하스를 넘어서 다음 시대에 전개될 문화적 흐름일지도 모른다.

본래 힐빙은 치유를 의미하는 '힐(heal)'과 건강·안녕을 뜻하는 웰빙(well-being)이 결합된 개념이다. 웰빙은 '잘 먹고 잘 살자'는 참살이 개념인데 비해 힐빙은 '건강하게 살아야 잘 산다'는 치료 개념의 참살이다. 이런 힐링과 힐빙 열풍이 여름 휴가철 여행지를 결정짓는 흐름마저 바꿔놓고 있다.

누구나 한 번쯤 가본 바닷가 여행객은 지난해부터 줄어드는 추세다. 이는 보통의 경우 여름휴가지로 시원한 바닷가를 생각하지만 오히려 시끌벅적한 관광지보다 조용한 곳을 찾아 힐빙을 즐기는 쪽이 낫다는 뜻일지도 모른다. 사실 누구에게나 휴가는 일상에서 벗어나, 육체적·정신적인 휴식과 생활의 활력을 재충전할 수 있는 기회이다. 그렇기에 휴가는 매우 중요한 일이다. 그런데 휴가를 잘 보내는 것도 쉽지 않다. 경제적인 부담, 북적거리는 바닷가 그리고 교통지옥, 농어촌지역 주민에 대한 미안함 등으로 눈치만 보고 있는 실정이다.

이런 때 농가 팜스테이 여행을 추천하고 싶다. 양평군의 경우, 여름을 맞이하여 '양평 농촌체험마을에서 즐기는 3GO(더위 잡고, 고기 잡고, 힐링 잡고) 체험'을 테마로 물놀이축제가 진행 중이다. 이곳 물놀이 축제에는 총 16개 마을이 축제에 참여한다. 물놀이는 기본이고 물고기 잡기(송어, 메기, 미꾸라지 등), 농산물 수확(감자, 옥수수, 복숭아 등), 농촌 체험(트랙터 마차타기, 인절미 만들기, 전 부쳐 먹기 등) 등 도시에서 자란 아이들은 쉽게 경험할 수 없는 체험거리가 가득하고, 시골에서 성장하신 어른들은 옛 추억을 떠올리실 수 있는 힐링을 최대로 즐길 수 있는 곳이다.

농촌체험마을에는 커트라인이 없다. 낮은 곳이면 어디든 마다하지 않고 흘러가는 물처럼 행복은 기와집에도 들어가지만 쓰러져 가는 초가집에도 마다하지 않고 들어간다. 어떠한 수준의 산 높이나 바다 넓이에 도달하면 행복하고 그렇지 않으면 불행하다는 커트라인이 정해져 있지 않는 곳이다. 농가 팜스테이에서의 행복은 누구를 막론하고, 그것도 아무 때나 느낄 수 있는 것이고, 그것을 느끼는 횟수에도 제한이 가해지지 않는다. 도시처럼 빨간 신호등도 찾아보기힘들다. 그럼에도 불구하고 행복을 느끼지 못하는 것은 스스로가 행복의 커트라인을 정해놓고 살아가기 때문이다. 불행에 젖어 사는 사람들은 명백한 행복의 커트라인을 정해놓고 있다. 대도시에 내 집을장만해야만, 멋진 자가용을 사야만, 자식이 일류 대학에 진학해야만하는 등의 사회적인 조건들, 그렇지 않으면 불행하다고 스스로가 인정해버린다. 그러니 어떻게 행복이 찾아들 수 있겠는가.

진정으로 행복을 느끼고 싶다면 어떠한 수준에 도달해야만 행복해질 수 있다는 행복의 커트라인을 정해놓지 말아야 한다. 이미 정해져 있다면 철회시켜야 한다. 행복의 커트라인을 정해놓는 것은 행복을 불러들이는 것이 아니라 내쫓는 것이 된다. 행복의 커트라인이 정해지는 순간 그 수준에 도달하지 못하는 행복은 느껴보기도 전에 달아나버리고 만다. 마음먹기에 달렸지만, 이처럼 행복의 커트라인을 정해놓지 않고도 행복을 불러들일 수 있는 곳이 바로 팜스테이 여행이다.

(2015년 08월 07일, 기호일보)

14. 서구사상의 확산 이대로가 좋은가

우리 사회는 이중구조를 이루고 있다. 하나는 서구중심의 시장지향적인 도시사회이고, 다른 하나는 촌락공동체적 농촌사회다. 이런 이중적 사회구조를 통하여 한쪽으로는 서구사상이 유입되고 있고, 다른 한쪽으로는 전통사상이 자리하고 있다. 이런 가운데 글로벌이라는 개념이 우리 사회를 압박하고 있다.

누구든지 국제화에 적응하지 못하면 시대에서 낙오되는 것처럼 생각한다. 전통사상보다는 글로벌로 위장된 서구사상이 우리 사회를 강하게 짓누르고 있다는 뜻이다.

하지만 문제는 국제화를 추종하는 사람들의 태도다. 국제화를 단순한 서구사상으로 이해하지 않고, 우리 것은 버리고 반드시 수용해야 하는 사상으로 이해하려는 태도가 큰 문제다.

마치 우리 사상과 문화는 낡고 고루하며 불편한 반면, 서구사상은 매우 자유롭고 합리적이라고 생각한다. 그렇기 때문에 서구사상은 이성보다는 편리해지고 싶어 하는 인간의 감각적인 본능을 통해 모든 사람들에게 손쉽게 받아들여지는 경향이 있다.

서구사상의 확산 원인 가운데 또 하나가 공동체 의식의 해체다. 지금까지 우리 생활 속에서 전통과 문화를 지켜주던 것은 공동체 의식이었다. 옛날부터 농촌사회는 자신을 유지하기 위해 전통을 지키고, 질서를 존중하는 의식이 강했다. 그만큼 우리 생활이 농업적이고 농촌적일 때, 우리의 전통과 문화는 잘 계승되고 보전되었다.

지금 우리의 전통과 문화가 무너지고 있는 것은 바로 우리 생활 속에서 전통을 지켜주던 농업과 농촌이 멀어지고 있기 때문이다. 이를테면 경제성장 과정에서 도시로부터 농업이 분리되고 있고 또 농촌 내부에서조차도 비농업적 요소가 침투하여 농촌이 탈농업화가 되고 있기 때문이다. 현 시점에서 도시와 농촌을 자세히 들여다보자.

아직까지도 도시사람들 상당수는 농업이나 농촌과 깊은 관련이 있다. 농촌에는 부모와 친척이 있고, 또 친구들이 있다. 농촌에서 가꾼 농산물들이 부모님이나 친척을 통해 서울로 올라온다. 하지만 도시사람들의 생활은 농업적이지도 또 농촌적이지도 않다.

식생활 형태만 보더라도 그들은 신선한 농산물 식단보다는 서구적 가공식품을 즐기고, 한식당보다는 레스토랑을 더 많이 찾는다.

여가생활도 마찬가지다. 농촌의 팜스테이보다는 서구화된 놀이공원을 더 많이 찾는다. 이처럼 도시민은 농업·농촌과 깊은 관련을 갖고 있으면서도 생활 자체는 농촌과 멀어져 있다. 이와 같이 농촌과 단절된 도시 생활은 당연히 전통사상에 대한 규제력과 공동체의 결속력이 약화될 수밖에 없다. 그리고 수입사상 역시 확산될 수밖에 없다.

또 공동체 의식의 해체 현상은 도시뿐만 아니라 농촌 내부에서도 찾아볼 수 있다. 과거 우리 농업인들은 마을 사람들과 함께 만든 퇴비나 마을 노동력을 이용하여 김을 매고 농사를 지었다. 특히 농촌에는 향약이나 두레와 같은 공동조직이 있어 농사일 대부분을 공동으로 작업했다. 이렇게 과거 우리 농촌은 공동체 중심의 농업사회였다.

그러나 지금의 농촌은 노동력에 의한 공동작업보다는 트랙터나 콤바인과 같은 농기계를 더 많이 사용한다. 이처럼 농업노동이 기계화되면, 농촌은 공동체 의식을 약화시키는 개인주의가 팽배해질 수밖에 없다. 결국 공업화와 같은 탈농업적 요소의 침투가 농촌에서조차도 공동체 의식을 와해시키는 원인이 되고 있다.

이와 같은 도시화나 공업화는 농촌사회의 분해를 가속시키면서 남에 의한 구속이나 도움을 필요로 하지 않는 개인주의 사회를 만들게 되고 또 농촌을 공동체 사회로부터 개인주의 사회로 변화시키면서 전통사상을 약화시키고 있다. 더불어 자유와 평등을 위한 조건을 성숙시켜 수입사상을 빠르게 확산시키고 있다.

사실 미국조차도 다시 되살리고 싶어 하는 게 농촌의 공동체 의식과 가족농중심의 생계형 농업이다. 허나 우리는 너나 할 것 없이 농업의 도시화를 부르짖는다.

물론 피할 수 없는 조류이기는 하나, 자칫하면 자신의 욕심을 채우기 위해 쉽게 남을 밀쳐버리는 삭막한 세상을 앞당길지도 모른다. 이는 서로 돕고 의지하는 공동체의 파괴로 이어질 뿐만 아니라, 한국 농촌이 가진 또 하나의 강점을 순식간에 앗아갈 우려가 있다는 사실에 주목했으면 한다.

(2015년 07월 24일, 기호일보)

15. 농촌 놀이터의 복원을

아이들은 여름방학이 되면 농촌체험을 많이 간다. 체험은 사람을 키우고 운명을 만들 수 있으며 또 한 사람의 인생을 바꿀 수 있는 소중한 만남이다.

누구나 한 번쯤은 잊을 수 없는 체험을 해봤을 것이고, 그 체험에서 인생의 중요한 의미를 찾아 인생의 목표가 바뀌는 사람들을 목격했을 것이다.

초등학교 시절, 마을에서 학교까지 가려면 삼십 리 길을 걷고 뛰어야만 했다. 굽이굽이 산등성이를 돌아 꾸불꾸불한 논둑길을 따라가다 보면, 어느새 학교지붕이 희미하게 보였던 기억이 난다.

집에서 학교까지 가는 길에 중간 치기 하기에 적당한 감나무 골이 있었다. 돌이켜보면 그곳은 자연이 선물한 농촌 놀이터였다. 지금이야 2차선 아스팔트 길이 정든 시골길을 대신하고 있지만, 70년대 등하교길의 풍경은 그야말로 어머님 숨결처럼 따사롭기만 하다.

잠시 사무실 창밖에서 불어온 바람이 살짝 뺨을 스치더니, 이어 풀벌레 소리가 시골학교 운동회 속으로 푹 빠지게 만들었다.

아마 작년 가을 운동회가 맞을 것이다. 염색한 청백 띠를 이마에 두르고 줄지어 이동하며 차례를 기다리는 모든 행동에서 단 한 아이도 옆으로 삐져나가는 것을 보지 못했다. 분명 운동회 연습을 많이 한 모양이다. 전체가 지켜야 하는 어떤 규율에 따르려고 모두들 부지런했다.

이 같은 약속 지키기가 저절로 이루어졌을까? 그렇지는 않다. 그것은 철저히 연습한 결과였다. 그리하여 공동체를 이끌어가는 하나의 틀을 만들어낸 것이다.

운동연습이 어떤 일에 능숙해지기 위한 단순한 되풀이라면, 학교교육은 운동연습으로 얻은 능숙한 움직임을 창조해낸 것이다. 그리하여 처음부터 정해진 순서가 있는 것처럼 행동하는 것이다.

반면 도시아이들은 사뭇 다르다. 올봄 딸아이 운동회를 보면서, 시골 초등학생들의 운동회와는 아주 다른 느낌을 받았다. 운동회 연습은 시골아이들 못지않게 했을 것이다.

하지만 줄에서 옆으로 벗어난 아이들이 왜 이렇게 많은지. 사실 도시 아이들은 컴퓨터와 지내는 시간이 많고 방과 후에도 각종 학원 수강으로 공부에만 매달리다 보니 서로 어울려 마음껏 뛰어놀 만한 시간이 많지는 않다.

한창 나이에 제대로 놀지 못하고 공부에만 쫓기다보니 아이들이 정서적으로 메말라가고 심지어 학교폭력 등 여러 가지 청소년 문제도 확대되고 있다. 이 같은 도시 아이들의 놀이문화와 정서적인 문제를 해결하기 위한 방안이 농촌체험 학습이다. 비록 도시에 살지만 아이들에게 조금이라도 자연과 가까이 만나게 해주고 싶은 부모들이 늘어가고 있다.

아이들은 처음엔 진흙탕에 들어가려 하지 않지만, 나중엔 아예 나오려고 하지 않는다. 말랑말랑한 진흙의 촉감을 좋아할 수밖에 없다. 일본의 경우 이러한 농촌체험 학습의 교육적 가치를 높이 평가해 초등학교의 70%가량이 농사체험 학습을 실시하고 있다.

특히 3년 전부터는 농촌체험 학습을 보다 적극적으로 추진하기 위해 '종합학습시간'이라는 과목을 신설, 정규교육의 하나로 편성했다.

하지만 우리나라는 학교 교육차원에서 그리 활성화되지 못하고 있다. 이러한 '1교1촌 운동'이 초·중·고교로 확대되어야 한다. 특히 '도시 청소년과 어린이' 대상에 맞는 농촌문화체험 농촌자원봉사 등 프로그램도 적극 개발되어야 한다.

그러기 위해서는 자연이 선물한 농촌 놀이터가 복원되어야 한다. 처음 보는 아이들도 금세 친해지는 아름다운 곳, 편안하고 왠지 기분이 좋아지는 곳, 연인이랑 친구랑 함께 있으면 사랑과 우정이 새록새록 솟아나는 곳, 부모 같은 사람들과 즐겁게 담소를 나눌 수 있는 곳, 낯선 사람끼리도 대화의 끈을 연결해주는 곳, 누구나 그런 농촌을 좋아하게 되는 그날까지.

(2015년 07월 10일, 기호일보)

16. 미래의 대체식량

최소의 공간, 노동력·비용으로 최고의 효과를 올리는 산업

설국열차, 바퀴벌레로 만든 단백질 블록이 등장해 큰 이슈가 되었던 영화다. 영화 속에나 등장하는 영화 같은 이야기지만, 곤충이 실제 미래 대체식량이 될 수 있다는 예언을 한 셈이다. 유엔보고서에 따르면, 미래 식량 1순위가 곤충이다. 곤충은 생물 가운데 30%를 차지하며 종류도 많고, 맛과 영양분도 다양하게 포함되어 있다.

영양학적으로도 식용곤충은 축산물에 비해 단백질 함량이 두 배 이상 높다. 게다가 불포화지방산과 비타민 무기질 등의 영양소를 다량 함유하고 있기 때문에 육류를 대신할 수 있는 최고의 영양소로 평가받고 있다.

아울러 곤충산업은 온실가스 배출량이 가장 적은 산업으로 손꼽히며, 지역과 환경 등에 크게 제약을 받지 않으며, 자본과 기술 없이도 시작할 수 있는 것 또한 큰 장점이다. 한마디로 최소의 공간에서 최소한의 노동력 투자와 최소비용으로 최고의 효과를 올릴 수 있는 매력 있는 산업이다.

실제로 뉴욕에서는 애벌레 머핀, 메뚜기 샐러드 등 곤충을 활용한 다양한 음식을 판매하고 있다. 우리도 최근 CJ제일제당 식품연구소가 한국식용곤충연구소와 식용곤충관련 양해각서를 체결하고 곤충산업연구에 박차를 가하고 있다. 늘어나는 인구, 지구 온난화, 물 부족, 환경문제 등의 해결방안으로 전문가들이 식용곤충에 주목하고 있는 것도 앞날을 밝게 하는 요인이다.

멸종위기 걱정 없는 미래 대체 식량자원

곤충은 환경오염을 일으키거나 멸종 위기를 걱정할 필요가 없다. 건강에도 좋고, 과학적으로 안정성도 입증됐다. 그래서 미래에 인류의 새로운 식량이 될 것으로 기대하고 있다.

김해 대동면 '꽃지누리농장'의 경우, 약용 꽃벵이 전문 사육장을 운영하여 고소득을 올리고 있다. 가격은 생굼벵이 15만 원, 건조굼벵이 17만 원, 분말굼벵이 18만 원에 판매하고 있다.

때맞춰 농식품부는 제2차 곤충산업 육성 5개년(2016~2020) 계획을 발표했다. 국내 곤충 사육 농가를 2015년 724곳에서 2020년 1천200곳으로 확대하고, 시장규모를 현재 약 3천억 원에서 5천억 원으로 늘린다는 계획이다.

식량의 한 축을 담당할 수 있는 제도적인 길 열려

곤충이 우리 식탁에 공식적으로 올라 미래 식량의 한 축을 담당할 수 있는 제도적인 길이 열렸다. 농촌진흥청은 곤충의 식용화를 위해 갈색거저리 애벌레에 대한 제조공정 확립, 영양성분 분석, 독성시험 등 과학적인 안전성 입증을 통해 식품의약품안전처로부터 2014년 7월 15일 갈색거저리 애벌레를 새로운 식품 원료로 한시적 인정을 받았다.

한시적 식품 원료로 인정을 받으면 승인받은 형태와 제품으로만 식품 판매가 가능하며, 일정 기간 동안 문제가 없으면 일반 식품 원료로 등록할 수 있다.

그동안 메뚜기와 누에 번데기는 국내에서도 오래전부터 식품 원료로 이용해왔지만, 과학적인 안전성 입증을 거쳐 한시적 식품 원료로 인정된 곤충은 갈색거저리 애벌레가 처음이다. 갈색거저리 애벌레가 식품 원료로 인정됨에 따라 앞으로 곤충 사육 농가의 소득 증대는 물론, 곤충 산업이 크게 성장할 것으로 기대를 모으고 있다. 특히, 현재 주 단백질원인 17조 원 규모의 국내 육류 시장을 고단백 곤충 식품이 1%만 대체해도 약 1,700억 원대의 곤충 식품 시장이 형성될 수 있다.

농식품부와 농진청은 현재 갈색거저리 이외에도 흰점박이꽃무지, 장수풍뎅이, 귀뚜라미도 식용화를 위한 연구를 진행하고 있다.

하지만 식량의 한 축을 담당할 수 있는 산업이 되기 위해서는 무엇보다도 소비자의 거부감을 없애기 위해 곤충을 이용한 조리법과 메뉴들을 개발하고, 유아나 노인, 환자를 위한 특수의료용 식품 개발도 병행되어야 할 것이다.

(2016년 05월 09일, 기호일보)

17. 황사의 나쁜 경제학

4월 넷째 주 주말 서울 세종로 네거리에는 마스크를 쓴 시민들이 부쩍 늘어난 것을 목격할 수 있었다. 당시 미세먼지 농도는 세계보건기구(WHO)의 기준치를 훌쩍 넘는 수치를 보였다. 설상가상 일부 지역은 짙은 황사가 나타나기도 했다. 근래 들어 잦아진 미세먼지나 황사 때문에 매년 봄이 되면 불편함을 호소하는 사람들이 많다. 특히 황사는 주로 사막화 현상이 심각해지고 자연생태계가 파괴된 중국과 몽골의 고비사막 및 내몽골 지역에서 발원한 것이다. 황사에는 각종 중금속 등 오염물질이 포함되어 우리의 건강을 해치고 경제 사회적인 손실을 끼치고 있다. 황사는 중국과 몽골에 있는 사막과 황토지대의 작은 모래나 흙먼지가 편서풍을 타고 한국까지 날아오는 현상이다. 보통 3~5월에 20회 정도 발생해 이 가운데 3, 4회는 한국까지 날아온다. 1990년대까지만 해도 황하 상류와 중류지역에서 발원한 황사가 우리나라에 주로 영향을 주었으나, 최근에는 이 지역보다 훨씬 동쪽에 위치한 내몽골고원 부근에서도 황사가 발원하여 우리나라로 큰 영향을 주고 있다. 이는 황사 발원지가 동쪽으로 더 확대되고 한반도로 더 가까워지고 있으며, 우리나라에 지금까지 겪지 못했던 심한 황사가 나타날 가능성이 커진 것을 시사한다. 이런 황사가 최근 일만은 아니다.

황사는 건강은 물론 경제 · 사회적 손실 커

황사는 오래전부터 우리와 함께 있었던 자연적인 현상이다. 사막 또한 우리 인간과 함께 오래 삶을 같이하였다. 다만, 근래에 더 심할 따름이다. 서울을 비롯한 상당수 지역의 미세먼지가 공기 ㎥당 2,000㎍을 넘어섰다. 2,000㎍이면 환경기준치(150㎍)의 13배를 넘는다. 눈 앞 건물이 희뿌옇게 보이고 숨 쉬는 데 곤란을 느낄 정도이다. 이에 우리나라를 비롯한 여러 나라가 중국의 요청으로 네이멍구 등에서 조림사업을 벌이고 있다. 그러나 사막에 나무를 심어 그것이 숲을 이루도록 하는 일은 쉽지도 않을 뿐더러 시간도 걸리는 사업이다. 황사의 최대 피해국가인 한국은 중국 정부에 획기적인 사막화 방지대책을 세우도록 촉구하고 있는 중이다. 황사가 농작물과 토양에 미치는 영향도 제기되고 있다. 우선 주로 봄철에 발생하는 황사는 작물의 광합성 작용 장애와 비닐하우스 광투과율 저하로 이어진다. 따라서 황사 발생 시 시설원예 재배지역에서는 환기창을 닫아서 황사먼지가 작물을 재배 중인 시설 안으로 유입되지 않도록 관리해주고, 그래도 황사가 계속되면 온실 피복재인 비닐, 유리 등 피복재에 먼지가 쌓여서 햇빛의 투과율이 떨어지게 되므로 세척제 등을 이용해 먼지를 제거해주도록 해야 한다. 아울러 노지에 방치 또는 야적된 사료용 볏짚 등은 황사가 묻지 않도록 피복물을 덮어주고, 운동장, 방목장에 있는 가축들은 축사 안으로 신속히 대피시켜 황사에 노출되지 않도록 해야 한다. 황사가 종료된 후에는 축사, 방목장 및 가축과 접촉되는 기구류 등을 세척, 소독해준다.

황사 발생 시 도움 되는 먹을거리

그렇다면 황사 시에는 어떤 먹을거리가 도움이 될까. 먼저 체력이 떨어지기 쉽고, 우리 몸의 곳곳에 미세먼지와 중금속 등 유해물질이 쌓이기 쉬우므로 인스턴트 음식과 술, 담배를 줄이는 노력이 필요하다. 둘째, 우리 몸의 유해물질 배출을 돕거나 신진대사 촉진, 점막 등의 보호, 면역기능 제고에 효능을 가진 음식들이 좋다. 이를 테면 녹차, 오미자차, 모과차 등과 수분공급 및 비타민공급을 동시에 제공해주는 과일주스와 야채주스 등이 좋다. 셋째, 식단차림은 미역,

다시마, 녹두, 도라지, 미나리, 상추, 콩나물 등과 충분한 비타민과 무기질로 인해 면역기능 증강에 좋은 냉이, 쑥 등의 봄철 나물류가 좋다. 마지막으로 충분한 수분섭취, 깨끗한 물을 마시는 것이 필요하다. 하루 1.5리터 정도의 물 섭취를 통해 건조한 눈이나 코, 목 피부 등을 보호해야 한다.

(2016년 04월 25일, 기호일보)

18. 상록수의 푸른 경제학

일제강점기 베스트셀러였던 '상록수'는 1961년 영화화돼 다시 주목받았다. 일제에 저항을 그린 민족주의 소설이 개발주의 영웅서사로 재탄생한 것이다. 알고 보면 상록수가 개발의 이데올로기만을 전파한 것은 아니다. 경제학적 관점에서 보면, 1960년대 농촌운동의 활성화에는 상록수 주인공들의 정신 경제학적 영향이 컸다. 실제로 상록수를 읽고 수많은 사람들이 농민운동을 꿈꾸며 실천했고, 물질만을 숭상하는 현대인들에게 교육용으로 관람시켰으며, 국가주의적 '정신적 경제개발'의 교본이자 독본이라고 감히 말할 수 있다.

4호선 전철을 타고 안산 단원전시관 쪽으로 가다보면 상록수역이 보인다. 이곳은 일제시대 여성 농촌계몽운동가 최용신이 활동한 곳이다. 심훈의 소설 『상록수』에 나오는 청석골이 지금의 안산시 샘골인 셈이다.

이곳은 한때 가을 햇살처럼 푸르던 날이 있었다. 바로 '상록수' 사랑이다. 당시 가을바람에 마음이 이끌렸을 갈바람 속 사랑이야기가 여기저기에 있다. 허나 이제는 소설 속에 보았던 상록수 풍경 대신 저녁 땅거미가 밀려오고 있다.

도시화를 겪은 여느 지역과 마찬가지로 농사짓고 고기 잡던 예전 모습은 찾기 어렵다. 시화방조제로 인해 바다가 막히면서 갯벌에서 바지락과 굴을 캐던 내수면 쪽 어업은 완전히 사라졌고 유명하던 사리포구도 없어졌다. 지금 어촌 풍경이 남은 곳은 먼 바다에 면한 쪽뿐이다.

상록수역을 떠나는 전철소리가 여름을 떠나보내는 진혼곡처럼 들려온다. 농촌계몽운동가였던 영신과 동혁이 활약했던 청석골과 한석리가 눈에 아른거린다.

일본에서 유학 중이던 영신은 몸이 좋지 않아 다시 귀국했고 또다시 무리한 활동으로 쓰러져 결국 죽음에 이르게 된다. 가슴속에 슬픔이 가득했다. 이렇게 노력하는 사람이 죽는다는 것이 이해가 되지 않았다. 동혁은 급히 오긴 했지만 영신이 죽은 뒤에 와서 마지막으로 남긴 말만 듣게 된다. 동혁은 슬픔을 가슴에 묻고, 영신을 위해서 더욱더 농촌계몽운동에 힘쓰게 된다. (심훈의 『상록수』 중에서)

영신이 청석골에서 아이들을 가르치는 대목은 감명 깊은 장면이다. 일본 상부에서 영신에게 아이들을 80명 정원을 넘기지 못하도록 명령했을 때이다. 당시 배우고 있었던 아이들은 130여 명이 넘었다고 한다. 영신은 마음이 아팠지만 어쩔 수 없이 아이들을 밖으로 내보냈는데, 아이들은 나뭇가지를 타고 올라가 유리창 밖에서 수업을 듣는 것이 아닌가. 영신은 칠판을 떼어내어 유리창 쪽으로 옮겨놓고 수업을 했다. 아이들이 얼마나 진심으로 배우고자 열망했는가를 짐작할 수 있는 대목이다.

일제의 탄압 속에서 모두를 공감하게 만들었던 심훈의 『상록수』는 지금도 인기 있는 도서다. 상록수 사랑을 회상하면서 오늘을 생각해본다. 요즘 사회는 웰빙이 자리하고 있다. 물론 잘 먹고 잘 자고 그래서 행복하게 잘 살자는 풍조일 것이다. 하지만 웰빙 속 내부를 들여다보면, 내 한 몸 잘 먹고 잘 살기 위한 이기적인 라이프스타일이 강하다.

그런 의미에서 『상록수』 저자 심훈이 「옥중에서 어머님께 올리는 글월」 중 다음 대목은 물질문명 속에 허덕이는 우리에게 정신적인 경종을 울려준다.

어머니!

어머니께서는 조금도 저를 위하여 근심하지 마십시오. 지금 조선에는 우리 어머니 같으신 어머니가 몇 천 분이요, 또 몇 만 분이 계시지 않습니까? 그리고 어머니께서도 이 땅의 이슬을 받고 자라나신 공로 많고 소중한 따님의 한 분이시고, 저는 어머니보다도 더 크신 어머니를 위하여 한 몸을 바치려는 영광스러운 이 땅의 사나이외다.

콩밥을 먹는다고 끼니마다 눈물겨워하지도 마십시오. 어머니께서 마당에서 절구에 메주를 찧으실 때면 그 곁에서 한 주먹씩 주워 먹고 배탈이 나던, 그렇게도 삶은 콩을 좋아하던 제가 아닙니까? 한 알만 마루 위에 떨어져도 흘금흘금 쳐다보고 다른 사람이 먹을세라 주워 먹기가 한 버릇이 되었습니다. (옥중에서 심훈이 어머니께 올

리는 글)

　오늘도 이 마을에는 영신과 동혁의 상록수의 푸른 경제학이 수채
화처럼 채색되어 가을비 속에 촉촉이 적시고 있다.

(2015년 09월 30일, 기호일보)

19. 사람이 꽃보다 아름다운 이유

국회의원 후보들이 '농업관' 검증을

　4·13 총선을 앞두고 각 당 후보들이 유권자인 농업인들의 표심
을 잡기 위해 많은 농정공약을 쏟아내고 있다. 과거 국회의원 후보
들의 농업관을 보면, 농업인의 속을 시원하게 해줄 수 있는 답변을
하긴 하지만, 국제사회의 관계 속에서 현실적으로는 지키고 싶어도
지킬 수가 없는 정책들이 많다.

　후보들의 농정공약에 신경이 쓰이는 것은 무엇보다 지금의 농업·
농촌 상황이 많이 힘들기 때문이다. 시장개방에 따른 농축산물 피해,
기후변화로 인한 농산물 수급불안정, 조류독감과 구제역처럼 빈번하
게 발생하는 가축질병 등 총체적 위기상황이다. 따라서 정치권은 우
문현답(=우리의 문제 현장에 답이 있다)의 자세로 농업인의 현장
목소리를 제대로 반영한 농정공약을 제시해야 한다.

농업은 '식량안보주의'와 '환경문제'의 관점에서 바라봐야

사실 농업은 경제성의 논리로만 풀 수는 없다. 농업은 '식량안보주의'와 '환경문제'의 관점에서 풀어야 한다. 프랑스의 경우 우리나라처럼 기본 조건에서 볼 때 그다지 유리하지 않다. 기업농보다는 영세농 비율이 높고, 임금도 비싸다. 하지만 프랑스 정부는 전체 산업에서 농업을 무척 중시한다. 특히 농업을 효율성의 잣대로 판단하는 것을 매우 꺼려한다. 그들은 '경쟁력' 차원이 아니라 '나라 지키기' 차원에서 농촌을 바라본다. 그들이 꽃보다 아름다운 이유는 진정으로 농촌을 사랑하는 마음이 담겨져 있기 때문이다.

사람이 꽃보다 아름다운 이유

'사람이 꽃보다 아름답다'라는 말을 실감할 수 있는 작은 꽃이라고 불린 어느 미국 판사의 판결 이야기다. 1930년 어느 날, 상점에서 빵 한 덩어리를 훔쳐 절도 혐의로 기소된 노인이 재판을 받게 되었다. 판사가 정중하게 물었다.

"전에도 빵을 훔친 적이 있습니까?"
"아닙니다. 처음 훔쳤습니다."
"왜 훔쳤습니까?"
"저는 선량한 시민으로 열심히 살았습니다. 그러나 나이가 많다는 이유로 일자리를 얻을 수 없었습니다. 사흘을 굶었습니다. 배는 고픈데 수중에 돈은 다 떨어지고 눈에 보이는 게 없었습니다. 배고픔을 참지 못해 저도 모르게 빵 한 덩이를 훔쳤습니다."

판사는 잠시 후에 판결을 내렸다

"아무리 사정이 딱하다 해도 남의 것을 훔치는 것은 잘못입니다. 법은 만인에게 평등하고 예외가 없습니다. 그래서 법대로 당신을 판결할 수밖에 없습니다. 당신에게 10달러의 벌금형을 선고합니다."

노인의 사정이 딱해 판사가 용서해줄 것으로 알았던 사람들은 판결이 인간적으로 너무 하다고 술렁거리기 시작했습니다. 허나, 판사는 논고를 계속했습니다.

"이 노인은 이곳 재판장을 나가면 또다시 빵을 훔치게 되어 있습니다. 이 노인이 빵을 훔친 것은 오로지 이 노인의 책임만은 아닙니다. 이 도시에 살고 있는 우리 모두에게도, 이 노인이 살기 위해 빵을 훔쳐야만 할 정도로 어려운 상황임에도 아무런 도움을 주지 않고 방치한 책임이 있는 것입니다. 그래서 저에게도 10달러의 벌금형을 내리겠습니다. 동시에 이 법정에 앉아 있는 여러 시민들께서도 십시일반 50센트의 벌금형에 동참해주실 것을 권고합니다."

그는 자기 지갑에서 10달러를 꺼내어 모자에 담았습니다. 이 놀라운 판사의 선고에 이의를 제기하는 사람은 아무도 없었습니다. 그렇게 거두어진 돈이 57달러 50센트였습니다. 판사는 그 돈을 노인에게 주었습니다. 노인은 10달러를 벌금으로 내고 남은 47달러 50센트를 손에 쥐고 감격의 눈물을 글썽거리며 법정을 나갔습니다.

이 명 판결로 유명해진 '피오렐로 라과디아' 판사, 그는 1933년부터 1945년까지 12년 동안 뉴욕 시장을 세 번씩이나 역임하는 등 사람들의 존경을 받았다.

총선이 20여 일 남은 상황에서 여러 변수가 예상되지만 분명한 것은 국회의원 후보들의 농업관이 분명 농업인의 눈길을 사로잡을 것으로 보인다. 이제 꽃보다 아름다운 후보를 선택하는 것은 유권자의 몫이다.

(2016년 03월 22일, 기호일보)

20. 로마문명과 농업경제

마르크스(K. Marx)는 생산은 곧 문명의 기초라고 하였다. 이는 생산이 인류문명의 발생과 깊은 관련을 갖는다는 뜻이다. 그런데 문명의 근저에는 반드시 농업경제가 있었다. 농업경제가 번성하면 문명이 꽃을 피웠고, 농업경제가 쇠퇴하면 문명 역시 망했다. 막강한 군사력으로 세계를 지배하던 로마문명 역시 그렇다.

예수탄생을 전후하여 지중해 중심의 로마세력은 맹위를 떨쳤다. 로마는 기원전 3세기 이탈리아 반도 전체를 장악하고 기원후 1세기경에는 동으로 그리스와 터키를 넘어 아르메니아를 정복하였고, 남으로는 이집트와 북아프리카를 정복했다. 로마제국 최전성기에는 지금의 스페인과 프랑스까지 진출했다. 이러한 군사력을 배경으로 로마는 지중해 연안에 세계의 안정과 평화를 정착시키게 되었다.

이러한 이유로 로마에는 메소포타미아, 이집트, 그리스 문화들이 뒤엉켜 이탈리아와 시칠리아 섬을 중심으로 기원후 300년경까지 지중해 문명의 꽃이 피기 시작했다. 그러나 자세히 들여다보면 로마문명의 근저에는 밀과 보리, 그리고 과수를 중심으로 하는 로마의 집약농업(集約農業)이 있었다. 로마의 귀족들은 전쟁포로와 해적으로 붙잡힌 사람들을 노예로 이용하여 라티푼디움(Latifundium)이라는 대농장을 만들어 경영하면서 대규모 농업을 성립시켰던 것이다. 그 결과 로마의 농업생산성은 매우 높았다.

그런데 정복 초기와는 달리, 집중적인 개발에 따라 일부 농지를 임대자 및 식민자들에게 양도해야 했다. 그 후 점진적으로 토지 소유의 집중 현상을 보여 A.D. 3세기에 들어서는 대농장의 형태를 이루었다. 이에 대농장주들은 관계 당국으로부터 독립성을 유지하면서 농업경제의 발달과 더불어 농촌 노동자들에게 일련의 법적 지위를 부여함으로써 영주(領主) 체제를 구축했다. 이들은 장기간의 지배 과정에서 이베리아에 휴경지의 이용, 비료, 쟁기 및 관개수 처리 체계 등 새로운 농경기술을 소개하여 농업 생산성 증대에 크게 기여했다. 당시 농산물은 남부의 과달키비르 강 유역, 남동부의 카르타헤나, 타라고나의 일부 지역과 내륙 지방에서 집중적으로 생산되었다. 특히, 내륙의 고원 지대는 밀, 카르타헤나 지역은 보리 산지로 유명했고, 이들 산물의 대부분은 로마와 이탈리아로 수출되었다. 올리브는 베티카, 에브로 강 유역 및 과달라마 이남 지역에서, 포도는 베티카와 반도 북동부의 지중해 연안 지역에서 많이 재배하여 수출했다.

하지만 비옥했던 대농장은 모두 귀족의 것이었다. 비옥했던 토지들이 거의 귀족에게 독점되면서 로마 농업경제 상황이 크게 바뀌게 된다. 토지를 장악한 귀족들은 비옥한 토지에 밀이나 보리와 같은 식량작물을 심지 않고 대신 노예들을 동원하여 포도나 올리브와 같은 환금작물(換金作物)을 재배했다. 식량보다는 포도나 올리브를 심는 것이 돈벌이가 잘 되었기 때문이었다. 로마 귀족들은 식량을 생산하여 국민들에게 공급해야 하는 농업경제의 기본적인 역할을 무시하고 농업을 돈벌이 수단으로 이용했다. 그리고 자기들이 먹을 식량은 거의 그들이 정복한 식민지에서 수입했다. 그리하여 로마는 식민지 의존적 농업을 성립시키게 된다. 그러나 기원후 400~500년경 로마의 쇠퇴는 많은 식민지를 잃게 되고 식량수입이 끊기게 되자 로마 인구는 급감하게 된다. 인구감소는 결국 노동력 부족으로 이어져 476년 로마는 게르만 용병 오도아케르에 의해 멸망하게 된다. 결국 과수 중심의 상업적 농업경제가 로마를 멸망하게 만든 것이다.

이렇게 로마문명은 농업경제발달과 결코 무관하지 않다. 다행히 유럽의 토양이 아직까지도 생산력을 잃지 않고 있는 이유는 그들의 농업경제발전을 위한 노력의 덕택이다. 즉, 지력을 유지시키려는 끈질긴 노력에 의해 유럽문명은 현재까지 이어지고 있다.

(2015년 06월 29일, 기호일보)

제2부

강대성의 농업의
블루오션

1. 글로벌 종자산업 집어삼킨 중국

지난달 중국 국영 화학업체 켐차이나가 세계 최대 농화학기업 신젠타를 인수하여 세간의 이목을 끌었다. 많은 전문가들은 다국적 농생명공학기업 몬산토가 신젠타를 인수할 것으로 예상했으나, 치열한 경쟁 끝에 막대한 현금동원과 미셸 드마레 등 현 신젠타 경영진을 승계하기로 한 켐차이나가 437억 스위스프랑(52조 3,500억 원)에 인수했다.

중국 국유기업이 천문학적인 돈을 들여 세계적인 농화학기업을 인수한 배경은 무엇일까. 신젠타는 IMF 당시 우리나라의 서울종묘와 동양화학 농약사업부를 인수한 노바티스사의 농업사업부와 영국의 제약회사 아스트라제네카의 농화학부분이 2000년 합병해 설립한 농약·종자 전문기업이다. 매출액은 151억 달러(2014년)로 매출액 기준으로 세계농약시장 점유율 1위(20%), 세계종자시장점유율 3위(8%)를 차지할 뿐만 아니라 몬산토, 듀폰과 더불어 세계3대 유전자변형작물(GMO) 종자기업이다.

중국의 국민 1인당 농경지면적은 0.1ha로 세계 평균 경지면적 0.37ha의 1/3에도 미치지 못한다. 중국의 농경지면적은 1억 2,000만 ha로 전 세계 경작지의 10% 수준이지만 부양해야 할 인구는 전 세계인구의 20%에 해당하는 14억 명이 넘는다. 농산물교역은 2004년 순수입국으로 전환된 후 수입량이 지속적으로 증가하여 2013년 농산물 무역적자는 우리나라 전체 무역수지 441억 달러보다 15.8%나 많은 510억 6,000만 달러에 이른다.

미국 식품공업협회의 최근 보고에 따르면 2018년 중국은 세계 최대의 식품 수입국으로 부상할 것이고 그 규모는 769억 7,000만 달러(약 90조 원)에 이를 것으로 전망됐다.

켐차이나가 세계적인 농약·종자기업을 인수한 배경에는 '곡물의 기본적인 자급과 식량의 절대 안정'이라는 중국정부의 식량안보정책과 맥을 같이하고 있다. 80%대로 떨어진 식량 자급률을 해결하기 위해서는 우수한 종자와 선진 기술을 가진 세계적인 종자기업을 인수하는 것이 시급했을 것이다. 이번 신젠타 인수로 중국은 종자와 식량산업에서도 단숨에 G2로 부상했다.

글로벌 농화학기업 신젠타를 품은 중국을 우리는 '강 건너 불구경하듯' 보고 있을 때가 아니다. 1997년 IMF 당시에 서울종묘와 농진종묘를 인수한 신젠타는 작물보호제 분야 세계 1위일 뿐만 아니라 무, 배추, 고추, 토마토, 오이 등 채소종자 분야도 세계적인 수준이다.

이번 중국의 신젠타 인수는 2012년부터 10년간 8,000여억 원이 투입되는 '골든씨드 프로젝트'와 차세대바이오그린21사업을 통해 국내 종자산업을 수출산업으로 육성하겠다는 우리 정부의 정책에 큰 난제로 작용할 가능성이 높다. 중국의 종자시장 규모는 170억 달러(약 20조 원)로 미국에 이어 세계 2위다. 켐차이나가 단숨에 글로벌 농생명기업으로 부상함에 따라 중국이라는 거대한 블루오션 시장이 하룻밤 사이에 치열한 레드오션 시장으로 바뀐 셈이다. 뿐만 아니라 중국은 농업생산성을 개선하기 위해 신제타의 선진 농업기술을 빠르게 도입될 것으로 예상된다. 중국 농가들의 기술향상으로 국내 소비자 기호에 맞는 신선농산물의 수입이 확대될 경우 한류를 틈타 우수한 농산물을 중국으로 수출하려던 우리 농업은 이중고에 처할 수 있다. 더 이상 우리가 중국의 농업굴기를 관망할 수만 없는 이유다.

(2016년 03월 22일, 내일신문)

2. 종자 주권 회복, 물 건너가나?

국내 굴지의 토종종자기업 농우바이오 매각일이 14일로 다가왔다. IMF라는 사고로 졸지에 흥농종묘를 잃은 기억이 있는 농업계는 또다시 술렁이고 있다. 농우바이오는 창업 30여 년 만에 창업주 고희선 회장의 타계로 장남 등 유족들이 상속을 받았으나, 1,200여억 원에 이르는 상속세 납부를 위해 유족들이 보유한 지분을 처분하게 이르렀다. 농업단체들이 우려하는 것은 농우바이오가 어느 회사 품에 안기느냐에 따라 종자주권 회복은 물론 종자산업의 운명이 달라지기 때문이다.

국내종자산업의 부침은 크게 IMF 이전과 이후로 나누어진다. IMF 이전은 흥농종묘가 독주한 시절이고 이후는 흥농종묘를 인수한 다국적 기업과 농우바이오가 각축전을 벌렸으나, 종자주권 회복을 위한 농업인의 전폭적인 지지를 얻은 농우바이오가 판정승을 거두었다. 해외 5개 법인을 거느린 농우바이오는 국내 종자업계 매출 1위, 시장 점유율 27%, 수출 1,500만 불이라는 괄목할 만한 성장을 하였다.

흥농과 농우의 공통점은 창업주가 척박한 국내 종자산업을 일군 선구자라는 것과 두 기업 모두 IMF를 전후로 우리 농업인의 사랑을 독차지하였고, 또한 경영을 승계한 2세들이 결국 수성에 실패하고 3자에게 넘기게 되었다는 점이다. 흥농종묘는 IMF 시절 국내 최초로 다국적 기업인 세미니스사에 인수되었다가 다시 몬산토에 넘어갔고 일부지분은 다시 동부한농에 넘겼으나 동부한농의 종자사업은 여전히 농업인들에게 희망을 주지 못하고 있다. 뿐만 아니라 세계적 수준의 기술을 지닌 육종가들은 흥농을 떠나 중국과 동남아, 일본계기업으로 자리를 옮겨 우리나라 종자산업을 맹추격하고 있다.

농우바이오 운명도 창업주의 갑작스런 변고로 향후 한 치도 예측할 수 없는 처지다. 농협을 비롯하여 사모투자 전문업체 2개사가 인수전에 뛰어들었지만, 어느 회사에 인수되느냐에 따라 토종기업으로 남을 것인지 흥농종묘의 운명처럼 정체성 없는 검은머리 주인을 쫓을 것인지 아무도 장담할 수 없다.

농축산식품부는 종자산업을 농업계의 IT산업으로 보고 창조경제의 핵심 산업군으로 육성하고자 5천억 원을 투입하는 골든씨드프로젝트를 가동하였다. 하지만 이번 토종종자기업인 농우바이오의 향방에 따라 골든씨드프로젝트가 될지 실버프로젝트로 전락할지 기로에 서게 되었다.

종자산업은 타 산업과 달리 장기투자를 해야 하는 기간산업이다. 만약에 이번에 농우바이오가 사모투자 업체에 인수된다면 장기투자는 물론 종자산업의 전문성도 지키기 어렵다. IMF 이후 흥농종묘는 종자전문기업인 세미니스사와 몬산토에 인수되어 그나마 종자산업의 전문성을 어느 정도 확보할 수 있었지만, 농우바이오는 주인 없는 기업으로 추락하지 않을까 걱정이 앞선다.

농우바이오는 지금이라도 매물을 거두고 독자 경영을 할 수 있는 방법은 없는지? 우리 농업인이 참여하는 소액 주주제를 도입하여 경영권도 방어하고 종자주권을 지킬 방법은 없는지 묻고 싶다. 그도 저도 아니면 농업인들의 염원과 국내 종자산업의 경쟁력을 위해서 흥농종묘의 전철은 따라가지 않기를 간절히 바란다.

(2014년 03월 12일, 헤럴드경제)

3. 32년 만에 쌀 최저생산, 괜찮나

최근 통계청 발표에 따르면 금년도 쌀 생산량은 현백률(현미를 쌀로 환산하는 비율) 9분도(92.9%) 기준 시 400만 6,000톤이라 한다. 이는 냉해피해를 입은 1980년도 355만 톤 이래 최저치이다. 특히 쌀 자급률이 83%로 떨어진 전년도 422만 톤보다도 5.2% 감소한 수치다.

금년 생산량 400만 6,000톤은 지난 5년간 연평균 쌀 소비량 488만 3,000톤의 82%에 불과하다. 특히 현백률을 미곡종합처리장에서 실제 사용하는 12분도(90.4%) 기준 시 올 생산량은 389만 8,000톤으로 연평균 소비량의 80%에도 미치지 못한다. 쌀 자급률은 2011년 104.6%에서 지난해 83%로 무려 21%나 떨어졌고, 곡물자급률도 OECD 가입국 중 최하위권인 22.6%로 하락하였다.

우리나라는 연간 곡물수입량이 1,500여만 톤인 세계 5위 곡물 수입국이다. 1,500만 톤은 15톤 덤프트럭 백만 대 분량으로 트럭을 10미터 간격으로 경부고속도로에 세운다면 12번을 왕복하는 길이다.

지난여름 미국 중서부지역과 러시아 등 곡물 수출국의 기상악화로 국제 곡물가격이 치솟아 전 세계 식량위기가 지속되고 있다. 지난 2008년에는 전 세계 30여 국가에서 식량구입을 위해 폭동이 일어났으며 많은 사상자가 발생하였다. 그 이유는 곡물 수출국들이 수출을 제한하는 등 자원민족주의를 강화하였기 때문이다. 쌀을 제외한 곡물자급률은 4%도 되지 않는데, 최근 지속적인 재배면적 감소와 기상악화 영향으로 주식인 쌀도 자급률 80% 지키기가 버거운 처지다.

국제미작연구소 소장인 로버트 지글러 박사는 "돈으로 식량을 언제든지 살 수 있다는 생각은 위험하다"라고 하였다. 수출국들의 자원 민족주의가 강화되는 현실에서 식량주권을 남의 손에 맡기는 것은 불행한 일이다.

1, 2차 세계대전 때 극심한 식량난을 겪었던 유럽의 선진국들은 식량자급률이 100%를 넘어 오히려 수출을 하고 있다. 선진국들이

농업을 시장논리에 맡겨두지 않은 이유는 공익적 가치가 그만큼 크기 때문이다.

그동안 우리는 농업을 경제논리로만 접근해왔다. 재배면적이 지속적으로 감소하고 있고, 32년 만에 최저 쌀 생산량을 계기로 식량안보의 중요성을 깨닫는 기회가 되었으면 한다. 지금부터라도 국민의 생존이 걸린 식량주권 확보를 위한 대책마련이 절실하다.

(2012년 11월 30일, 내일신문)

4. 농산물값 폭등 재발 막을 대책 필요

지난해 9월 말과 10월 초 배추 한 포기 소매가가 1만 2,000원까지 올라 연일 매스컴을 장식했다. 최근에는 산지의 고추가격이 평년의 4배를 넘고 있다. 올핸 '금(金)고추'가 되지 않을까 걱정이다.

금배추, 금고추 사태는 소비자를 힘들게 하지만 생산농가의 고통도 크다. 애써 지은 농작물을 수확조차 하지 못해 빚더미에 올라앉는 농가가 한둘이 아니다. 더 큰 문제는 금배추, 금고추 사태가 일회성이 아니라는 점이다. 최근의 금배추, 금고추 원인은 한반도 주변의 기상환경이 바뀌었기 때문이다.

금배추, 금고추 사태를 또 겪지 않으려면 한반도 기후변화에 대한 대책을 강구해야 한다. 배추, 고추의 작황 부진은 여름철 고온도 문제지만 가장 큰 원인은 계속된 비로 인해 배추무름병과 뿌리혹병, 고추탄저병이 만연했기 때문이다.

이러한 배추무름병과 탄저병은 '비가림재배'만으로도 쉽게 해결할 수 있는 병이다. 비가림재배는 단기적으로 안정적 생산을 가능하게 하고 친환경재배를 위해서도 꼭 필요하다. 노지재배에서는 병을 방지하기 위해 많은 농약을 살포해야 하지만 비가림재배를 하면 병 발생이 줄어들어 농약 사용량이 크게 줄어든다. 또 여름철 집중호우 시 농경지에 포함된 많은 비료성분들이 하천을 오염시키지만 비가림시설을 하면 농지를 보전할 수 있다. 문제는 막대한 비용이다. 당국은 금배추, 금고추 사태 재발을 방지하기 위해서라도 배추와 고추 산지의 비가림시설 지원에 나서야 한다.

(2011년 09월 17일, 매일경제)

5. 농업의 블루오션을 찾자

옛날 인도에서 한 남자가 부잣집 친구를 방문해 술대접을 받고 만취해 친구집에서 잠을 자게 되었다. 부자 친구는 만취한 친구가 행복하게 살기를 바라면서 무한한 가치를 지닌 보석[無價寶珠]을 친구 옷 속에 넣고 꿰매어 두었다. 만취한 친구는 몸에 지닌 보석을 알지 못하고 평생을 초라하게 살았다는 이야기는 불교의 법화경에 전해지는 내용이다.

작금의 농업은 가난한 남자 옷 속의 무가보주나 다름없다. 먹을거리가 풍부해진 요즘은 농업과 식량의 소중함은 잊은 지 오래다. "아빠가 어렸을 땐 밥을 먹지 못해 고생했다"는 말에 "밥이 없으면 빵도 있고 라면도 있는데 왜 굶느냐?"는 아이들의 답변에 오히려 말문이 막힌다.

우리 농가의 호당 경지면적은 미국의 1/100에 불과하고, 농산물 가격은 중국산과 경쟁이 되지 않는다. 한미 FTA에 이어 준비 중인 한중 FTA를 앞두고 농업인들은 위기감에 휩싸여 있다. 과연 우리 농업은 가능성이 없는 사양산업인가?

지금 우리 농업은 변화의 중심에 서 있다. 그 첫 번째는, 국민들의 식생활 변화이다. 한 예로, 한동안 찾지도 않아 재배면적이 급감했던 고구마가 건강식으로 알려지면서 사과나 배보다 가격이 높게 거래되고, 복분자와 블루베리, 동충하초 등 기능성 건강식품과 망고, 체리, 자몽 등 외래 과일의 수요가 급증하고 있다.

둘째는 기후온난화이다. 제주에서 재배하던 한라봉은 거제에서 재배되고, 대구 사과는 철원에서, 보성의 녹차는 강원도 고성에서 재배되고 있다. 기후온난화는 우리 농업의 위기이지만 이에 대한 대응 여하에 따라 우리 농업이 진일보할 수 있는 기회다.

셋째, 13억 인구 중국을 포함한 동남아시아의 경제성장이다. 지난 해 중국의 1인당 GDP는 5천400달러로 1980년 이후 연평균 12.9%씩 성장했다. 소득이 증가함에 따라 1인당 육류 소비는 한국의 1.5배가 넘는 61.3kg으로 연간 4% 이상 늘고 있다. 중국은 이미 대두 소비량의 85%를 수입에 의존하고 있으며, 육류 소비 증가로 옥수수도 수입량이 늘고 있어 세계 곡물시장의 판도를 바꾸고 있다.

이제 우리 농업은 옷 속의 무가보주를 찾을 기회다. 안전성을 갖춘 고기능성 건강식품 생산을 늘리고, 기후변화에 대응한 품종 육성과 아열대 과수 재배 등 작목전환 그리고 대중국, 일본 등 수출전략 품목을 육성한다면 우리 농업은 무한한 블루오션이 될 것이다.

(2012년 11월 30일, 기호일보)

6. 농업인은 국토관리의 정원사이다

오랜 가뭄 끝에 내린 단비로 들녘에 생기가 돈다. 생기 가득한 초록 들판 사이로 누런 경계선들이 옥에 티처럼 눈살을 찌푸리게 한다. 논둑이 제초제 폭격에 발갛게 타 들어가고 있기 때문이다.

6~7월은 변태한 개구리가 먹이를 찾아 한창 들판을 헤매지만 발붙일 곳이 없다. 모내기가 끝난 들판은 물론 논둑까지 제초제가 점령해버렸기 때문이다.

논둑은 개구리를 비롯하여 천적들의 서식처다. 농촌진흥청의 발표에 의하면 논둑에 해충은 7종이 살고 있지만, 거미류 등 천적은 14종이 서식한다. 잡초를 없애고자 무분별하게 살포한 제초제는 아름다운 경관을 앗아갈 뿐만 아니라 유익한 천적까지 멸살시키고 있다.

논은 람사르협약에서 인정하는 인공습지이다. 매화마름군락지인 강화도 논이 2008년 람사르 습지로 공식 등록되었다. 농업은 인류의 미래이자 자연을 가꾸는 생명산업이다. 유럽은 농업을 단순히 생산만 하는 1차 산업으로 보지 않는다. 먹거리를 제공하는 산업에서 더 나아가 아름다운 국토를 가꾸는 산업으로 인식하며, 그들의 문화와 역사의 뿌리를 농업농촌에서 찾고 있다.

논은 많은 수생 동식물의 서식지이며 철새의 보금자리인 동시에 인간과 자연이 공존하는 생명의 터다. 여름철 홍수 조절, 지하수 저장, 대기 정화 등의 다양한 공익적 기능도 수행하고 있다. 제초제에 멍들지 않는 파란 논둑을 지키는 일이야말로 자연과의 공존을 위한 조그마한 실천이다.

(2012년 07월 06일, 경남도민일보)

7. 쌀 시장개방과 식량안보

쌀 관세화 유예 종료를 앞두고 쌀 시장개방을 의미하는 관세화 전환 여부가 초미의 관심사다. 우리가 쌀 시장에 대해 관심 갖는 이유는 단 하나. 쌀은 국민의 주곡으로 식량안보와 직결되기 때문이다. 현재 우리 곡물자급률은 23%로 경제협력개발기구(OECD) 회원국 중 최하위권이다. 특히 쌀을 제외한 밀과 옥수수의 자급률은 0.9% 수준에 불과하다. 더군다나 국내 쌀 소비량은 연간 2%씩 지속적으로 줄고 있다. 결국 국내 식량 소비구조가 쌀 중심에서 밀 등 수입에 의존하는 곡물비중이 증가하는 상황에서 쌀 시장 개방은 우리 식탁을 전적으로 남에게 맡기는 꼴이다.

오는 9월 말까지 관세화 여부를 세계무역기구(WTO)에 통보해야 하는 처지인 우리가 선택할 방안은 많지 않다. 현재 의무수입량을 유지하는 '스탠드-스틸'과 일시적으로 의무 면제하는 '웨이브' 방식, 쌀 시장을 개방하는 길뿐이다. 우리 입장이 정리되지 않은 상태에서 관세화 전환이 불가피하다는 목소리가 커지고 있어서 안타깝다. 높은 관세상당치를 받는 것이 수입쌀 국내 유입을 억제하는 효과가 있다고 주장하고 있다. 하지만 관세화를 단행한 일본도 환태평양경제동반자협정(TPP) 협상 과정에서 관세를 철폐하라는 미국의 강력한 압력을 받고 있다. 추후 TPP나 한중 FTA 협상에서 쌀 시장 추가개방 압력을 받을 수 있으며 또한 도하개발어젠다(DDA) 협상에서 우리나라가 개도국 지위를 상실하면 관세를 추가로 줄여야 한다는 것도 염두에 둬야 한다.

쌀 관세화 전환은 단지 쌀 생산농가만의 문제가 아니라 국민의 생존과 직결된다는 것을 잊지 말아야 한다. 미국의 월드워치연구소는 21세기 인류에 대한 진정한 위협은 핵전쟁이 아니라 식량안보를 위한 국가 간 분쟁이 될 것이라고 경고한 바 있다. 또한 최근 기후변화로 인해 국제 곡물가 불안이 지속되고 있다.

고려 초 거란 소손녕은 80만 대군을 이끌고 고려를 침략했다. 고려에서는 투항론과 할지론(割地論)이 우세했지만 서희는 적장 소손녕과의 담판에서 오히려 강동6주를 얻는 협상력을 발휘한 바 있다. 우리 통상팀에 서희의 협상력을 기대하는 것은 지나친 욕심일까. 쌀 시장 개방 불가론을 주장하기에 앞서 기후변화로 인한 국제 곡물파동 대책과 농업인 단체에서 주장하는 쌀 산업 및 쌀 때문에 보호받지 못하는 품목에 대한 대책은 무엇인지도 진지하게 고민해야 한다.

(2014년 06월 18일, 서울경제)

8. 식량안보 중요성 커진다

시중 쌀 도매가격은 20kg 한 포대에 3만 6천900원으로 1년 전 가격 4만 800원보다 9.6%나 떨어졌다. 최근 5년 이래 가장 싸다. 지난해 국민 1인당 쌀 소비량은 65.1kg이므로 하루 먹는 178그램의 쌀값은 껌 한 통 값도 안 되는 328원에 불과하다. 한국농촌경제연구원 자료에 따르면 산지 쌀값도 지난해보다 10% 수준 낮을 것으로 전망돼 농업인 걱정은 이만저만이 아니다.

쌀값이 떨어지는 이유는 3년 연속 풍작에다가 40여만 톤에 이르는 의무수입량까지 겹쳐 재고량이 증가하였기 때문이다. 정부에서는 쌀값 안정을 위해 햅쌀 20만 톤을 격리하겠다고 하였지만 산지 쌀값은 안정을 찾지 못하고 있다. 문제는 쌀값 하락이 쌀을 주식으로 하는 우리에겐 결코 바람직하지 않다는 데 있다. 지난해 쌀 농가 소득은 10a당 615천 원으로 5년 전에 비해 무려 19.1%나 감소하였다. 쌀 농가 소득이 감소함에 따라 같은 기간 벼 재배면적은 1,055천ha

에서 814천ha로 22.8% 감소하였으며, 농가수도 523천 가구에서 472천 가구로 9.8%나 감소하였다. 지금 당장은 풍작에다가 소비 감소로 쌀이 남아돌아 걱정이지만, 지금 추세라면 머지않아 쌀이 부족할 것으로 예상된다.

부족하면 오히려 싼 쌀을 수입하면 된다는 생각은 위험한 발상이다. 쌀이 부족한 사태가 발생하면 국제 쌀값은 천정부지로 치솟을 수 있다. 2008년 국제곡물가격 파동 시 국제 쌀값은 톤당 860$로 전년보다 무려 268%나 치솟았다. 더군다나 우리 입맛에 맞는 자포니카타입 쌀의 교역량은 전체 생산량의 5% 수준에 불과하여 국내 쌀 부족 시 가격폭등은 불을 보듯 뻔한 사실이다. 기후온난화로 국제 곡물수급이 불안한 현실에서 식량안보의 중요성은 더욱 커지고 있다. 더군다나 대북관계 개선이나 통일 후 원활한 식량공급을 위해서라도 쌀 산업 대책은 시급한 실정이다.

(2015년 11월 05일, 중부매일)

9. 쌀, 우리 삶의 근간

지난 18일은 처음 맞은 '쌀의 날'이었다. 농림축산식품부는 쌀을 생산하려면 여든여덟(八+八)번의 손길이 필요하다는 것에 착안해 쌀의 한자어 미(米)를 '八+八'로 풀이, 매년 8월 18일을 쌀의 날로 정했다.

쌀에는 우리 민족의 삶과 역사가 녹아 있다. 촌락을 만들고 공동체와 문화를 만든 구심체였다. 20~30년 전만 해도 전국 120만ha가 넘는 논에 한 달 만에 모내기하고 추수를 마쳐야 했다. '고양이 손이라도 빌려야 한다'는 말처럼 마을 공동체가 총동원돼야 가능한 작업이었다. 동방예의지국이란 말의 근간에는 이런 농경문화가 있었다.

한반도는 벼 생육의 최적지다. 세계에서 가장 오래된 쌀이 1만 4,000여 년 전 구석기시대 유적지인 청주 소로리에서 발견됐듯이 한반도는 쌀 문화의 원류다. 벼의 학명 오리사 사티바 엘(Oryza Sativa L.)의 'Oryza'는 '동양에 기원을 둔다'는 뜻의 그리스어이며, 'Sativa'는 '재배(문화)'를 뜻하는 라틴어다. 벼는 동양에서 재배하는 식물이요, 동양문화를 상징하는 식물이라 할 수 있다.

최근 쌀 소비량을 보면 '한국인은 밥심으로 산다'는 말이 무색할 정도다. 1인당 쌀 소비량은 1970년 136.4kg에서 2014년 65.1kg으로 40여 년 만에 절반 이하로 줄었다. 배고픔을 해결한 지 30여 년 만에 값싼 수입쌀에도 밀려 어려움을 겪고 있다. 이제 쌀이 미래 식량 안보의 주축으로 자리 잡는 날이 오기를 기대해본다.

(2015년 08월 20일, 한국경제)

10. 우리 식탁을 노리는 유전자변형식품

최근 승인되지 않은 미국산 유전자변형 GM밀의 국내 수입 가능성 때문에 파장이 커지고 있다. 유전자변형농산물 또는 유전자 변형식품 합식품이라고 하는 GMO는 인위적으로 유전자물질(DNA)의 일부를 변형시킨 새로운 생명체를 말한다.

이를 재배하는 경우 GM작물로, 그리고 이를 이용하여 개발한 식품 또는 식품첨가물을 GM식품이라고 한다. 문제의 오리건 주에서 생산된 밀은 몬산토에서 육성한 제초제 저항성 GM밀로 전 세계 어느 나라에서도 판매 또는 재배가 승인되지 않은 품종이라 문제의 심각성이 커지고 있다.

GM작물은 1996년 상업화된 지 17년 만에 재배면적이 100배나 증가하였으며, 지난해 GM작물 재배면적은 우리나라 농경지의 100배가 넘는 1억 7,000만ha에 재배되었다. 특히 우리나라 3대 곡물 수입국인 미국은 옥수수 88%, 대두 93%가 GMO이며 브라질은 옥수수 75%, 대두 88%, 아르헨티나는 옥수수 85%, 대두는 전량 GMO 품종이 재배되고 있다.

우리나라는 연간 1,500여만 톤의 곡물 중 85%를 이들 3개국에서 수입하고 있으며, 2012년 8월 말 현재 98건의 유전자재조합식품 안정성 심사가 통과되어 GM농산물의 수입물량은 더욱 확대될 전망이다.

GM작물의 유해성 논란은 전 세계에서 지속되고 있는데, GMO를 긍정적으로 보는 측에서는 1996년 GM작물이 상업화된 이후 아직

인체에 피해가 발생하지 않았다고 주장하고 있다.

하지만 문제의 요지는 소비자 단체에서 제기한 잠재적 위험성 및 생태교란 등의 의문점에 대해 안전하다는 것이 증명되지 않았다는 것이다. 유럽의 대부분 나라가 GM작물의 재배 및 유통을 금지하고 있는 이유이다.

GMO의 유해성 논란 근거는 다른 종의 유전자를 도입하기 위해서 이용하는 전달유전자, 즉 백터로 토양세균인 아그로박테리움을 이용하고 있기 때문이다. 예를 들어 제초제 저항성 'Bt옥수수'는 바실러스 튜닝겐시스(Bacillus thuringiensis)라는 아그로박테리움의 살충성 단백질 유전자를 옥수수에 삽입한 품종이다. 따라서 단백질로 인한 인체 알레르기 유발 및 독성 문제가 제기될 수 있으며, 과다한 제초제 사용으로 인한 식품의 안정성 문제와 환경오염 나아가 타 품종과의 교잡으로 인한 생태교란, 슈퍼 해충 유발, 꽃가루를 이용하는 벌 등 곤충들에게 미치는 악영향 등 검증되지 않은 수많은 과제를 안고 있기 때문이다.

실제 GMO는 언제든지 재앙으로 다가올 수 있다. 미국 파이오니어사는 자체 육성한 GM대두에서 알레르기가 유발될 수 있다는 판단하에 판매를 중단한 적이 있다. 그리고 2001년 사료용으로 인가된 해충저항성 스타링크옥수수가 식용으로 판매되어 큰 혼란을 초래한 사례가 있다.

GMO는 유해성 논란 속에서도 식량난 해소라는 명분 속에 글로벌 종자업체들의 치열한 경쟁으로 지속적으로 확산되고 있어 GM작물에 대한 안정성 평가의 중요성이 더욱 커지고 있다. 따라서 관계 당국은 GMO에 대한 국민의 우려를 해소할 수 있는 수준으로 유전자변형식품의 안정성 평가를 강화하여야 할 것이다.

(2013년 07월 23일, 경남도민일보)

11. 에그플레이션 대책 시급하다

최근 국제곡물가가 연일 최고치를 갈아치우고 있다. 곡물가 폭등으로 전 세계 30여 개국에서 폭동이 일어났던 2008년 가격을 이미 넘어서고 있다. 밀 선물가격은 7월 20일 현재 t당 347달러로 전월 대비 43.8%, 옥수수와 대두도 전년보다 20% 이상 급등한 t당 325달러와 646달러로 각각 올랐다.

국제곡물가격이 급등한 이유는 최근 미국과 러시아, 우크라이나, 인도 등 주요 곡물수출국의 극심한 가뭄 탓이다. 일시적인 가뭄이나 재해라면 급등현상은 한시적으로 끝나겠지만, 최근의 기상이변은 기후온난화 영향으로 일시적 현상이 아니라 구조적 패턴으로 불연속 반복 발생할 수 있기 때문에 그 심각성이 매우 크다. 유엔 산하기구인 기후변화에 관한 정부 간 패널(IPCC)은 2007년 기후변화로 인해 대재난의 발생주기가 500년에서 10년 내지 15년으로 짧아지고 있다고 경고했다.

우리나라는 쌀을 제외한 곡물 자급률은 4.6%에 불과하며 세계 4위의 곡물 수입국으로 연간 1,500여만 t의 곡물을 수입하고 있다. 국제곡물가격 폭등은 바로 국내 물가에 영향을 미쳐 에그플레이션을 유발시킨다. 더 심각한 문제는 미국, 아르헨티나, 캐나다, 호주, EU 연합 등의 수출국이 세계 곡물수출량의 2/3을 점유하고 있다는 데 있다. 이들 수출국들이 재해가 발생하거나 식량을 무기화할 경우 돈 주고도 식량을 구할 수 없다.

실제 2008년 식량수급이 불안한 조짐을 보이자 아르헨티나를 비롯해 우크라이나, 중국, 러시아, 카자흐스탄 등 수출국들의 수출 제한 조치로 국제 곡물가격이 폭등했다. 뿐만 아니라 일본이 1993년 쌀 생산량이 부족해 쌀을 수입하자 국제 쌀값이 70%나 폭등했으며 필리핀은 2008년 평년보다 4배나 높은 가격에 쌀을 수입했다. 우리도 1980년 이상저온으로 쌀 생산량이 급감하자 국제시세의 2.5배에 해당하는 가격에 그것도 무려 4년 동안 강제적으로 쌀을 수입한 뼈아픈 기억이 있다.

국제 곡물가 폭등으로 수출국들의 자원민족주의가 강화되고 있다. 이번 기회가 우리 농업을 살리고 식량주권을 확보하는 계기가 되어야 한다. 우리 농업은 가격경쟁력이 없다고 하나, 식량주권을 가격경쟁력으로 논할 수 없다. 굳이 가격경쟁을 논한다 하더라도 그 가격경쟁은 현재의 가격, 즉 평상시 가격경쟁력에 불과하다. 수급이 불안정하거나 식량을 무기화할 경우는 현재의 가격경쟁력은 무의미하다. 실제 수입쌀과 우리 쌀 가격차는 10년 전 4.7배에서 1.8배로 좁혀졌으며, 옥수수도 5년 전 4배에서 2배로 좁혀졌다.

세계 1위를 자랑하는 반도체, 휴대전화, 조선산업도 당초부터 경쟁력이 있었던 것은 아니었다. 기간산업으로 지정해 육성한 덕분에 경쟁력을 갖추게 됐다. 곡물 수출국인 미국과 유럽도 식량자급과 국토보전 및 균형발전을 위해 농업 보호정책을 실시한 결과 수출국으로 발전했다.

최근 유엔식량농업기구(FAO)는 식량위기 재연 가능성을 경고하고 있다. 우리나라는 곡물자급률이 경제협력개발기구(OECD) 회원국 34개국 중 28위로 최하위권이다. 우리는 5000년의 농경문화를 가진 나라이고, 이미 일본으로 수출을 주도하는 파프리카를 비롯해 선인장 및 종자육종 기술 등 우리농업기술은 세계적 수준이다. 지금부터라도 농업은 경쟁력이 없다고 할 것이 아니라, 농업을 지속성장 가능한 산업 그리고 식량안보를 책임질 수 있는 산업으로 육성해야 한다.

(2012년 08월 08일, 헤럴드경제)

12. 풍년의 역습 해결하려면

반만년 역사에서 우리 선조들의 가장 큰 소원은 풍년, 즉 배불리 먹는 것이었다. 녹색혁명으로 소원을 이뤘지만 풍년은 농업인에게 또 다른 시련을 주고 있다. 올해 마늘과 양파값 폭락이 대표적 사례다. 특히 농산물은 연도별·계절별 가격변동이 심하고 안전성에 대한 욕구와 정보발달로 가격에 미치는 변수가 너무나 많다. 국내에서 나타나는 조류인플루엔자(AI)나 구제역은 물론 인접국가에 발생하는 재해나 전염병, 심지어 환율에 따라서도 널뛰기를 한다.

농촌진흥청 자료에 의하면 상위 20% 농가와 하위 20% 농가의 소득차가 12배를 넘는다. 상위 20% 농가의 비결은 기술·정보와 마케팅 능력이다. 첫째, 영농기술은 교육과 경험에 달렸다. 많은 농업인이 한평생 농사만 지어서 도가 텄다며 교육을 소홀히 한다. 평생 농사를 했다고 한들 전문가가 되기에는 턱없이 부족한 수십 번의 경험에 불과하다.

둘째, 농업은 토양학, 식물생리, 종자, 비료와 영양, 농약은 물론 기후 등 다양한 학문이 융합한 복합산업이다. 따라서 많은 분야의 사람들을 만나고 전문매체를 통해 부단히 정보를 모으고 연구하는 정보통이 돼야 한다.

셋째, 공급과잉 시대에 평범한 농산물은 팔리지 않는다. 품질이나 맛으로 먹는 시대는 지났다. 요즘 소비자는 기능성을 따지고 귀로 먹는다. 농산물에 스토리텔링을 입혀야 먹혀든다. 전국 곶감 생산량의 60%를 차지하는 상주곶감은 생산액이 연간 2,000억 원을 넘는 큰 소득원이다. 한 동화작가의 '호랑이보다 더 무서운 곶감'이라는 동화집과 '750년 된 하늘 아래 첫 감나무' 이야기가 만들어낸 작품이다.

최근 인건비와 각종 영농자재비가 크게 올라 1차 산물인 농산물로는 타산이 맞지 않는다. 1차 산업에서 가공과 유통을 융복합한 6차 산업으로 변신해야 살아남는다. 농림축산식품부에 따르면 흑마늘의 부가가치는 생마늘의 13배, 마늘식초를 만들면 119배나 증가한다. 1차 산업의 농산물에 이야기를 입히고 아이디어와 물적 자원을 보태 지역문화와 체험, 힐링을 제공하는 6차 산업으로 탈바꿈한다면 우리 농업의 경쟁력은 한층 높아질 것이다.

(2014년 10월 01일, 서울경제)

13. '터미네이터 식품'의 위험성

지난해 국내에 수입된 유전자변형식품(GMO)이 1,000만 톤을 넘어섰다. 한국바이오안전성정보센터에 따르면 지난해 수입된 GMO는 식용 228만 톤과 사료용 854만 톤을 합해 1,082만 톤이라고 한다. 1,082만 톤이면 얼마나 될까. 국내 곡물 소요량의 절반이 넘는 양으로 경부고속도로에 10톤 트럭을 10m 간격으로 세우면 25줄에 해당한다. 19세 터미네이터 식품이 엄청난 파괴력으로 우리 식탁을 점령한 것이다.

GM작물의 유해성 논란은 지난 1996년 GM작물이 상업화된 후 전 세계에서 지속되고 있다. 유해성 논란의 배경은 제초제와 해충에 강한 유전자를 도입하기 위해 이용하는 전달유전자, 즉 백터로 동물성 단백질(토양세균인 아그로박테리움)을 이용한 데 있다. 즉, 식물과 동물을 결합한 터미네이터 작물의 등장으로 예측하지 못한 유해물질이 나타날 수 있다는 것이다.

사실 더 심각한 문제는 과다한 제초제 사용에 따른 식품 안정성 문제와 환경오염, 나아가 타 품종과의 교잡으로 인한 생태교란, 꽃가루를 이용하는 곤충들에 미치는 악영향 등 잠재적 위험이다. 2011년에는 하루에 10㎝씩 자라는 슈퍼잡초가 미국에서 나타나 막대한 피해가 발생했다. 슈퍼잡초를 잡기 위해 제초제가 과다하게 사용되고 과다한 제초제 사용은 토양생태계를 파괴해 언젠가는 우리가 회복할 수 없는 심각한 수량감소를 초래할 수 있으며 지구촌 식량난을 맞을 수도 있다.

또 다른 문제점은 재배작물의 다양성 상실이다. 현재 재배되는 상업용 작물의 품종은 100년 전에 비해 4%에 불과하다. GM작물 개발로 수천 년 동안 재배돼온 다양한 품종이 소리 없이 사라지고 있다. 기후온난화 등 급속한 환경변화에 대응할 수 있는 소중한 유전자원이 소실되고 있는 것이다.

GMO는 유해성 논란 속에서도 곡물수출국의 자원화 정책과 글로벌 종자 업체의 식량난 해소라는 명분으로 지속적으로 확산되고 있어 GM작물에 대한 잠재적 위험은 더욱 커지고 있다. 따라서 관계당국의 철저한 안정성 평가는 물론 소비자들의 현명한 소비가 더욱 절실한 때다.

(2015년 03월 09일, 서울경제)

14. 벌꿀 사랑으로 두 마리 토끼 잡자

　수년 전부터 전 세계적으로 벌이 사라지고 있어 지구생태에 비상이 걸렸다. 벌이 사라진 이유가 정확히 밝혀지지 않아 더욱 안타깝다. 하지만 전문가들은 환경오염과 과다한 살충제 사용, 나아가 전자파 등을 이유로 꼽고 있다.

　벌은 인류가 이용하는 주요 100대 작물 중 70% 이상을 수정시키고 있어 벌의 멸종은 식량생산 감소 나아가 식물 멸종으로 이어질 수밖에 없다. 일찍이 세계적인 천재과학자 알버트 아인슈타인은 벌이 사라지면 4년 내에 지구는 멸망할 것이라고 경고했다.

　문제는 벌의 자연감소뿐만 아니라 타산성이 떨어져 양봉농가가 급감하고 있는 데 있다. 농림축산통계 자료에 따르면 2009년 양봉농가 수는 3만 5,000가구로 2005년 이후 14% 감소했으며, 사육군수도 198만 8,000군으로 같은 기간 5% 감소했다. 양봉에 필수적인 아까시나무 면적도 한때 30만ha에서 최근 10만ha 이하로 감소했다.

　반면 선진국에선 화분매개 등 꿀벌의 공익적 가치를 인정하여 양봉산업을 국가기반산업으로 육성하고 있으며, 양봉진흥법 등을 통해 양봉농가를 지원하고 있다. 덴마크 수도 코펜하겐에서는 도시양봉이 인기이고, 미 백악관에서도 2009년부터 양봉을 시작하여 2011년엔 102kg의 벌꿀을 수확하였다고 한다. 양봉산업의 쇠퇴는 단순 양봉농가만의 문제가 아니다. 벌은 식물의 수정에 필수적인 매개충이기 때문이다. 따라서 양봉산업을 육성하는 것은 지구를 살리는 첫걸음이라 해도 과언이 아니다. 수천 년 전부터 천연항생제 또는 천연감미로 사용되었던 벌꿀은 국민건강에 필수식품일 뿐만 아니라 이제 양봉은 지구를 살리는 산업으로 인식되고 있다.

6월은 통상 양봉농가엔 가장 즐거운 계절이다. 채밀을 끝낸 아까시꿀을 판매하는 시기이기 때문이다. 하지만 금년 6월 양봉농가들은 울상이다. 지난해 풍년생산을 한 아까시꿀이 소비감소로 재고가 쌓여 있기 때문이다. 선진국 가정에서는 벌꿀을 설탕대신 사용하고 있어 소비량이 급증하고 있으나, 국내에서는 경기 침체 여파로 벌꿀 재고량이 농협에만 평년의 2배 수준인 4,500여 톤에 달한다고 한다.

가짜 벌꿀도 양봉농가를 애태우는 요인이다. 적지 않은 소비자들이 흰 결정이 생긴 벌꿀은 가짜라고 의심한다. 흰 결정은 포도당이 특정온도에서 생긴 것이다. 따라서 유채나 잡화 꿀 등 포도당 함량이 높은 꿀에서 나타나는 증상일 뿐이다. 가짜 벌꿀에 대한 불안은 벌꿀 자율표시사항인 탄소동위원소 비율만 알고 있으면 금방 해소된다. 순수 벌꿀은 탄소동위원소비율 -23.5%(잡화꿀 22%) 이상이고, 100% 사양꿀(설탕꿀)은 탄소동위원소비율이 11%이며, -20%는 꽃꿀과 사양꿀이 2:1로 섞인 꿀, -18%는 1:1로 섞인 꿀이다. 따라서 사양길에 놓인 양봉산업을 육성하고 나아가 지구 생태를 살리기 위해서는 첫째, 현재 추진 중에 있는 벌꿀 정부인증제 또는 벌꿀 등급제를 조기 시행하여 소비자들의 불안을 해소하는 것이다. 둘째, 프로폴리스 등 봉산물의 다양한 기능성 연구를 통한 소비확대 및 소비자들의 벌꿀 애용이다. 꿀은 설탕과 달리 과당과 포도당뿐만 아니라 칼슘과 철분 등 풍부한 미네랄과 비타민이 함유되어 어린이는 물론 환자에게 더 없이 좋은 식품이다.

셋째, 도시민에게 벌 사육을 권장하여 도시생태를 복원하고 나아가 감소하는 아까시나무 등 밀원수 확보를 위한 국가적 지원을 확대하는 것이다.

(2013년 07월 04일, 내일신문)

15. 벌의 떼죽음과 생물다양성

5월 22일은 유엔이 정한 '국제생물다양성의 날'이다. 특히 올해는 생물다양성의 보전, 생물자원의 지속 가능한 이용, 그리고 생물자원을 이용해 얻어지는 이익을 공정하고 공평하게 분배할 것을 목적으로 지난 1992년 유엔환경개발회의(UNCED)에서 생물다양성협약을 채택한 지 20주년이 되는 해이기도 하다.

생물다양성이란 지구상에 존재하는 모든 생명체, 즉 생물체들 간의 다양성과 변이 및 그들이 살고 있는 모든 생태적 복합체를 말한다. 국제연합환경계획 한국위원회에 따르면 지구상에는 약 170만 종의 생물종(種)이 존재한다고 알려져 있다. 그러나 해마다 2만 5,000~5만여 종의 생물종이 사라지고 있다고 한다. 전문가들에 따르면 20~30년 안에 지구 전체 생물종의 25%가 멸종할 것이라고 한다. 우리 주변에서도 사라지는 생물종을 확인할 수 있다. 봄소식을 전해주던 제비를 보지 못한 지 오래됐으며, 그 흔하던 쇠똥구리나 물가에 지천으로 널린 가제도 찾기 어렵다.

　최근 전 세계적으로 벌의 떼죽음이 목격되고 있다. 벌이 수난을 겪는 원인은 정확히 밝혀지지 않았지만 무분별한 농약 사용과 전자파 등이 원인으로 추정된다. 세계적인 과학자인 알베르트 아인슈타인은 벌이 사라지면 인류도 4년 안에 멸망할 것이라고 경고했다. 대부분의 식물들은 수정에 의해 번식을 하는데 그중 70%는 벌이 담당하고 있기 때문에 벌이 사라진다는 것은 인류의 식량고갈을 예고하는 것이다.

　생물다양성의 보전은 인류의 생존과 안녕을 위해 절대적으로 필요하다. 자연계를 구성하는 생물들은 모두 상호의존적이기 때문에 만약 그 균형이 깨진다면 엄청난 피해를 감수해야 한다. 한때 식용으로 도입된 황소개구리가 하천의 천하무적으로 돌변해 토종개구리는 물론 수초까지 몰살시킨 사례와 제주도에 살지 않던 까치를 방사하자 감귤 농가에 막대한 피해가 돌아갔고 생태계마저 교란시킨 사실을 우리는 기억해야 한다.

　인간의 무지와 욕심으로 지구상의 생물종이 사라진다면 인류의 생존도 위협받을 수밖에 없다. 인간도 다른 종과 마찬가지로 생태계 속에서 살아야 한다는 것을 잊어서는 안 된다. 국제생물다양성의 날을 맞아 모든 생명체를 소중히 여기는 기회가 되기를 바란다.

(2012년 05월 22일, 서울경제)

16. 소 값 폭락 예견된 일

일전에 소 값이 개 값이라는 기사를 보았다. 최근 육우 송아지 가격이 1~2만 원이라고 하니 개 값은커녕 통닭 한 마리 값, 삼겹살 1인분 정도밖에 되지 않는다. 전북 순창의 어느 축산 농가는 사료 값을 견디다 못해 애지중지 키우던 소를 굶겨 죽였다고 한다.

축산 농가는 5~7개월 된 송아지를 구입해 2년 정도 사육해 마블링이 형성되는 30개월쯤에 출하한다. 2년 동안 하루 평균 8kg(3,500원) 정도의 사료를 먹어 치우니, 사료 값만 해도 250만 원이 훨씬 넘는다. 최근 큰 소 산지 거래가격이 400만 원도 안 된다고 하니, 농가가 마지노선으로 생각하는 최소한의 원가인 송아지 값(2년 전 260여만 원)과 사료 값도 되지 않아 키울수록 빚이 늘어나기 때문이다.

이번 소 값 폭락은 일찌감치 예견된 일이었다. 소 값이 폭락하자 최근 암소 도축률이 대폭 늘었다고 한다. 결국 한우농가들은 축산업의 장래가 없다고 판단한 나머지 번식수단인 암소를 처분했다. 암소 도축이 지속된다면 2~3년 후엔 역으로 소가 부족한 사태가 빚어질지도 모른다. 한우산업의 붕괴는 우리나라 농업의 붕괴나 다름없다.

농업은 국민의 먹거리를 책임지는 산업이다. 소련이 붕괴된 것도 알고 보면 식량부족에서 비롯됐다고 한다. 농업을 지키고 식량자원을 확보하기 위해서라도 장기적인 축산산업 대책이 마련돼야 할 것이다.

(2012년 01월 18일, 문화일보)

17. 수박 꼭지 제거 땐 농가 年 600억 절감

　수박 재배 농가들은 출하할 때 꼭지를 붙여 출하한다. 농가들이 수박에 'T'자 형태의 꼭지를 붙여 수확하기 위해 소요되는 비용과 불편은 이루 말할 수 없다. 최근 충남대의 연구 자료에 따르면 수박 꼭지를 제거하고 출하한다면 연간 600억 원 정도의 이익이 발생한다고 한다. 수박 생산액이 연간 1조 원(2013년) 수준이므로 전체 생산액의 5~6%가 수박 꼭지에 소요되고 있는 셈이다.

　수박 꼭지는 신선도 유지에 도움이 되지 않는다. 꼭지 붙은 수박은 꼭지 자체의 호흡과 표면적이 넓기 때문에 수분 손실이 많아져 오히려 신선도가 빨리 떨어진다. 수박의 맛을 결정하는 것은 당도이지 신선도와 관계가 없다. 그럼에도 꼭지 붙은 수박을 선호하는 것은 시장 상인들의 관행과 제도(농수산물품질관리법)가 낳은 산물이다.

　최근 농림축산식품부에서 T자 모양의 수박 꼭지 유통관행을 개선하기로 발표해 수박 농가에 큰 도움이 될 것으로 기대된다. 제도 개선과 더불어 시장 상인들의 태도도 바뀌어야 한다. 상인들이 여전히 꼭지가 붙어 있는 수박을 선호한다면 농가들은 비용이 들더라도 상인들 요구에 따를 수밖에 없다. 꼭지는 수박의 맛과 당도에 아무런 영향이 없으며 신선도를 떨어뜨릴 수 있다는 사실을 알리고, 공영시장에 출하하는 수박은 꼭지를 잘라 출하하도록 규정해야 한다. 출하 주는 수확한 날짜나 당도를 표시해 소비자 신뢰를 얻도록 해야 한다.

(2015년 05월 16일, 서울신문)

18. 한미 FTA 1주년, 농가 피해대책 시급

한미자유무역협정(FTA) 발효 1주년 성과에 대해 언론마다 서로 다른 주장을 하고 있어 국민들에게 혼란을 초래하고 있다. 그 이유는 농업의 특수성을 감안하지 않았거나, 대미 수출입 통계치를 이해관계에 따라 자의적으로 해석했기 때문이다.

한미 FTA 발효 후 지난 1년(2012년 3월 15일~2013년 2월 28일) 간 미국산 농축산물 수입액은 59억 달러로 전년 동기보다 16.8% 감소한 반면, 수출은 6억 5,000만 달러로 전년보다 7.1% 증가했다. 이를 근거로 "한미 FTA는 당초 우려와 달리 우리 농가에 피해가 없다"고 주장하는 일부 언론들의 주장에는 많은 오류가 있다.

한미 FTA 발효 후 1년간 미국산 농축산물 수입액을 평년(2009~2011) 수입액과 비교하면, 곡물은 38.5% 감소했지만 곡물을 제외한 과일류는 66.7% 증가했으며, 채소류 30.6%, 축산물 20.2%, 임산물도 10.1% 증가했다.

과일 · 채소 · 축산물 수입액 급증세

전년도 대미 수입이 준 것은 전체 수입량의 1/3을 차지하는 미국의 옥수수 작황이 부진했기 때문이며, 전년도 옥수수 수입액은 5억 7,000만 달러로 2011년 18억 9,000만 달러보다 13억 2,000만 달러나 감소했다.

특히 신선농산물들의 수입이 크게 증가했는데, FTA 발효와 동시에 24%의 기준관세가 완전히 철폐된 체리 수입액은 전년 동기보다 74%가 증가했고, 관세가 인하된 오렌지와 포도 수입액은 각각 24.5%와 28.6%가 증가해 국내 감귤 및 과채류 농가를 긴장시키고 있다.

실제 한미 FTA 발효로 인한 국내 농가들의 피해는 곳곳에서 발견된다. 한미 FTA 발효 후 2012년 3월부터 6월 말까지 딸기 출하량은 전년 동기보다 17.5% 감소했지만, 도매가격은 오르기는커녕 오히려 1.3% 하락했다. 이는 오렌지 등 수입농산물이 딸기 소비를 대체했기 때문이다.

뿐만 아니라 올해 2월 국내 과채류 가격도 수입농산물 홍수로 인해 큰 폭으로 하락한 것으로 드러났다. 최근 꾸준한 수요확대로 적정수준의 가격을 유지해오던 토마토는 전년 동기 대비 30%, 참외 22%, 딸기 20% 이상 각각 하락했으며, 3월 들어 가격 하락 폭이 더욱 커지고 있다.

축산물도 공급과잉에 따른 가격하락으로 전년도 수입액이 줄었지만, 평년 수입액과 비교하면 쇠고기는 15.2%, 돼지고기 21.5% 증가했으며, 가공식품인 치즈와 유장은 각각 66.9%, 64.6%나 증가했다.

뿐만 아니라 축산물은 향후 관세인하폭이 확대됨에 따라 매년 수입액이 큰 폭으로 증가할 것으로 전망되어 축산 농가들의 고통은 불을 보듯 뻔하다.

이처럼 농산물 수출입에는 많은 변수가 관여하므로 한미 FTA 성과를 성급히 논하기보다는 보다 세밀한 분석이 선행되어야 한다.

특히 한중일 FTA를 준비하는 시점이라 더욱 그렇다. 피해 예상 품목들의 모니터링을 통해 수출입 품목과 물량이 우리 농업에 직간접적으로 미치는 영향을 철저히 조사해야 한다.

성과 논하기보다 세밀한 분석 선행돼야

우리나라는 지난 2002년 칠레와 처음 FTA 협상을 타결한 후 10년간 47개국과 10개의 FTA를 체결했다. 미국과는 2006년부터 협상을 시작, 2012년 3월 15일 발효시켰다. 한미 FTA에서는 농축산물 협상대상 품목 1,531개 중 98%를 관세철폐 이행품목으로 결정했다.

FTA 이행에 따른 국내 농축산물의 파급영향은 이행 초기에는 관세감축률이 작아 영향이 제한적이지만 시간이 지날수록 피해 품목과 규모가 확대될 가능성이 높다.

정부는 정확한 분석 자료를 근거로 FTA 보완대책을 점검하고, 농가 소득안정을 위한 적극적인 대책을 강구해야 할 것이다.

(2013년 03월 29일, 내일신문)

19. 창조경제의 본질은 체질개선부터

기업의 생존조건은 가치창조를 통한 재화의 생산과 순환이다. 잘나가는 기업의 특성은 재화의 창조와 재순환을 통해 지속 성장할 수 있는 시스템을 갖추고 있다. 반면에 반짝하는 기업들은 기발한 아이디어로 가치창조에는 성공하였지만 재화의 재생산, 즉 순환에 소홀하였기에 지속성장에 실패한 것이다.

한 예로 IMF 외환위기 직전 국내에 들어온 세계 1·2위 유통업체인 월마트와 까르푸는 선진 기법으로 막대한 재화를 생산하였지만 결국 10년 만에 철수하였다. 국내에서 사업을 접은 주된 원인은 자사의 브랜드 가치만 믿고 현지화 노력과 재화의 순환에 소홀하였기 때문이다.

최근의 화두는 창조경제이다. 우리 경제가 어렵다보니 시너지효과를 통한 부가가치를 높일 수 있는 창조경제가 경제위기 극복의 대안으로 떠오르고 있다. 하지만 언제 기업들이 창조에 소홀한 적이 있던가?

기업은 생존을 위해 끊임없이 개발하고 창조하였지만 우리 경제는 침체의 늪에서 헤어나지 못하고 있다. 그 이유는 우리 기업들이 가치 창조, 즉 재화 생산에는 뛰어나지만 재화를 순환시키지 못했기 때문이다.

그렇다면 왜 기업들은 재화의 순환에 소홀히 하는가? 그것은 기업도 재화의 순환 필요성을 알면서도 눈앞의 이익에 눈먼 나머지 지역사회로의 환원과 나눔 등 재화의 순환에 인색하였기 때문이다.

그렇다면 경제위기 극복의 대안은 간단하다. 흔히 경제민주화의 일환인 기업들의 상생과 나눔 정신이다.

그런데 선 이익, 후 상생이라는 시스템보다는 근본적으로 별도의 나눔 정신이 필요 없는 시작부터 갑과 을이 존재하지 않는 상생시스템으로 체질을 바꾸는 것이다. 즉, 조합원이 주인이고 사회적 약자들이 중심이 되어 운영되는 협동조합 경제나 사원주주제는 좋은 사례라 하겠다.

이탈리아 북부 도시 에밀리아 로마냐 주의 1인당 소득은 이탈리아 평균 소득의 2배 수준인 4만 유로를 넘는다. 그 비결은 인구 430만 도시에 1만 5,000여 개의 다양한 협동조합이 30%가 넘는 경제권을 차지하고 있고, 40만 개가 넘는 중소기업들이 경제주체가 되어 지속성장 가능한 경제모델을 구축하였기 때문이다.

이탈리아 볼로냐대학교 스테파노 자마니 교수를 비롯하여 많은 협동조합 전문가들은 유럽이 2008년 리먼 브러더스 파산으로 초래된 경제위기를 극복할 수 있었던 것도 협동조합들이 큰 역할을 하였기 때문이라고 한다. 뿐만 아니라 유엔 반기문 사무총장도 협동조합을 지속성장 가능한 기업모델로 인정하였으며, 지난 2012년을 세계 협동조합의 해로 선포하였다.

지속되는 세계경제 위기 속에서 우리는 자본주의의 모순을 찾을 수 있다. 그간의 대기업 중심의 산업구조는 국민소득을 2만 달러로 끌어올리는 데 충분히 기여했다. 이제 새로운 성장을 위해서 자본주의의 폐단이 없는 지속성장 가능한 기업모델로 경제시스템을 바꾸어야 할 것이다.

창조경제의 궁극적인 목적은 경제위기 극복뿐만이 아니라 우리 경제구조를 튼튼히 하는 것이다. 그렇다면 창조경제가 나아갈 방향은 자본주의의 폐단이 없는 지속성장 가능한 기업모델로 경제체질을 바꾸는 것이다. 협동조합 경제와 사원주주제를 확대하고, 지역 경제를 활성화시킬 수 있는 다양한 중소기업을 육성하는 것이야말로 우리 경제의 체질을 바꾸고 나아가 창조경제로 나아가는 첫걸음이라 생각한다.

(2013년 08월 05일, 경남도민일보)

20. 런던올림픽을 스포츠 한류 확산 계기로 삼자

한국 드라마와 K팝의 열기가 아시아를 넘어 유럽과 남미로 번지고 있다. 한국의 부정적 이미지를 긍정적 한류 콘텐츠로 바꾼 데에는 1988년 서울올림픽과 2002년 월드컵, 2018년 평창동계올림픽 유치 등 스포츠 외교가 많은 영향을 미쳤다.

1998년 박세리 선수의 LPGA 챔피언십과 US여자오픈 우승은 외환위기로 절망에 빠진 국민들에게 우리도 세계무대에 설 수 있다는 희망과 자신감을 심어주었다. 박지성, 이영표 등 프로축구 선수들의 유럽 프리미어리그 진출 등 유명 선수들의 활약이 오늘날 한류문화의 기초를 다졌다고 해도 과언이 아니다.

오는 27일(한국시간 28일) 개막하는 런던올림픽은 한류를 유럽에 정착시키고 전 세계로 확산시킬 수 있는 좋은 기회다. 금메달 10개 이상, 종합순위 10위 이내, 올림픽 3연속 10위권에 진출 등의 목표를 달성해 스포츠 한류가 유럽과 전 세계에서 정착돼야 할 것이다.

4년 전 박태환 선수가 수영에서 금메달을 따고 2년 전 김연아 선수가 피겨스케이팅에서 금메달을 땄다. 이번 올림픽에서도 제2의 박태환과 김연아가 탄생하기를 기대해본다.

(2012년 07월 24일, 국민일보)

21. 흥부가 태어난다면 제비가 돌아올까

　4월 12일은 강남 갔던 제비가 온다는 삼진날, 즉 음력으로 3월 3일이다. 제비는 음력 9월 9일 중양절에 한반도를 떠났다가 이듬해 봄소식을 갖고 한반도를 찾아오는 여름 철새다. 제비는 우리 인간들과 한 지붕 아래서 함께 사는 친근한 철새다. 맑고 청아한 목소리와 가지런한 자태, 날렵한 모습으로 생김새부터 호감을 준다. 그뿐만 아니라 사람이 농사지은 곡식을 먹지 않고 농사에 해로운 해충과 벌레를 잡아먹는 관계로 예로부터 길조로 여겨졌던 철새이다.

　20~30년 전만 해도 봄소식을 가장 먼저 안겨다 준 것이 제비였다. 바늘구멍에 황소바람 들어온다며 겨우내 문풍지로 꽁꽁 바른 방문을 열게 한 것도 지지배배 우는 제비 소리였다. 하지만 제비를 보지 못한 지가 까마득하다. 서울뿐만 아니라 수도권에서 제비는 종적을 감추다시피 했다. 시골에서도 개체가 급격히 줄어들어 여간 해선 보기 어려워졌다. 국립생물자원관의 자료를 보면 제비 개체 수가 2000년 100ha당 37마리에서 2009년 현재 21.2마리로 줄었다고 한다.

　우리 인간들과 함께 숨 쉬며 살아온 제비가 우리 곁을 떠나게 된 원인은 무엇일까? 무엇보다도 제비가 먹고살 수 있는 먹이와 공간을 우리가 빼앗았기 때문이다. 급격한 도시화로 우선 제비가 집을 지을 처마가 사라졌고, 또한 집을 짓는 원료인 진흙도 구하기가 어려워졌다. 그뿐만 아니라 제비의 먹이인 곤충들은 무분별한 농약의 살포로 기하급수적으로 감소하였다. 심지어 농약으로 죽은 곤충을 먹은 제비는 생명을 잃거나 번식을 하지 못한다.

우리 주변에서 사라지는 것은 비단 제비뿐만이 아니다. 유엔환경계획(UNEP)에 따르면 지구에는 약 170만 종의 생물 종이 존재하는 것으로 알려졌으며, 해마다 2만 5,000～5만여 종의 생물 종이 사라지고 있다고 한다. 그 흔하던 쇠똥구리도, 가재도 찾아볼 수 없다. 전문가들에 의하면 20～30년 이내에 지구 전체 생물 종의 25%가 멸종할 것이라고 한다.

자연계를 구성하는 모든 종은 다 상호 의존적이기 때문에 그 균형이 깨어진다면, 엄청난 피해를 감수해야 한다. 인간의 무지와 지나친 욕심으로 지구의 생물 종이 사라지고 인류의 지속적인 생존도 위협받고 있다.

지난달 서울시 발표에 의하면 2002년 월드컵공원이 들어선 난지도가 환경·생태공원으로 탈바꿈한 지 10년 만에 동식물 개체 수가 두 배 이상 증가했다고 한다. 이는 자연생태계는 우리의 노력 여하에 달렸다는 것을 증명해주고 있다. 굳이 흥부의 제비 사랑만은 못하더라도 우리는 자연 일부이자 지구의 청지기라는 사실을 잊지 말자. 제비가 다시 찾는 봄은 지금보다는 더욱 따뜻한 봄이 될 것이다.

(2013년 04월 11일, 경남도민일보)

제3부

최성오의 만추별곡

1. 테러보다 무서운 것이 전염병이다

한동안 잠잠했던 신종플루 환자 발병소식이 다시 들린다. 지난해 세계적 대유행으로 두려움마저 느끼게 했던 상황이 되풀이될까 벌써 걱정이다. '손씻기'라는 개인위생의 중요성을 교훈으로 남겼던 신종플루를 벌써 먼 과거로 잊어버린 우리의 무관심이 주된 원인이 아닌가 싶다. 작년엔 손씻기로 시작된 개인 위생관념의 변화로 의약업계의 부침도 있었고 눈병 등 전염성 질환도 현저히 줄었다고 한다. 더불어 개인위생 관념의 변화로 작년 식중독 발생건수 역시 221건으로 전년에 비해 100건 이상이 줄었던 것으로 나타났다.

개인위생에 관한한 행정당국은 방역체계를 갖추고 행동지침을 알려주면 그만이다. 개인의 안전의식까지 국가가 책임질 수는 없다. 외출 후엔 손씻기를 하고 위생장비를 휴대하는 등 개인위생을 생활화하고 대중이 모이는 시설과 장소에는 방역을 강화하는 등 위생의 중심에 개인이 서야 한다.

따지고 보면 가장 쉬운 기본을 도외시하는 데서 늘 문제가 시작된다. 한때 잦은 대형사고로 국가이미지를 실추시킨 사건들도 개인의 안전사고 불감증에서 비롯됐다. 전후 50년간 앞만 보고 달려온 덕에 압축성장을 이뤘지만 이제는 주변을 돌아보며 행복의 의미도 짚어 보고 더불어 살아가는 지혜를 발휘할 때가 되지 않았나 싶다.

문명 이기의 발달로 생활 편의는 상상만큼이나 발전됐지만 인간의 욕망은 끝이 없다. 그러나 생각의 폭을 넓혀야 한다. 칠레 광부들의 구출작업이나 천안함 사고를 보며 디지털과 아날로그는 병존함을 실감하게 된다. 삶의 굴레에서 사람이 해야 할 일과 자연이 베풀어주는 일은 구분되어 있기 때문이다. 뿌리 깊은 나무처럼 기본이 튼튼한 나라가 위기에도 강하다. 때마침 1만 명 이상의 내외 귀빈들이 참석할 것으로 예상되는 'G20서울정상회의'가 목전에 다가오고 있다.

테러보다 무서운 것이 전염성 질병이다. 개인위생과 더불어 방역에 긴장을 놓지 말아야 할 것이다.

(2010년 11월 01일, 기호일보)

2. 칠레 광산 사고의 교훈

생명은 그 자체로 인간에게 주권이 없는 신성하고 존엄한 것이다. 그래서 자살이나 난치병 환자의 안락사가 치료의 가능성을 떠나 사회적 논란이 되기도 한다.

얼마 전 칠레 '산호세' 광산 광부들의 구조 광경이 아직도 눈에 선한데 지금 돌이켜봐도 정말 기적이라 말하고 싶다. 극한 상황에 처하면 사람도 본능적으로 동물적 반응을 하게 되는 법인데 무엇이 이들을 그렇게 강하게 만들었을까.

33인의 69일간 지하갱도 생활과 극적 생환 과정은 철학적 인간관의 논의를 떠나 극한 상황에 처한 인간의 심성과 사회성 등을 들여다볼 수 있는 실험적인 측면도 많이 있다.

매스컴에서 극찬하듯 위기에서 작업반장 우루수아의 지도력은 돋보였고 높이 평가받을 만하다. 그들은 절망의 나락에서 희망의 협동촌을 건설했다. '최후에는 칠레와 함께 가자'며 국가관을 형성했고, 시간계획표를 만들어 아무 일거리도 없는 그곳에서 의료담당, 오락담당, 예배담당 등 일자리를 마련해주고 번갈아 불침번을 서게 했다.

인육을 먹을 것도 생각했던 그들도 이런 지도자의 대의와 의연함에 합의를 해주었고 모두에게 유일하게 남은 '희망'의 메시지는 정신적 에너지가 되어 17일간 하루 참치 반 스푼으로 견딜 수 있게 했다. 한평생 살아가며 그렇게 극한 상황에서 생존의 판단을 해야 하는 경우는 극히 드문 일인데도 말이다.

이미 그들만의 세상이 구축되었기에 생존이 확인된 17일 만에 바깥세상에 첫 번째 던진 질문은 '다른 광부들은 살아 있느냐'는 동료 걱정이었고, 마지막 말은 '내가 맨 나중에 나가겠다'는 희생정신이었다.

바깥세상에서 사고를 해결해가는 과정도 매우 조직적이고 치밀하게 진행되었다. 그래서 당초 11월 말이나 크리스마스 때쯤으로 생각했던 구조 완료는 10월 중순에 성공적으로 이뤄질 수 있었다.

굴착은 최고의 전문가를 투입했고 미국 NASA의 기술력을 동원하여 최첨단 구조장비 캡슐 '불사조'를 제작했다. 그래서 최종 목적지 100m를 앞두고 지상보다 2배나 강한 암반을 만났어도 지혜롭게 극복할 수 있었다.

의료진은 200여 명을 동원하였으며 구조 시에도 개인별 건강상태를 고려하여 순서를 정했고, 그들 표현대로 지나치다 할 정도로 수시로 건강을 체크하여 모두 건강한 모습으로 세상에 나올 수 있었다.

많이 언급되진 않았지만 지상에 있는 최고 지도자들의 휴머니즘도 크게 기여했다. 사고 당시 희망이 사라져가는 순간까지도 칠레 대통령은 끝까지 포기하지 말고 탐침작업을 계속하도록 강력하게 지시했다고 한다. 국민을 향한 애정은 결국 17일 만에 그들의 위치를 확인하게 되었고, 구조작업의 시발점이 된 것이다.

'산호세' 광산 붕괴사고는 극적 구조 과정 속에 칠레 국민을 하나 되게 하였고 세계인들에게 희망과 감동을 주었지만, 지금 사지에서 돌아온 칠레의 영웅들은 아무 일 없었다는 듯 모두 가정으로 돌아갔다.

그들에겐 꿈에라도 생각하기 싫겠지만 안타깝게도 유사한 사고는 현실에서 반복되고 있다. 인간 승리의 감동적인 현장은 우리 모두 마음에 희망으로 간직하되 사고의 원인과 대응방법은 타산지석으로 삼아야 할 것이다.

(2010년 11월 16일, 인천일보)

3. 농산물 유통도 디지털에서 해법을 찾아보자

'금년 김장철 배추값이 오를까 내릴까.' 남부지방의 기상이 상대적으로 양호하고 배추파동으로 농민들의 재배면적이 늘어 폭락할 것이라는 전망과 조기 한파로 다시 값이 오를 것이라는 상반된 관측 속에 시중 배추값은 다시 3포기 한 망에 1만 원을 밑돌고 있다. 디지털 선진국에서 또다시 배추값 신드롬을 우려하면서 배추값 파동에 대한 몇 가지 대안을 생각해본다.

금번 파동의 원인으로 대다수는 유통구조를 문제로 들고 있지만 농산물 유통의 문제는 그리 단순하지 않아 오랫동안 숙제로 남아 있다. 근본적으로 농산물은 부피가 크고 단가가 싸며 유통기간이 짧고 이동거리가 멀어 구입단가에 비해 유통비용이 많이 드는 공산품과 다른 특성에 기인한다. 더불어 유통에 관한 인식도 재고해봐야 한다. 유통에 관한 공부에서 흔히 하는 얘기가 '유통구조상 문제를 해결한다고 해도 상품이 소비자에게 이동하기까지의 유통문제는 그대로 남아 있다'는 것이다. 또한 직거래를 쉽게 언급하기도 하지만 농민들이 저가의 소규모 농산물을 차량에 싣고 도시의 소비자에게로 수시로 이동할 수도 없고 소비자가 농장으로 찾아갈 수도 없는 것이다.

농산물 유통의 문제, 디지털과 접목하여 해법을 찾아보자. 정보통신 부문 세계 1위를 점하고 있는 우리로선 디지털 농산물 유통방법을 적극 활용해볼 만하다. 농산물 작목별 식부면적과 생육기간을 마을단위로 파악하고 전국적 네트워크를 통해 출하시기와 출하량에 관한 정보를 교류하면 일반적인 예측은 가능할 것이다. 이 일을 누가 하느냐의 주체는 수익자 부담의 원칙 등을 감안하여 별도의 논의가 필요하다. 물론 우리의 물류 기능이 전반적으로 관련 연구도 많고 전산화도 진전되었지만 농산물 유통에 관한 한 아직 미진하다.

유통방법으로 트위터 마케팅 등 온라인 마케팅은 분명히 고려해 볼 만한 가치가 있다. 농산물홈쇼핑도 있고, 인터넷 판매도 있지만 금번 배추파동 시 보여준 트위터의 위력은 대단했다. 트위터를 통해 산지가를 광고한 한 농가가 폭주하는 주문량을 감당하기 어려운 상황이 있었다. 물론 택배비가 더 비싸지만 소량을 필요로 하는 소비자 입장에서는 생산자와 이해가 맞닿을 수 있다. 영세 소농이 복합영농을 하고 있는 우리 농촌의 현실에서 신뢰를 바탕으로 하고 있는 트위터 거래는 실명거래로 한다면 충분히 사업성이 있다.

하늘의 도움이 많이 필요한 농업이지만 이제는 국내외의 많은 기업이 신사업으로 농업을 선정하고 있다. 우리 농업도 가공과 서비스업으로 진화하면서 기술적으로 디지털과 접목하면 여러 가지 해법을 찾을 수 있을 것이다.

(2010년 11월 18일, 기호일보)

4. 만추별곡(晚秋別曲)

고요한 구름 사이로 스며오는 저녁노을에 붉게 물든 단풍나무를 바라보면서 손에 팔레트를 잡았다면 과연 어느 색깔에 붓을 찍어야 할까 고민스러울 만큼 강한 늦가을의 서정을 느낀다. 봄꽃처럼 화려하진 않지만 석양빛에 어우러진 형형색색의 가을은 디지털 시대에도 특별한 의미가 있다. 추수를 마쳤다면 바쁜 일상을 덮고 마음을 살찌우고 삶을 풍요롭게 하는 가을을 느껴보자.

때가 가을이라 단풍놀이를 간다고들 야단이지만 실은 가을은 우리 곁에 있다. 굳이 설악산·내장산을 찾지 않더라도 서재에 있는 분재에도, 발코니 화분, 뜰 앞 조경수의 나뭇잎에도 가을은 그대로 세월의 모습을 간직하고 있다.

문제는 가을과 나뭇잎을 바라보지 못하는 삶의 무게가 아닐까. 유명한 맹인 시인 '헬렌 켈러' 여사는 진정으로 불행한 사람은 앞을 못 보는 사람보다 보고도 깨닫지 못하는 사람이라 했다. 보는 이에 따라 하나의 잎새에도 인생의 절망과 희망의 무게가 있는 것이다. 그래서 그분은 사람도 자연의 일부라 했을까.

뜰 앞 은행나무에 몇 남지 않은 은행잎과 단풍나무 잎을 보며 문득 '오 헨리'의 소설 「마지막 잎새」가 생각난다. 폐렴에 걸린 주인공 '수우'의 마지막 희망이었던 '담쟁이의 마지막 잎새' 하나를 지켜주기 위해 무명의 노화가 베어만은 밤새 잎새를 그려주고…… 화가 정신으로 사라지는 휴머니즘을 그린 작품이다.

근래 한동안 새벽 여명을 가르는 '스륵스륵' 빗질을 들을 수 없었다. 그렇다. 낙엽을 밟으며 가을을 느껴보라고 지방자치단체에서 낙엽 청소 금지기간을 설정한 것이다. 가을이면 가장 큰 일이었던 낙엽 쓰는 일, 쓸어도 또 쓸어도 마지막 한 잎까지 낙엽은 일 그 자체였지만 이제 그들도 한 발치 물러서서 모처럼 낙엽을 바라볼 수 있게 되었다. 조금은 가벼워진 어깨가 오 헨리의 '마지막 잎새'처럼 희망이 되었으면 하는 바람이다.

안과 의사들은 앉아서 일하는 근로자들에게 눈의 피로를 덜기 위해 가끔 일어서서 먼 하늘이나 먼 산을 바라보라고 권한다. 가을의 여정에서 떨어지는 잎새를 바라보며 지난날을 정리해보고 새 삶의 잉태를 위한 거름의 의미를 생각해볼 수 있는 가을이 되었으면 한다. 그리고 내년에는 좀 더 많은 나무를 심자. 이웃과 함께 쉴 그늘이 되고 내년 이맘때 또다시 더 풍요로운 가을을 맞도록.

(2010년 11월 29일, 기호일보)

5. 인삼 종주국, 문화유산으로 지키자

최근 농협안성교육원에서 인삼경작자 과정 교육이 있었다. 이번 교육기간 중에도 향후 국내 인삼산업 발전을 위한 열띤 토론이 있었다. 현재 국내 인삼산업이 처한 어려움은 크게 다음 몇 가지로 구분할 수 있다.

첫째는 재배면적이 매년 줄어들어 장기적인 수급불안을 겪는다. 국내 인삼 재배면적은 2010년 1만 9,010ha에서 2011년 1만 7,601ha로 1,409ha가 줄었다. 생산량도 2010년 26,944톤에서 2011년 26,737톤으로 207톤이 감소했다. 향후 생산량 또한 감소할 것으로 예측되고 있다. 이처럼 생산면적이 줄고 있지만 소비량은 지속적으로 증가할 것으로 예상되어 수급안정에 불안 조짐을 나타내고 있다.

둘째는 국내 인삼재배 적지의 부족을 들 수 있다. 인삼은 기후나 토질 등의 자연환경이 적당하지 않는 곳에서 재배가 어려운 품목이다. 예전과 같지 않은 기후변화로 국내 인삼재배 적지는 갈수록 줄어드는 추세라 대책이 시급한 실정이다.

수출확대를 명분으로 중국 연길에 현지공장

셋째는 인삼공사의 독과점 유통구조를 들 수 있다. 그동안 인삼공사의 독과점 구조로 인한 수매 가격 통제 등으로 인삼경작자가 불이익을 많이 받았다.

최근에는 외국자본이 인삼공사 주식의 대부분을 차지함에 따라 국내 인삼농가 이익보다는 외국인 주주의 이익을 우선하고 있다는 비난을 받고 있다. 뿐만 아니라 수출확대를 명분으로 중국 연길에 현지공장을 세우며 중국진출에 나서고 있으나, 국내 인삼경작 농가들은 우려의 목소리가 높다. 값싼 중국삼을 원료로 사용한다면 국내 인삼산업은 여러모로 타격을 받을 것이기 때문이다. 또한 국내 인삼 재배 노하우와 핵심기술이 외부로 유출되지 않을까 우려하는 전문가들도 있다.

넷째는 수입 인삼, 특히 중국산, 미국산 인삼의 수입 급증을 들 수 있다. 미국과의 FTA로 인하여 값싼 화기삼(미국·캐나다)이 수입되면 우리의 인삼산업과 농가는 큰 어려움에 직면하게 될 것이다.

마지막으로 인삼경작자 소득증진과 권익보호를 위해 설립된 인삼농협의 역할이 미흡하다는 지적을 들 수 있다.

그리고 인삼산업의 장기적인 활성화를 위해 유통구조 및 재배방법의 개선, 철저한 품질 및 브랜드관리, 해외시장 개척 등을 통해 경쟁력을 확보하는 것도 하나의 방법이다.

면역력 강화, 항 당뇨, 혈류 개선, 기억력 향상……

이러한 인삼산업의 위기를 극복하기 위해 그동안 인삼이 우리나라를 대표하는 특산물이라는 상품적인 개념을 넘어 문화유산의 하나로 계승 발전시키는 방안을 제시하고자 한다.

중국 진시황이 불로장생을 위해 3,000명의 동남동여(童男童女)를 삼신산으로 보냈다는 전설을 현대식 스토리텔링으로 각색하고 인삼의 다양한 약효, 즉 면역력 강화, 항 당뇨, 혈류 개선, 기억력 향상, 노화방지, 갱년기 증상 완화 같은 효능을 연계시키는 전략이다.

인삼과 궁합이 맞는 음식으로는 꿀, 닭, 오미자 등을 들 수 있고, 우리 조상들은 오래전부터 삼계탕, 인삼정과, 수삼 영양 솥밥, 수삼 오미자 차 등을 만들어 보양해왔다.

마침 최고 무더위가 시작되는 절기다. 올여름은 집집마다 우리의 인삼으로 맛있는 삼계탕을 끓여 온 가족들이 둘러 모여 앉아 서로를 격려하며 화목한 가정을 만드는 데 인삼의 큰 역할을 기대해본다.

우리 가정의 인삼 소비가 인삼 경작 농가를 도와주고 나아가 선조로부터 물려받은 인삼에 대한 문화유산을 계승 발전시키는 데 도움을 준다는 사실을 자랑스럽게 생각하자.

(2012년 07월 27일, 내일신문)

6. 피서지에서 절약정신 떠오른 이유

며칠 전 심신의 피로를 해소할 겸 피서지를 다녀왔다. 곳곳에 버려진 음식물 쓰레기가 마음에 걸렸다. 농업인이 피땀 흘려 생산한 먹거리가 일부 피서객에 의하여 마구 버려진다는 사실에 다산 정약용 선생의 근검정신을 떠올리게 한다.

"나는 벼슬을 하여 너희에게 물려줄 밭뙈기도 장만하지 못하였으니, 오직 정신적인 부적 두 글자를 마음속에 지녀 가난을 벗어날 수 있도록 실천하라고 당부하였다. 한 글자가 근(勤)이고 또한 한 글자가 검(儉)이다. 이 두 글자는 좋은 밭이나 기름진 땅보다 더 나은 것이니 일생을 써도 닳지 않을 것이다." 다산이 유배지에서 자식들에게 보낸 편지에 나오는 글이다. 근검(勤儉)은 다산 선생이 우리에게 보내는 절약정신의 메시지일 것이다.

스마트폰으로 대표되는 21세기 최첨단 시대에도 식량문제는 전 세계의 중요한 핵심 이슈가 되고 있다. 우리나라는 2010년도 기준 사료용을 포함한 곡물 자급률이 26.7%다. 사료용을 제외하면 식량자급률은 54.9%에 불과하다. 줄어드는 소비를 감안하더라도 세끼 중 한 끼는 수입농산물로 대체되고 있는 실정이다. 음식점과 가정에서는 음식물 쓰레기가 넘쳐 난다. 낭비를 줄이면 외국농산물 수입을 최소화할 수 있을 것이다. 더구나 올해는 심각한 기후변화로 세계 식량사정이 불투명하다고 한다.

식량에 대한 관심이 커지면서 소비를 줄일 수 있는 방안들이 제시되고 있다. 식량소비를 줄이는 합리적인 방법의 개선이 대체식량의 증산보다 현실적인 대안이 될 수 있다. 여러 대안 중의 하나가 음식물 쓰레기를 줄이는 것이다. 환경부 통계에 따르면 연간 전체 음식물의 7분의 1이 버려지고 있으며 약 18조 원이 낭비된다고 한다.

우리 가정의 냉장고 안을 들여다보면 대부분 최근의 음식물로 채워져 있지만, 일부는 오랫동안 먹지 않는 음식물도 있다. 심지어 부패하여 버리는 음식물까지 있다고 한다. 냉장고에 음식물이 가득 차면 전력소비가 증가하고 또한 음식물도 부패하기가 쉽다. 이번 기회에 전기절약, 냉장고 청소, 먹지 않는 식재료를 정리하여 1석 3조의 절약효과를 거두어 보자. 음식물 쓰레기를 줄이면 에너지 자원을 아끼고 애국하는 길이 된다는 평범한 사실을 우리 모두 인식하자.

중국 상인의 속담에 절약은 바늘로 흙을 뜨는 것과 같고, 낭비는 물로 모래를 미는 것과 같다고 하였다(節約好比針挑土, 浪費好比水推沙). 그만큼 절약하는 것이 힘들다. 하지만 우리에게 진정 필요한 것은 1톤의 생각보다는 1그램의 실천이 필요하다.

(2012년 08월 13일, 경남도민일보)

7. 먹거리 문화와 학교급식

최근 농협안성교육원에서 학교급식을 담당하는 영양사와 조리사를 대상으로 우리 농축산물 바로 알기에 대한 교육이 있었다. 이번에 교육을 받은 급식담당자 560여 명은 학교급식의 중요성을 새롭게 배웠으며 사명감을 가지고 일할 것을 다짐했다.

700만 명이 넘는 미래의 주역들이 12년간 이용하는 학교급식은 개인의 건강뿐만 아니라 농촌경제에도 큰 영향을 미친다. 2010년 말 기준 전국에는 1만 1,389개 학교 718만 명의 학생들이 급식을 제공받고 있으며 이는 학교당 평균 급식 학생수가 630여 명이나 된다. 학교급식 총 비용 4조 8,000억 원 중 식품비가 58.8%인 2조 8,000억 원이 들어간다고 한다.

학교급식은 단순히 음식을 제공하거나 학생들의 기호를 만족하게 해야 한다는 차원을 넘어 균형 있는 영양소 공급으로 학생들의 건강유지는 물론 건전한 식습관 형성에도 중요한 역할을 담당하고 있다. 또한 지역 농촌경제와도 더불어 상생발전을 해야 한다.

식품산업이 발전하면서 다양한 가공식품과 편의식품이 유통되고 있으며, 시간에 쫓기어 간편식 선호경향으로 패스트푸드의 섭취 증가, 생활양식의 변화에 따른 외식의 증가로 과거보다 고열량, 고지방, 고염식, 저섬유소 식사를 하는 경향이 두드러지는 현실이다.

먹거리 문화는 변화와 발전을 거듭하면서 식(食)에 대한 개념도 많은 변화를 가져왔다. 먹고 살아가는 일이란 그 지역, 지형, 기후,

민족성, 역사 등 많은 요소들과 맞물려 서로 영향을 끼친다.

하루에 한 끼라도 정성과 사랑을 가지고 우리 지역에서 재배하는 친환경 우리농산물로 만든 급식을 제공하여 자라나는 세대에게 우리의 식문화에 대한 우수성을 알려줄 필요가 있다. 또한 '農사랑 食사랑' 운동 실천을 통하여 사명감을 가지고 우리의 올바른 먹거리 문화조성에 힘써야 한다.

(2012년 08월 30일, 경남도민일보)

8. 잔혹 성범죄, 해법 달리해야

최근 경악과 함께 두려움을 갖게 만든 잔혹한 성범죄의 성격을 어떻게 규정하느냐가 중요하다. 성범죄자는 정신적 장애자로 봐야 한다. 높은 재범률에서 보듯 자신을 제어할 능력이 없는 무능력자들이다. 얼마 전 서울 중곡동 사건에서 입증된 것처럼 전자발찌와 같은 기계장치에 의한 사후적 조치로는 효과를 기대할 수 없다. 게다가 전자발찌 착용자는 심리적으로 스스로 인생을 포기, 악화될 수밖에 없다. 정신과적 치료가 최선이다. 억지력의 심리기제가 발동될 수 있도록 격려된 상태에서 심리치료를 의무화시켜야 한다. 성범죄에 대한 가벼운 처벌이 피해를 확대시킨 측면도 없지 않다.

또 경찰력 배치보다 치료전문 상담사를 양성, 배치하는 것이 보다 미래지향적 처방일 수 있다. 가해자들의 사회생활을 분석해보면 한 결같이 이른바 '사회적 왕따'에 해당한다. 당연히 평범한 가정을 이루지 못하고 이웃이나 친구와 연대 없이 홀로 생활한다. 범행은 사회와 연결고리가 없이 본능만 발달해 있는 상태에서 빚어진 결과의 하나일 뿐이다.

(2012년 09월 06일, 서울신문)

9. 기름값 2,000원대 굳어지나

연초 2,000원을 찍은 기름값이 1,900원대에 머물더니 다시 2,000원을 넘으면서 내려갈 줄 모른다. 불안한 중동 정세는 계속되는 가운데 소비자들은 스마트폰 앱에서 최저가 주유소를 찾거나 알뜰주유소 위치가 관심거리다. 그러나 알뜰주유소 1호점은 채산성 악화로 얼마 전 문을 닫았지만 정유사들은 사상 최대 실적을 올리고 있다. 단기적 대안이 가시적 실효를 보지 못하는 가운데 민관이 대안 찾기에 부심하고 있다.

먼저 에너지원 다각화에 대한 공감대 형성이 중요하다. 문제는 기름 한 방울 나오지 않는 나라에서 석유와 가스 등 화석연료에 97%를 의존하는 세계 10대 에너지 소비국이라는 점이다. 선도 산업인 자동차와 선박, 건설 등 우리의 산업구조는 에너지원 다각화를 절실하게 요구하고 있지만 아직 높은 생산원가와 관심부족으로 우선순위에 뒷전이다. 신재생에너지를 수출하는 브라질, 2020년까지 화석연료 '0'에 도전하는 스웨덴, 총수요 10%를 대체하려는 미국과 EU 등 에너지 선진국에 배워야 한다.

신재생에너지 산업은 일자리 창출과 생산유발 등 전후방효과가 뛰어난 부가가치 산업이다. 우리의 경우 2004년 신재생에너지 제조업체 고용자 수가 826명에서 2011년에는 1만 7,161명으로 20배 이상 성장하였으며 2010년 매출액도 423.3억으로 13.3배 증가하였다.

신재생에너지라면 우리도 기회가 있다. 농촌진흥청 자료에 따르면 볏짚과 보릿짚으로 바이오에탄올을 만들면 우리 휘발유의 22.5%를 대체할 수 있다고 한다. 물론 바이오에너지는 식량자원이라는 문제와 상충되지만 국토의 효율적 관리와 해외 생산기지 확보방식으로 접근하면 새로운 유전발견이나 다름없다.

세계 석유는 가채량 40년, 가스는 60년이다. 전체 에너지 수요 97%를 화석연료에 의존하는 현행 구조로는 기름값 걱정은 계속될 것이다. 에너지 개발과 활용은 기간산업으로 국내외 시장이 매우 넓다. 원천기술 확보가 경쟁력의 관건이지만 연구개발에 많은 시간과 자본을 요구한다. 신재생에너지 산업으로 눈을 돌리면 해소 기미도 안 보이는 청년실업과 농촌의 에너지 자립을 통한 복지문제 해소 등 일거다득의 효과를 볼 수 있다. 에너지 자립도 넓은 의미에선 복지정책의 일환이다.

(2012년 09월 20일, 경남도민일보)

10. 인터넷 중독 적극적 대처 필요

행정안전부의 2011년 인터넷 중독자 조사 결과에 따르면 우리나라는 IT 강국답게 인터넷 중독률 7.7%에 중독자 수 233만 9,000명으로 아동부터 장년층까지 고른 분포를 보인다. 이중 상담 치료가 필요한 고위험군은 1.7%로 51만 6,000명에 달한다. 눈에 띄는 점은 청소년들의 중독률이 10.4%로 가장 높지만 유아와 아동 중독률이 7.9%(16만 명)로 성인 중독률 6.8%(150만 1,000명)보다 높다는 사실이다. 중독문제가 앞으로도 완화되지는 않을 것이란 추정이 가능하지만 현실적 부작용에 대한 적절한 대응은 아쉬운 상황이다.

우선 방송처럼 인터넷 게시물에 대한 심의를 강화해야 한다. 인터넷 포털사들과 외부인들을 포함한 심의위원회를 공적으로 구성하여 광고는 물론 모든 게시물의 윤리 심의를 강화해야 한다. 현재 인터넷 검색을 할 때 올라오는 성인광고와 링크된 성인사이트는 자녀들과 함께 보기 정말 민망하다. 문제는 이런 화면이 인터넷과 스마트폰을 통해 호기심 많은 청소년들에게 무방비로 노출되고 있다는 사실이다.

그리고 게시자의 책임소재를 분명히 해두어야 한다. 실명이든 닉네임이든 게시자의 인터넷 주소를 추적할 수 있도록 제도화하고 게시에 따른 책임소재를 가릴 수 있어야 한다. 연령의 고하를 떠나 모든 네티즌들이 인터넷이 공개 장소임을 인식하도록 책임소재를 분명히 하고 잘못된 언행은 책임을 물어야 교육효과가 있다. 지금도 인터넷 왕따로 청소년들이 자살하고 있는 현실 아닌가.

지금은 컴퓨터 없이는 업무처리를 할 수 없는 인터넷 세상이다. 시대 흐름을 역행할 수 없지만 인터넷 과다 사용에 따른 부작용은 이미 사회문제화 되고 있다. 그 피해자가 우리 자녀를 넘어 이웃까지 확산되고 있어 방치하면 부메랑이 될 수 있다. 미국 실리콘밸리의 학생들은 컴퓨터와 전자기기 없이 수업을 하고 뜨개질과 편지쓰기 등 실습 위주 교육을 한다는 사실을 우리도 되새겨볼 필요가 있다.

(2012년 10월 04일, 경남도민일보)

11. 공정여행과 사회적 책임

여행과 사색하기에 어울리는 계절이다. 아직도 관광을 하면서 자연환경을 훼손하거나 쓰레기를 무단투기 하는 등 환경보전에 대한 사회적 책임을 준수하지 않는 경우가 더러 있다고 한다. 최근 여행의 콘셉트 중 공정여행이 떠오르고 있다.

공정여행(Fair Travel)은 영국에서 시작됐는데 무분별한 관광지 개발로 환경파괴는 물론 원주민 공동체 붕괴 등에 따른 문제해결 대책이 필요하다는 인식에서 비롯됐다. 처음에는 유럽인들의 파괴적인 관광으로 인한 동남아와 아프리카의 고초를 알리는 것이 목적이었다.

공정여행은 여행지의 삶과 문화, 자연을 존중하면서 여행자가 사용한 돈이 지역 사람들의 삶에 보탬이 되도록 돕는 여행이다. 여행자도 즐겁고, 지역공동체도 살리는 것이 핵심이다. 여행지에서 쓰는 비용이 현지인에게 돌아가도록 하는 것이다. 먹고 자고 즐기고 쇼핑하는 관광 위주의 여행은 소비적이고 자원낭비를 조장한다고 비판한다. 한마디로 둘러 보기식 여행을 벗어나 지역민과 직접 밀착해 함께 소통하고 향토의 문화를 즐기며 지역의 저변까지 체험하는 것이 이 여행의 근본 취지다.

여행을 통한 지역공동체 살리기

그래서 착한여행, 책임여행, 도덕여행, 환경여행 등으로도 불린다. 그러나 막상 공정여행을 하려고 하면 현실은 불편한 진실이 된다. 물론 불공정에 대한 분노, 공정에 대한 갈망의 확산현상이라고 말할 수 있겠지만, 내 돈 주고 편하게 여행하면서 쉰다는데 경제가 어떻고 사회문제가 어떻고, 의식주 전반까지 신경을 쓴다는 게 어쩌면 구속으로 느껴질지도 모르기 때문이다.

하지만 그 보람과 효과를 생각한다면 또 다른 느낌으로 다가올 것이다. 그런 의미에서 아직까지 '공정여행'이라는 말은 낯설다. '지속가능한 여행'이라고 불리기도 하지만, 무엇이 공정하고 지속가능하다는 것일까?

새롭게 떠오르는 여행지마다 '마법의 섬', '지상의 마지막 낙원' 등의 수식어가 붙었다가 갑자기 사라지고 이내 또 다른 지역에 같은 수식어가 붙는 일이 반복되고 있다.

한 지역이 '파괴'되면 또 다른 지역을 개발한다. 그런 의미에서 '공정여행'은 '지속가능한 여행'을 뛰어넘는다. 무조건 값싼 여행이 아니라 제값을 제대로 치르고 그 값이 지역민들에게 돌아가는 환경을 조성해보자는 데 있다. 즉, 한 지역을 파괴하지 말고 보존해 후손들에게 아름다운 지역을 영원히 넘겨주자는 것이다.

따라서 우리나라도 '문화관광' 시대에 어울리는 가치관과 여행스타일을 재구성할 때다. 이에 공정여행 문화의 강점을 이해하고 활성화 방안에 대해 제언하고자 한다.

첫째, 각 기관의 세미나·워크숍, 학생 등의 연수·MT 등에 활용토록 해 농어촌 마을 발전에 도움을 줄 수 있도록 공정여행과 연계시켜야 한다.

둘째, 여행의 즐거움은 새로운 사람, 문화, 자연을 만나는 것이다. 그 만남이 즐겁기 위해서는 현지와 올바른 관계를 맺는 것이 중요하다. 이를 위해서는 여행자와 현지인 모두가 만족할 수 있는 '맞춤형 공정여행 상품'이 지속적으로 개발돼야 한다.

공정여행 관련 사회적 기업 많아져야

셋째, 공정여행은 여행의 윤리를 강조한다. 단순히 즐기기 위한 기존의 여행과는 달리 그 지역 고유의 생태와 환경, 그리고 지역민의 삶과 문화를 배려하자는 데 있다. 이를 위해서는 학생들의 봉사학점제와 연계시킬 필요가 있다. 그래야만 착한 마음으로 여행을 하는 동안 내내 마음이 훈훈하고, 돌아가는 길은 아마도 몸과 마음이 한껏 홀가분해질 것이기 때문이다.

넷째, '공감만세'의 경우, 20대 젊은이들이 공정여행을 통해 세상을 바꾸자며 모여서 설립한 사회적 기업이다. 더 많은 사람들이 공정여행 관련 사회적 기업을 만들어 여행자와 현지인의 만족을 넘어

지구환경도 보호하는 그런 공정여행이 정착될 수 있도록 제도적 뒷받침이 필요하다. 올가을에는 다함께 공정여행에 적극 동참해 여행의 즐거움과 사회적 책임을 직접 느껴 보았으면 한다.

(2012년 10월 22일, 인천일보)

12. 수능 후 마음가짐

대학수학능력시험이 끝났다. 정시모집, 논술 및 면접 등의 절차가 남아 있지만 1차 관문은 지난 셈이다. 수능은 처음으로 성공과 실패를 알게 해주고 인생의 방향타가 되기도 하지만 당겼다 놓은 화살의 시위가 되기 전에 우선 심신을 가다듬었으면 한다.

수험생들은 해방감을 가장 만끽하고 싶을 것이다. 카페에서 삼삼오오 모여 어른 노릇도 해보고, 여행을 떠나거나, 읽고 싶었던 책을 읽거나, 밤샘 게임도 해보고 싶을 것이다. 그러나 사회에는 법과 도덕률이라는 게 있다. 모처럼의 일탈과 해방감이 기존의 틀과 질서에 대한 도전이 아니었으면 한다.

이제 강물로 이어지는 조그만 실개울에 들어섰다. 성취 결과와 관계없이 대하(大河)는 유유히 흐르는 것이다. 곧 홀로 세상 밖으로 나가야 한다. 인생은 어느 누구도 대신해줄 수 없고 회항할 수 없는 항해임을 깊이 인식하고 대해로 떠날 각오를 다지기 바란다. 다시 한

번 열심히 공부하고 애쓴 지난날에 뜨거운 갈채와 격려의 박수를 보내다.

(2012년 11월 09일, 서울신문)

13. 안전 불감증 심각, 예방시스템 점검 철저하게

대형 산불, 가스누출, 폭발사고 등 사건 사고가 잇따르고 있다. 여기에 사이버테러와 북한의 협박으로 국민 불안은 가중되고 있다. 그러나 대부분의 대형사고가 안타깝게도 매뉴얼과 절차 생략 등 단순한 부주의나 사소한 실수에서 비롯되고 있다. 봄, 정서적 이완기에 안전사고에 대한 생각을 다잡고 예방시스템을 점검하는 등 근본적인 조치를 한 번 더 생각해보자.

먼저 산업재해에 대한 하인리히법칙을 깊이 새겨야 한다. 미국의 윌리엄 하인리히(Herbert William Heinrich)는 산업재해에 관한 '1:29:300'이라는 유명한 법칙을 발견한다. 산업재해로 1명의 중상자가 발생하면 그 전에 이미 동일 원인으로 29명의 경상자가 발생했으며, 같은 원인으로 부상을 당할 뻔한 잠재적 부상자가 300명 있었다는 사실을 발견한 것이다.

따지고 보면 분명히 그렇다. 예고 없이 갑자기 일어나는 사고는 없다. 올바른 직업윤리로 무장하고 일에 대한 책임감으로 작업에 임한다면 사고는 충분히 예방할 수 있다. 그러나 결과중심의 '스피드 경영'과 지나친 성과주의는 작업준비와 안전점검 등 작업 매뉴얼에 따른 절차를 생략하게 만든다. 최근의 각종 사고가 실증적으로 말해 준다. 일의 절차나 과정은 생략되더라도 결과만 좋으면 성공으로 받아들이는 사회구조가 근본적 원인일 수도 있는 것이다. 그래서 안전교육을 어려서부터 교과서처럼 배웠지만 실천하기가 쉽지 않은 것이다.

예방시스템을 정상 가동해야 한다. 산재로 한 해 2,000명이 숨진다면 전쟁이나 다름없음에도 사고 은폐율은 85%에 이른다는 조사가 있다. 산업현장의 장비와 시설 중 노후화된 시설이 많지만 제때에 교체되지 못하고 있다. 고정자산과 시설은 정해진 내용연수에 따라 교체 또는 폐기되어야 하나 잘 지켜지지 않는다. 교체되더라도 유통되어 사용되곤 하는 경우가 많다. 새로운 설비에 대한 예산이 반영되어야 하고 오래된 시설은 규정에 따라 정확히 폐기되어야 더 큰 손실을 막을 수 있다. 이를 위한 감사 또는 감독기능이 정상화되어야 입체적으로 안전관리가 가능하다.

감독시스템은 갖춰졌지만 왜 정상 작동되지 않는 경우가 많을까. 감독과 안전수칙을 행동으로 옮기는 데 용기가 필요한 환경은 아닌가. 경영자의 윤리와 안전시스템, 그리고 사회 여건이 조성되어야 예방이 가능한 것이다.

근본적으로는 생활방식을 슬로우 라이프(Slow Life)로 바꿔야 한다. 스피드 경영이 속도와 효율경쟁이라면 슬로우 라이프는 느림과 여유의 경영이다. 이는 최근 슬로우 푸드, 슬로우 시티 등 다양한 형태로 하나의 흐름이 되고 있다. 슬로우 라이프란 특별한 것이 아니다.

경제적 효율성을 넘어 민주적 종합성을 우선하는 운동이다. 작업장은 물론 삶의 공간에서 규정된 본래의 속도를 찾아가자는 것이다.

제품의 가치와 기능 등 소비자 후생을 먼저 생각하고, 생산과 소비의 전 과정에서 환경과 생태계의 영향을 고려하는 것이다. 착한 음식, 착한 소비, 건강한 지구 등 더불어 살아가는 세상을 꾸며가는 생활방식이다. 시간이 좀 걸리더라도 내 삶의 가치와 가족의 행복을 생각할 여유를 가질 때, 주변을 둘러보며 안전의식을 갖게 된다.

노벨 경제학상 수상자 스티글리츠 교수는 국민총생산이 아닌 국민총행복지수(GNH)를 강조했다. 사고가 계속되면 국민 불안은 가중되고 행복지수는 따라서 내려가게 되어 있다. 바쁘다고 예방조치를 소홀히 하다보면 더 큰 비용을 초래하게 되고 또다시 소 잃고 외양간 고치게 된다. 안전의식만 제대로 챙겼다면 산불의 66%도 막을 수 있었다. 해빙기를 맞아 줄일 만한 사고는 줄이고 원시적 사고는 되풀이하지 않았으면 좋겠다.

(2013년 03월 29일, 경남도민일보)

14. 꿀벌의 가치와 식량안보

꿀벌 화석과 기원전 6600년경의 동굴벽화를 보면 잘 알 수 있듯이 인류의 꿀벌 이용은 오랜 역사와 함께 발전해왔다. '꿀벌이 사라지면 인류는 4년밖에 못 버틸 것'이라고 과학자 아인슈타인이 예언한 바 있다. 이는 식물의 화분 매개를 통하여 농작물의 결실률을 높여 먹거리 생산에 지대한 역할을 하고 있기 때문이다. 또한 조직적인 사회생활과 근면성으로 자녀의 정서함양과 교육에도 가치가 높은 꿀벌들이 최근 급격하게 감소하고 있어 대책 마련이 절실하다.

국제연합환경계획(UNEP)은 1990년대 말부터 세계적인 꿀벌 감소 현상과 그에 따른 식량문제의 심각성을 경고한 바 있다. 우리나라에서는 6년 전 40만 4,000군이던 토종벌이 작년엔 4만 5,000군 수준으로 대폭 줄었다. 기후 변화와 살충제 사용증가, 바이러스 공격 등으로 토종벌 보존을 염려해야 하는 상황이다.

꿀벌은 세계 식량생산의 3분의 1을 좌우할 만큼 농업에는 매우 중요한 자원이다. 곤충을 매개로 꽃가루 수정이 이루어지는 작물이 전체의 3분의 1을 차지하는데 그 작업의 80%를 꿀벌이 하고 있다. 아몬드는 100%, 사과, 배, 블루베리 등은 90%가 꿀벌에 의해 수정된다.

꿀벌의 경제적 가치는 분석기관마다 약간의 차이가 있지만, 농촌진흥청은 2010년 기준 6조 7,021억 원 정도로 추산하고 있다. 이는 2011년 벌꿀 생산액 3,630억 원의 18.5배 규모이며, 우리나라 농업생산 총액 43조 4,000억의 15.43%에 해당한다.

미국의 레빈 교수에 의하면 꿀벌의 농작물에 대한 화분매개 효과는 양봉산업에서 얻는 직접적인 수익에 비하여 간접적으로 얻는 수익이 양봉 생산물의 143배라고 한다. 꿀벌의 화분수정 의존도가 높은 과실과 견과류, 가축의 조사료 등을 종합해보면 양봉산업의 경제적 가치는 이보다 훨씬 더 크다고 한다.

전문가들은 꿀벌이 일시에 사라진다면 농작물 생산기반 자체가 흔들리게 될 것으로 염려하고 있다. 꿀벌이 사라지다보니 최근 일부 과수농가에서는 인공수분 기구로 꿀벌을 대신하여 수분하고 있지만, 꿀벌처럼 자연스럽게 할 수 없고, 육체적으로 여간 힘든 일이 아니다. 또한 세계적으로 굶어죽는 아이가 5초마다 1명, 9억 2,500만 명의 인구가 허기진 배를 안고 굶주리고 있다는 사실을 주목할 필요가 있다.

　　따라서 식량안보와 안정적인 먹거리 생산을 위하여 먼저, 양봉산업 다원화 방안을 강구하고 지원해야 한다. 우리나라에서도 꿀벌 임대와 벌을 이용한 한방 봉침을 사용하고 있고, 또한 꿀벌은 결핵균의 냄새를 맡을 수 있어 질병의 발견에도 활용된다 한다. 미국 캘리포니아 주 양봉 농가는 화분 수정용 꿀벌의 임대료 수입이 전체 수익의 60%를 차지한다.

　　둘째, 개화 시기만 달리하는 우수한 품종의 밀원수 개발이 필요하다. 꿀벌의 밀원수인 아까시나무는 면적이 점차 감소하고 있어 대용 수목을 조기 선정 식재해야 한다. 다른 한편으로는 녹비 사료식물을 이용한 다양한 밀원식물의 재배방법이 병행되어 시너지 효과를 높여야 한다.

　　셋째, 양봉산업 활성화 지원예산 확대가 필요하다. 새 정부에서는 농식품 예산 중 R&D 예산을 현재 5%에서 2017년까지 10%로 확대할 계획인데 이 예산의 일부를 양봉산업 활성화를 위해 지원한다면 일거양득의 효과를 거둘 수 있을 것이다.

(2013년 05월 29일, 경남도민일보)

15. 휴대전화 사용 예절 엉망, 다른 사람 불편도 감안해야

　버스나 지하철, 길거리 도보 이동 중에도 휴대전화 채팅하는 사람들이 꽤 많다. 특별히 급하거나 중요한 일이 있는 것도 아닌데 손놀림을 보면 무척 바쁘다. 게임이나 채팅 등 사적 행위를 제재할 권한은 없지만 그 행위가 타인에게 피해가 된다면 최소한의 에티켓을 마련해야 한다.

　스스로 휴대전화 사용을 자제해야 한다. 10대들의 33.3%가 전자기기를 2개 이상 동시 사용하고 있다는데 심리학자들은 창의력과 학습의 집중력 저하를 경고한다. 두뇌에도 해롭다는 연구 보고가 나오고 있다. 통신비용도 적지 않지만 예전에는 책을 들었던 손에 대다수는 전자기기를 들고 있어 저들의 미래가 더 걱정이다.

　이동 중 사용은 더 주의해야 한다. 운전 중 휴대전화 사용은 법적으로 금지돼 있지만 도보 이동 중에는 그렇지 않다. 보행자 간 상호 충돌의 가능성이 많고 건널목을 지나면서도 계속되는 채팅은 교통사고의 위험에 노출된다.

　공공장소에서 사용 문제는 더 심각하다. 강의장과 회의장, 엄숙한 예배시간에도 채팅을 하고 휴대전화 소리가 들린다. 미리 안내를 하고 경고문을 붙여도 한계가 있다. 개인의 양식도 문제지만 진행이 끊겨 다른 사람에게도 피해를 준다. 학교와 직장, 휴대전화 제조사를 중심으로 휴대전화 사용 매너에 대한 공론화가 필요하다고 본다.

휴대전화 사용 자체가 잘못된 건 아니다. 시간을 두고 사업을 하는 사람에겐 생계수단일 수 있다. 때에 따라 사용이 불가피하다면 서로를 위해 매뉴얼을 마련하자.

(2013년 05월 10일, 문화일보)

16. 정책 일관성이 창조다

새 정부는 농산물 유통구조 혁신 등 5대 농정과제를 제시했다. 정책을 시행하면 성과를 기대하는 것은 당연하지만 조기에 가시적인 성과를 기대하다 보면 숫자의 마력에 현혹되기 쉽다. 유통 혁신은 유통단계 축소를 통해 농업인과 소비자의 편익을 높이자는 취지이지만 벌써 이름만 직거래인 직거래 장터가 생겨나고 있다. 농업은 기상 변수도 크게 작용하지만 정책 대상자인 농업인의 고령화와 영세 소농구조는 정책의 한계로 작용한다. 신농정의 알찬 결실을 위해서 공감해야 할 부분이 있다.

농업은 단기성과에 집착하면 안 돼

농업 고유의 특성에 대한 공감대를 더 넓혀야 한다. 장·단기 정책계획에 따라 추진되겠지만 단기성과를 내는 데에 조급해서는 안된다. 우리 농업인의 44%가 경작하는 벼농사는 지금 모내기를 하면 가을에 추수하게 된다. 쌀·보리·두류·서류·양파와 마늘 등 대개 일 년 농사다. 과수는 묘목을 심고 적어도 2~3년이 지나야 열매를 딸 수 있어 지금 식재하면 이 정부가 바뀐 후에야 본격적인 수확이 가능하다. 또한 자유무역협정(FTA)이 지속 추진되고 있다. 농가 입장에서 작목이나 유통 수요를 잘못 계산하면 실패는 뻔한 일이다. 그래서 농업 현장 출신 전직 장관이 정책실명제를 추진했지만 제도화엔 실패했다. '하늘이 농사의 절반을 짓고 농사는 일 년 농사'란 옛말이 아직도 통한다. 농업적 시각으로 보지 않고 수치에 현혹되면 성과를 그르칠 수 있다.

농과계 졸업생들이 농업으로 진입할 수 있는 유인을 제공해야 한다. 농업의 정보기술(IT) 융합비즈니스를 통해 창조경제 구현을 위해서는 IT·바이오(BT)·환경에너지(ET)·나노(NT)·문화(CT)를 접목할 인재가 필요하다. 매년 1만 명 이상이 농고와 농대를 졸업하지만 실제 농업에 종사하는 사람은 극소수다. 세계 농식품산업에서 포장·유통·가공·외식·서비스업 등 전방산업의 규모는 자동차와 IT를 능가하고 종묘·농기계·농업정보 등 후방산업 또한 잠재력이 무한하다.

이것이 농업의 6차 산업화를 통한 창조경제를 추진해나갈 인력의 육성과 투자지원이 지속돼야 할 이유다. 또한 2013년까지 쌀 전업농 7만 호, 원예 선도농 11만 호, 축산농 2만 호 등 20만 호를 육성한다는 정예인력 육성계획도 차질 없이 진행돼야 한다. 아울러 농업교육체계도 정비돼야 한다. 교육기회는 많을수록 좋겠지만 내용이 중복된다면 때론 시간낭비가 될 수 있다. 농업인별 교육이력을 관리하고 교육수준도 차별화해나가야 한다.

인력육성과 투자 지속적 추진해야

농업정책은 지속성과 일관성이 중요하다. 농업은 실패하면 접어 버릴 수 있는 사업이 아니라 도산 안창호 선생의 혜안처럼 누군가는 또 일으켜야 하는 기초산업이자 생명산업이다. 물론 투자된 예산이 공산품처럼 금방 상품으로 돌아오지 않는다.

밑 빠진 콩나물시루에 물을 붓는 것처럼 때가 되면 투자한 예산이 먹을거리가 돼 식탁에 올라온다. 지금은 농업의 부가가치와 친환경 안전농산물 생산문제로 고민하고 있지만 농촌은 지난 1960년대 고리채 문제해결과 1970년대 녹색혁명의 성공을 지속적 지원으로 이뤄냈다. 아울러 지난 정부의 탄소제로 마을과 한식 세계화 사업 등도 지속 추진됐으면 한다.

농촌의 활력이 떨어진 일본은 젊은 농업인력 확보를 위해 지난해 4월부터 45세 미만의 신규 취농자에게 연간 150만 엔, 부부의 경우에는 50%가 가산된 한화 약 3,150만 원을 7년간 지급하기로 하는 정책을 내놓아 큰 인기를 끌 수 있었다. 재정이 어려운 우리로선 우선 신농정의 틀에서 이탈하지 않도록 지도해나가고 평가는 5년 후에 받는다는 안목으로 일관성 있게 추진하면 알찬 결실을 기대할 수 있을 것이다.

(2013년 06월 04일, 서울경제)

17. 책을 읽지 않고는 경쟁이 불가능하다

중국 정부가 국민의 독서를 의무화하는 '독서법' 제정을 추진하고 있다. 국민들의 독서량을 늘리겠다는 취지다. 신화통신은 "중국인들의 독서 수준이 세계 문화강국에 비해 현저히 낮으며, 특히 청소년들의 독서 실태는 비관적인 수준"이라고 보도했다.

중국신문출판연구원에 따르면 2012년 중국인들은 연간 6.7권의 책을 읽었다. G2 국가로 라이벌인 미국인들은 15권을 읽었다. 중국 정부가 위기감을 느낄 만한 대목이다. 한국인은 같은 기간 9.9권을 읽었다. 하지만 책을 들어야 할 손에 스마트폰만 쥐고 있는 청소년들을 보면 중국의 독서법 제정 움직임을 타산지석으로 삼아야 할 것이다.

산업화시대는 속도가 중요한 스피드시대였지만 이제는 지식에 기반을 둔 창조경제의 시대다. 책을 읽지 않고는 경쟁이 불가능한 상황으로 경제의 패러다임이 바뀌고 있는 것이다. 국가가 국민들에게 책을 읽도록 강제하겠다는 중국의 움직임을 우리 국민들이 책을 펼쳐드는 계기로 삼았으면 좋겠다.

(2013년 08월 28일, 국민일보)

18. 기온변화 심해 노면 결빙 대비해야

기온변화도 심하고 한파가 닥칠 것이란 예보가 있다. 작년에는 빙판길 위에 또다시 내린 눈으로 낙상사고와 교통사고가 급증하여 보험사들이 울상이었다고 한다.

염화칼슘을 미리 확보하지 못해 값이 2배로 뛰어도 구입이 어려웠다. 미리 대비해야 사고도 줄이고 손실도 줄일 수 있다. 염화칼슘 등 제설제를 미리 확보해야 한다. 사전에 비축하여 눈이 오면 즉시 뿌려야 한다. 기습한파로 도로가 결빙된 후에는 제설제의 효과도 크게 떨어지기 때문이다.

아울러 친환경 제설제 개발을 서둘러야 한다. 침엽수는 염이 과다 투여되면 잎이 말라 떨어지거나 줄기가 말라 죽는다. 음식물쓰레기를 활용한 친환경 제설제는 식물의 생장에 피해가 가장 적고, 퇴비 효과까지 있는 것으로 나타났다.

운전자의 월동대비와 각별한 방어운전이 요구된다. 차량에는 부동액을 주입하고 운전자는 체인을 점검하여 상시 휴대해야 한다. 차량 앞면 유리 결빙방지와 성에제거를 위한 도구도 챙겨두어야 할 것이다. 눈이 올 때는 브레이크보다 저속운전이 사고를 줄이는 데 최상이다. 규정에 따라 안전운전하면 교통사고 역시 최소화할 수 있다.

또한 염화칼슘은 차량 등 금속에 대한 부식률이 매우 높기 때문에 운행 후에는 세차해두는 것이 요령이다.

지구온난화에 따른 이상기후는 반복될 것이다. 가정용, 대중시설용 제설도구를 대량생산하여 상시 대처할 수 있는 만반의 대비를 하는 것이 가장 최선의 대비라 할 수 있다.

미국처럼 내 집 앞 눈은 내가 치우는 것을 의무로 하고, 각 가정과 사회조직에서는 일손을 멈추고 눈 치우는 일에 동참하는 것이 사회의 총비용 측면에서 유리할 수 있다. 노면 결빙에 각자 미리 대비해야 한다.

(2013년 11월 21일, 경남도민일보)

19. 슬로우 라이프(Slow life)가 대안이다

가스누출, 폭발사고, 해난사고 등 사건사고가 잇따르고 있다. 사이버테러와 정보유출로 국민들의 불안은 가중되고 있다. 사고 시마다 대안으로 매뉴얼 제작과 시설점검을 들먹이지만 그것으로 안전이 확보되지는 못했다. 사고는 예고 없다고 강조하지만 분명히 사고는 징후가 있다. 우리 사회 안전 무엇이 문제일까? 앞으로도 나만은 사고에서 예외일 수 있을까?

사고는 분명 예고가 있다. 이를 입증하는 하인리히법칙이 있다. 미국의 윌리엄 하인리히(Herbert William Heinrich)는 산업재해에 관한 1:29:300이라는 유명한 법칙을 발견한다. 산업재해로 1명의 중상자가 발생하면 그 전에 이미 동일 원인으로 부상을 당할 뻔한 잠재적 부상자가 300명 있었다는 사실을 발견한 것이다. 최근의 각종 사고를 되짚어보게 한다. 산재로 한 해 2,000명이 숨진다면 전쟁이나 다름없다. 산업현장의 장비와 시설 중 노후화된 시설이 많지만 예산 때문에 제때에 교체되지 못하고 있고 정해진 내용연수도 지켜지지 않고 있다. 교체된 노후장비는 다시 유통되는 사례가 많다. 과감한 투자와 규정에 따른 감독기능 부활만이 다음 차례가 될지도 모르는 나의 가족을 지키는 일이다. 바른 직업윤리로 무장하고 일을 보람과 책임으로 바라본다면 사고는 예방할 수 있다.

그러나 결과중심의 '스피드 경영'과 지나친 성과주의는 작업준비와 안전점검 등 작업매뉴얼에 따른 절차를 생략하게 만든다. 과정의 합리성과 정당성은 가리지 않고 결화의 가치만을 평가하는 시각은 비민주적이고 몰사회적이다. 어린 시절 학교에서 배운 윤리가 바로 서지 못하는 사회라면 구조적 모순일 수 있다. 근본이 서야 나라가 선다.

사회도 진단과 처방이 필요하다. 역사적으로 우리 백의민족은 본래 홀로 자족하고 이웃과는 상부상조하며 세상을 관조할 줄 아는 민족성을 가졌다. '빨리빨리'로 대변되는 작금의 풍조는 근대 산업화의 병리현상이다. 최근 우리 사회를 바라본 재독 철학자 현병철 교수는 '피로사회'로 진단하여 잔잔한 반향이 일었다. 다발하는 각종 사고는 피로사회의 부작용으로 보인다. 매년 주어지는 '% 성장'의 지표에 쫓기다 거기에 길들여지고 결국은 스스로 또 다른 목표를 만들어 돌진하다 우울증에 빠지거나 사고에 이르는 것이다. 사회도 병에 걸렸으면 진단이 필요하고 그에 따른 적절한 처방이 있어야 한다. 경제력, 인정받은 만큼 일어섰으니 이제 본래의 모습으로 되돌아갔으면 한다. 매뉴얼만 만들어서 될 일 아니다. 이 배에 돈이 아니라 가족이 타고 있다고 생각할 때 매뉴얼이 의미가 있다. 이제는 매뉴얼을 들여다볼 정신적 여유가 필요하다.

근본적으로는 생활방식을 슬로우 라이프(Slow life)로 바꿔야 한다. 스피드 경영이 속도와 효율경쟁이라면 슬로우 라이프는 느림과 여유의 경영이다. 이는 최근 슬로우 푸드, 슬로우 시티 등 다양한 형태로 하나의 조류가 되고 있다. 슬로우 라이프란 특별한 것이 아니다. 삶에 대한 태도가 경제적 효율성을 넘어 민주적이고 종합적이어야 한다는 운동이다. 작업장은 물론 삶의 공간에서 규정된 본래의 속도를 찾아가자는 것이다. 제품 생산부터 가치와 기능 등 소비자 후생을 먼저 생각하고, 소비의 전 과정에서 환경과 생태계의 영향을 고려하자는 것이다. 착한 음식, 착한 소비가 결국 건강한 지구를 만들고 더불어 함께 살아가는 생활방식이다. 시간이 좀 걸리더라도 내 삶의 가치와 가족의 행복을 생각할 여유를 가질 때 주변을 둘러보며 안전의식을 갖게 된다. 바쁘다고 예방조치를 소홀히 하다보면 더 큰 비용을 초래하게 되고 또다시 소만 잃게 된다.

(2014년 05월 21일, 광주일보)

20. 지방선거와 올바른 농업관

농자천하지대본(農者天下之大本)이라 한다. 농사짓는 일이 천하의 가장 큰 근본이라는 뜻이다. 먹거리를 생산하는 농업은 공장에서 상품을 찍어내는 산업과 시스템이 전혀 다르다. 농업과 농촌에 대한 이해가 절실히 필요한 이유다.

농업이 왜 중요한지는 선진국의 사례를 보면 잘 알 수 있다. 미국, 프랑스, 호주 등 대부분 선진국은 식량자급률을 100% 이상 유지하고 있다. 현재 우리나라 식량자급률은 2010년 27.6%, 2011년 24.3%, 2012년 23.6%로 매년 감소하고 있는데 OECD 국가 중 최저수준이다.

자국민을 위한 식량생산이 확보되지 않은 선진국은 드물다. 농업은 입어도 그만 안 입어도 되는 옷이나 사치품이 아니라 생존에 필요한 생명산업이다. 선진국들은 경제적 효율성의 잣대로 농업을 판단하는 것을 꺼려한다. 그들은 '경쟁력' 차원이 아니라 '나라 지키기' 차원에서 농업을 바라본다. 지금까지도 그런 농업정책이 고집스럽게 유지되고 있다. 따라서 우리도 이번 6·4 지방선거에서는 올바른 농업관을 갖춘 지역일꾼을 더 많이 배출해야 한다.

지방선거를 앞두고 후보들이 농업인의 표심을 잡기 위해 농정공약을 하고 있다. 현실적으로 지킬 수 없는 공약임에도 불구하고 표를 얻기 위하여 농심을 구하는 행위를 용납해서는 안 된다. 올바른 공약인지, 농업 농촌에 대한 견해가 분명한지를 따져보고 분석해볼 필요가 있다.

우리의 농업은 경제성의 논리로만 설명할 수는 없는 다양한 기능을 수행하기 때문이다. 농업은 식량안보뿐만 아니라 생태보전, 전통문화 유지, 환경보호 등 농업의 다원적 기능의 관점에서 풀어야 한다.

노벨경제학상 수상자인 쿠즈네츠 박사는 "후진국이 공업발전을 통해 중진국으로 도약할 수 있어도 농업과 농촌 발전 없이 선진국에 진입할 수 없다"고 하였다. 그만큼 농업 농촌이 중요하다는 의미이다.

이번 선거에서 올바른 농업정책을 제시하고 이를 반드시 실천해 낼 수 있는 지도자를 선출해야 한다. 300여만 농업인과 농업계 종사자 모두는 두 눈 부릅뜨고, 각 후보들의 농업에 대한 철학과 가치관이 어떠한지 꼼꼼하게 챙겨야 한다. 6.4지방선거는 올바른 농업관을 선물하는 희망적인 선거가 되기를 기대해본다.

(2014년 05월 27일, 내일신문)

21. 가뭄 지금부터 대비하자

오늘날 대부분 모든 국가의 중대한 관심사를 꼽으라면 바로 자연재해와 관련된 요인들이 많다. 봄·여름철의 가뭄과 폭염 또는 이상기후 등으로 농사에 피해를 입게 되면 국민들의 삶과 직결된 생활물가에 지대한 영향을 미치기 때문이다.

미국 남부 텍사스 주와 캘리포니아 주 등 최대 곡물생산지대가 연초부터 극심한 가뭄에 시달리고 있는데 시간이 갈수록 악화되고 있다. 최근 캘리포니아의 모든 지역에서 가뭄 현상이 일어나고 있는 만큼 사상 초유의 가뭄 사태가 발생하고 있다. 그 결과 지속적으로 식품 가격이 상승세를 보이고 있는데, 다름 아닌 바로 봄 가뭄의 영향 때문이라고 한다.

우리나라도 일부 지역에 봄 가뭄이 심각한 수준이다. 가뭄지수 '매우가뭄(작물손실, 광범위한 물 부족 및 제한 상태)'이 한 달 이상 계속되던 차에 단비가 내렸지만 해갈엔 역부족이다.

가뭄 피해의 영향은 장기적이며, 파급효과가 사회·경제·환경적인 면에서 복잡한 양상으로 나타나기 때문에 피해 규모를 파악하는 것도 힘들고 저변에 미치는 영향이 매우 크다. 캘리포니아 주의 가뭄 피해를 타산지석(他山之石)으로 삼아 철저한 대비로 가뭄 피해를 최소화할 수 있도록 기본적인 계획과 노력이 필요하다.

그래서 비가 올 때마다 물을 가둬야 한다. 우선 저수지의 저수량을 적절히 조절·관리해 농번기에 대비해야 하고, 논과 밭의 배수량도 관리해 한 해에 대비해야 한다. 또한 고온 건조해지면 농작물은 병해충 발생이 많아지고 과실류는 크기가 작아져 조기 낙과하는 경우가 많다.

한편으로 우리의 가정과 사업장 등 물을 많이 쓰는 곳에서는 수돗물 절약에도 동참해줘야 한다. 관계 부처에서는 불필요하게 물이 낭비되지 않도록 아껴 사용하게 하고 공업용과 농업용수, 가정용과 하천수를 잘 구분해 관리해나가야 한다.

한 번 사용한 물의 재사용과 정수하는 방법도 실용화해나가야 할 것이다. 5월에도 고온 현상이 계속되고 강우량이 평년보다 적을 것으로 예상하고 있다. 물값이 기름값을 능가하는 봉이 김선달 시대가 됐음에도 불구하고 평상시에 조금만 나서면 강을 볼 수 있는 여건이라 물의 소중함을 절실히 실감하지 못하는 듯하다.

낡은 저수지는 관개시설의 보완이 필요하다. 작년 경북 경주시의 농업용 저수지가 붕괴돼 농경지가 매몰되고 주택과 상가 등이 침수해 많은 피해가 발생했다.

현재 총 7만 43개소의 수리시설 가운데 준공된 지 30년 이상 된 시설이 4만 738개소로 절반이 훨씬 넘어 주민들에게 불안 요소가 되고 있다. 주기적인 안전점검으로 사고예방에 만전을 기해야 할 것이다. 농공업용 수자원 확보는 물론 기상이변에 대비해 수리시설 개·보수를 서둘러야 한다.

기상이변에 대응하기 위한 기회비용이 점차 커지고 있으며, 이에 대한 적절한 대응의 확립은 곧 미래의 국가경쟁력 확보로 이어질 수 있다. 미래의 국가경쟁력을 확보하려면 하늘만 바라보고 읍소하며 짓는 농사는 이제 끝내야 한다.

농업용수 공급 통합광역시스템을 구축해 가뭄에 신속히 대비할 수 있어야 한다. 그중 지자체가 중심이 돼 양수기, 대형 펌퍼, 지하수 파는 기계 등을 체계적으로 관리해 가뭄이 발생하면 즉시 지원 가능토록 상시 준비돼 있어야 한다. 농업의 기반 정비는 더 이상 미룰 수 없는 목전의 과제가 됐다.

농자천하지대본(農者天下之大本)이라고 한다. 세상에 수만 가지의 직업이 있지만 농사짓는 것이 천하의 가장 큰 업이라 했다. 농업인이 안심하고 제대로 농사지을 수 있는 환경을 만들어주는 것이 나를 위하고 국가를 위하는 길이다.

(2014년 05월 28일, 기호일보)

22. 사전투표제 효용성 살리려면 비용절감
   방안 더 연구해야

  며칠 전 사전투표에 참여했다. 새삼 우리나라가 IT 분야에서 최첨단을 달리고 있다는 사실을 다시 한번 공감했다. 신분증만 있으면 원스톱으로 1~2분이면 모든 것이 해결돼 시간과 불필요한 에너지가 절약됐다. 이 방법은 지금까지 투표방식과는 달리 아주 편리하고 신분 확인도 정확해 IT강국다운 투표방법이라 생각한다. 이런 사전선거 형태의 투표방식을 전 선거분야에 적용했으면 한다.

  당장은 아니더라도 앞으로 선거가 있을 때는 사전투표제 방식처럼 투표를 하면 유권자의 시간과 물자 절약에도 많은 도움이 되리라 생각한다. 물론 제도적 장치들이 마련돼야 한다. 지금보다 더 많은 지문 인식기를 갖추고 선거통신 인프라를 구축하려면 적지 않은 비용이 들겠지만 기존의 장비나 통신 인프라를 최대한 활용한다면 선거방식에서의 창조성과 더불어 물자 절약에도 기여하게 될 것이다.

  현재의 방식으로 투표할 경우 사용할 투표용지를 유권자 수만큼 사전에 인쇄하고 준비하려면 인력 동원에도 막대한 예산이 들어간다. 막상 당일 투표하지 않은 용지는 나중에 폐기하게 된다. 그렇지만 사전투표제 방식처럼 운영하면, 투표하러 온 유권자에게만 투표용지를 발급해주므로 상당부분 물자 절약을 기대할 수 있다.

  대략 전체 유권자 중 60% 정도만 투표를 하고 40% 정도의 유권자는 투표를 하지 않으므로 결국 40%의 인쇄용지는 절감할 수 있을 것으로 보인다. 지금 당장은 실시할 수 없더라도 지속적으로 개선해 유권자의 시간도 절약하고, 투표율도 올리고, 물자도 절약하는 계기가 됐으면 한다.

(2014년 06월 05일, 문화일보)

23. 6·4 선거가 농민들에게 줄 선물

농자천하지대본(農者天下之大本)이라 한다. 세상에 수만 가지의 직업이 있지만 농사짓는 일이 천하의 가장 큰 업이라 했다. 농산물을 생산하는 것은 공장에서 상품을 찍어내는 것과는 시스템이 전혀 다르다. 농업 농촌에 대한 이해가 절실히 필요하다. 6·4 지방선거에는 올바른 농업관을 갖춘 대표를 선출해야 한다. 농업이 천대받지 않고 존중받는 세상이 되어야 한다. 농심이 곧 표심이다.

농업이 왜 중요한지를 선진국을 살펴보며 알 수 있다. 대부분이 100% 이상의 식량 자급률을 가지고 있다. 현재 우리나라의 식량자급률은 2010년 27.6%, 2011년 24.3%, 2012년 23.6%로 점차 떨어지고 있다. 식량 생산이 확보되지 않은 상태에서는 일류 선진국으로 진입하기가 어렵다. 농업은 입어도 그만 안 입어도 되는 옷이나 사치품이 아니라 생존에 필요한 생명산업이다.

농업의 중요성에 대한 일화가 있다. 한 어린이가 잠수함의 시설에 대해 함장에게 질문한다. "잠수함 연료가 떨어지면 어떻게 하느냐"고 묻자 함장은 "핵에너지를 이용해 10년 정도 물속에서 지낼 수 있다"고 말했다. "마시는 물이 떨어지면 어떻게 하느냐"고 두 번째 질문을 했다. 함장은 바닷물을 마시는 물로 만드는 여러 가지 증류방법에 대해 설명했다. 세 번째로 "공기가 떨어지면 어떻게 하느냐"고 다시 물었다. 함장은 산소탱크에 관해 설명했다. 마지막으로 "잠수함은 언제 물으로 나오느냐"고 물었다. 그러자 함장은 "간단하지 식량이 떨어질 때 나온다"고 말했다.

이 내용은 15년 전 미국 농무장관인 댄 클릭맨이 미주리 주 세인트루이스에서 개최된 세계농업포럼에서 한 이야기다. 미국 농무장관의 농업관을 엿볼 수 있다.

지방선거를 앞두고 후보들이 농업인의 표심을 잡기 위해 농정공약을 하고 있다. 현실적으로 지킬 수 없는 공약임에도 표를 얻기 위하여 농심을 구하는 행위를 하여서는 안 된다. 올바른 공약인지, 농업 농촌에 대한 견해가 분명한지를 따져보고 분석해볼 필요가 있다. 우리의 농업은 경제성의 논리로만 풀 수는 없는 한계가 있다. 식량안보와 환경문제(농업의 다원적 기능, 생태보전 등)의 관점에서 풀어야 한다.

프랑스의 경우 우리나라처럼 기본조건에서 볼 때 그다지 유리하지 않다. 기업농보다는 영세농 비율이 높고, 임금도 비싸다. 하지만 프랑스 지방정부는 전체 산업에서 농업을 무척 중시한다. 그들은 도하개발어젠다(DDA) 농업 협상에서 다른 EU 회원국들에게 비난을 받으면서까지 농업 사수에 필사적이었다.

특히 경제적 효율성의 잣대로 농업을 판단하는 것을 극히 꺼린다.

그들은 '경쟁력' 차원이 아니라, '나라 지키기' 차원에서 농업을 바라본다. 지금까지도 그런 농업정책이 고집스럽게 유지되어 왔다. 지방선거가 코앞에 다가와 여러 변수가 예상되지만 분명한 것은 후보들의 농업관이 확실해야 농업인들의 표심을 사로잡을 것이다.

노벨경제학상 수상자인 쿠즈네츠 박사는 "후진국이 공업발전을 통해 중진국으로 도약할 수 있어도 농업과 농촌 발전 없이 선진국에 진입할 수 없다"고 하였다. 그만큼 농업 농촌이 중요하다는 의미일 것이다.

올바른 농업정책을 제시하고 이를 반드시 실천해낼 수 있는 지도자를 선출해야 한다. 300여만 농업인과 농업계 종사자 모두는 두 눈 부릅뜨고, 후보들의 농업에 대한 철학과 가치관이 어떠한지 꼼꼼하게 지켜볼 작정이다. 6·4 지방선거는 올바른 농업관을 선물하는 희망적인 선거가 되기를 기대해본다.

(2014년 05월 29일, 경남도민일보)

24. 제2경부고속도로 건설 실기(失機) 말아야

국토의 젖줄인 경부고속도로 수도권 구간이 주차장으로 변한 지 오래다. 출퇴근 시간이나 주말에는 상하행선 모두 극심한 정체로 평소 시간보다 2~3배 이상 소요된다. 이용객 폭주, 차량증가 등에 따른 교통정체 현상으로 여러 가지 사회문제가 발생하고 있다.

1970년 개통된 경부고속도로는 국가경제 발전의 상징이었다. 많은 산업물자를 수송하며 물류비 절감으로 '한강의 기적'을 가능하게 했다. 하지만 점차 수도권으로 인구와 경제가 집중되고 주택난 해결을 위해 경부고속도로 주변으로 신도시와 택지개발이 계속되면서 문제점이 부각됐다. 이용차량 급증으로 교통정체가 심각해지면서 '고속도로'라는 명칭이 점점 무색해지고 있는 것이 현실이다.

더욱 큰 문제는 대규모 신도시 추가개발이다. 위례신도시와 더불어 전국 최대 규모의 동탄2 신도시가 내년부터 입주를 시작해 28만 명 인구유입이 예정돼 있다. 중앙정부가 들어선 세종 신도시는 2030년까지 50여만 명의 입주가 계획되고 있다.

이러한 경부고속도로의 동맥경화 증상에 제2경부고속도로의 신속한 건설이 그 해결책이 될 수 있다. 일부 비용대비 편익에 대한 타당성 조사에 따르면 경제성은 충분한 것으로 나타나고 있다. 사업 필요성에 대한 사회적 관심과 공감대도 형성돼 있는 분위기다. 하지만 글로벌 금융위기 이후 재원조달과 사업방식의 이견으로 진척되지 못하고 있어 안타까울 뿐이다.

'기불가실(機不可失), 시부재래(時不再來)'라는 한자성어가 있다. 기회가 왔을 때 놓쳐서는 안 되며 한번 놓친 기회와 흘러간 시간은 다시 돌아오지 않는다는 의미이다. 사업시행이 늦어질수록 보상비 및 사업비 상승으로 예산의 효율적 집행이 어려워지며 보이지 않는 사회경제적 비용도 증가한다. 하루빨리 꽉 막힌 경부고속도로의 동맥경화가 해소되고 원활한 교통 흐름으로 우리 경제가 다시 도약하는 계기가 되기를 기대해본다.

(2014년 06월 16일, 서울경제)

25. 건강기능식품 이력추적제 철저히 시행해야

최근 가짜 백수오(이엽우피소) 사건이 터지면서 건강기능식품에 대한 국민적 관심이 약재시장에 대한 불신으로 나타날까 우려된다. 식품의약품안전처에 따르면 국내 건강기능식품 시장규모(2013년 기준)는 국내 생산액 1조 420억 원, 수출액 754억 원, 수입액 3,563억 원 등 총 1조 3,529억 원으로 매년 증가 추세에 있다. 이 가운데 백수오시장은 연간 3,000억 원 규모이다.

지난달 말 식품의약품안전처에서 조사 발표한 건강기능식품 제조업체 32개 중 3개 업체에서만 100% 백수오 원료를 사용했다고 한다(4월 23일 B2면). 결국 소비자와 유통업체, 선량한 농업인들이 막대한 피해를 보고 있다. 잘못은 가짜 원료를 혼합·생산한 업체에 있는데도 진짜 백수오를 재배하는 농업인들이 피해를 보게 되어 안타깝다. 다시는 이런 피해가 재발되지 않도록 이력추적제를 철저히 시행해 소비자를 보호하고 농업인들에게 피해가 가지 않도록 제도적 장치를 마련해야 한다.

(2015년 05월 08일, 조선일보)

26. 말(馬) 산업 경마밖에 없나

천고마비(天高馬肥)의 계절이다. '말(馬)' 하면 대부분 경마를 떠올리기 쉽다. 말 산업도 마찬가지다. 생소한 산업인 탓에 말 관련 제품이나 서비스를 이용한 경험이 전혀 없다는 사람이 85%를 웃돈다.

하지만 말 산업이 국민경제의 직간접 산출효과를 포함하면 3조 2,094억 원으로 농업생산액 45조 원의 7%에 해당한다.

세계 각국이 경마와 승마, 재활치료, 말고기 등 6차 산업화를 지향하고 있다. 1차 산업에는 사료, 초지관리 등 생산·사육업, 품종개량 등이 해당된다. 2차 산업은 말에 필요한 장구류 생산과 말가죽을 이용한 상품, 말 치료용 의약품이 있다. 3차에는 경마와 승마 등 레저산업, 운송업, 기수 양성 등이다. 이런 말 산업이 축산농가의 소득증대로 연결되려면 말 생산·조련·유통이 등 선순환적인 시스템이 필요하다.

말 산업 국민 인지도가 2011년 7.9%에서 지난해 28.4%로 높아지면서 전망도 밝다. 경마부문에 편중돼 있는 산업구조를 개선해 생산과 승마 등 연관산업의 동반성장을 이뤄내는 게 바람직하다.

학생들의 승마 체험프로그램이 활발하게 운영, 학교에서도 체육과목에서 승마를 채택하고 확대해야 한다. 여성이 승마의 주 고객인 선진국 사례를 참고해 각종 유인책을 마련해야 한다. 안전성 확보를 위한 승마용 말 생산과 전문인력 확보도 개선할 부분이다. 경마와 관련된 물품에만 한정된 연관산업에서도 탈피해 부산물 이용산업과 서비스업 등 다양한 육성·발전 정책이 필요하다.

(2015년 10월 16일, 광주일보)

27. 농산물 사주기 운동 확대해야

올 극심한 가뭄에도 불구하고 3년 연속 쌀 대풍작이다. 28만 8천여 톤의 초과생산으로 전국 미곡종합처리장(RPC)과 인근 야적장에는 농업인들이 산물벼 수매에 시름과 땀을 흘리고 있다. 쌀 소비는 점차 낮아져 전년도에는 1인당 65.1kg을 소비했다. 땀 흘려 지은 농산물이 풍작으로 인해 농업인이 더 큰 손해를 본다면 농업에 대한 미래를 기약할 수 없다.

농업은 농업인만의 몫이 아니다. 11월 11일 단지 하루가 아닌 한 달 내내 농업인의 날이 되도록 모두가 관심과 애정을 가지고 있어야 한다. 농업이 국민과 국가의 기반에 얼마나 중요한 역할을 하는지, 왜 선진국에서는 농업자원과 기술확보에 매달리는지 생각해보아야 한다. 1970년대 초만 해도 필리핀은 단위 면적당 생산량이 세계최고 수준이었다. 2008년 식량위기 파동으로 한 해 240만 톤(우리나라 올해 쌀생산 425만 8천 톤 예상) 이상의 쌀을 수입하였다. 세계 최대 쌀 생산국가에서 최대 쌀 수입국가로 전락했다는 사실을 기억할 필요가 있다. 농업에 대한 국민의 관심이 부족하면 필리핀의 상황이 곧 우리가 맞게 될 미래가 될 수도 있다는 점이다.

자유무역협정으로 수입농산물이 들어오는 것은 먹을거리를 싸게 구입할 수 있는 기회라고 생각할지 모르지만, 앞으로 우리나라도 지구온난화로 인하여 가뭄과 물 부족이 예상되고 농사지을 농업인과 수익감소로 점차 농업을 포기한다면 결국 우리의 식량주권은 외국에 의존할 수밖에 없다. 농업도 식량주권도 남이 살려주는 것이 아니다. 우리 국민 모두가 농업의 중요성을 인식할 때 살아남는 것이다. 지금 농업 농촌은 과거 그 어느 때보다 어려움에 처해 있다.

'농업인의 달'을 맞아 고충을 일부라도 들어주기 위하여 농산물 팔아주기 전 국민 캠페인을 벌여야 한다. 농업은 수천 년 이어온 우리의 생명줄 같은 문화유산이다. 이런 가치 있는 문화유산을 다 함께 지키는 것이 농업에 대한 예의일 것이다.

(2015년 11월 10일, 중부매일)

28. 가정 냉장고부터 무소유 실천하자

기온 차이가 큰 요즈음, 음식물은 부패가 쉽고 식중독 사고가 많아지는 계절이다. 주부들은 냉장고를 만능이라 여겨 음식을 장기간 보관해도 부패와 변질의 문제가 없을 것으로 생각한다. 음식물에 따라 다르겠지만 냉동실에 보관했음에도 불구하고 3주가 지나면 부패하거나 변질된다. 냉장고가 모든 것을 해결해주는 만능이 아니다.

대부분 가정에서 냉장고 1~2대는 가지고 있는데 그중 1대는 넣기만 하고 언제 먹을지도 모르는 음식물로 가득 차 있다. 목록을 기록하지 않는 한 무슨 종류의 음식이 들어 있고 언제 보관했는지조차 인식하지 못한다. 심지어 철 지난 명절음식이 깊숙이 들어 있는 경우도 허다하다.

충충이 쌓여 있는 음식물을 볼 때 과연 냉장고가 제 역할을 할 수 있을까 하는 의구심이 들 때가 많다. 냉장고도 과부하가 걸리지 않아야 음식물 보관도 정상적으로 할 수 있고 신선하게 보관할 수 있다. 냉장고에 음식물 채우는 방법은 70% 정도만 채워야 공기순환이 원활하고 온도를 골고루 낮출 수 있다. 신선한 음식물 관리와 에너지 절약 측면에서도 우선 고려돼야 할 사항이다.

바쁜 사회생활로 마음먹고 시간을 내어 냉장고 청소를 하다 보니 오래 보관된 음식물 중 곰팡이가 피어 있거나 부패가 진행되어 버린 경우를 종종 발견하게 된다. 나중에 먹기 위해 보관하는 것인데 보관하면 할수록 먹지 못하게 되는 경우가 더 많다.

아까워서 때론 무심코 보관하는 습관 때문에 냉장고에 의존해서 음식물을 보관하다 보니 결국에는 전력낭비에 마음 아파하면서 버리는 비용까지 합하면 처음부터 보관을 안 하는 것만 못하는 손해를 깨닫게 된다.

"무소유란 필요한 것을 가지지 않는 것이 아니라 불필요한 것을 갖지 않는 것"이라고 한다. 가정에서 무소유를 실천하는 것은 어려운 것이 아니다. 불필요한 외국산 농산물은 자제하고 우리 농산물로 채우는 무소유의 냉장고를 만들어 가족의 건강도 챙기고 에너지도 절약되는 일석이조(一石二鳥)의 효과를 거두어보자.

(2016년 03월 10일, 중부매일)

29. 물의 소중함과 가치 재발견

세계 물의 날은 매년 3월 22일이다. 우리나라는 1990년부터 7월 1일을 물의 날로 정했지만, 1995년부터 3월 22일로 변경해 물의 날을 기념하고 있다. 물은 무수한 역할을 하고 있다. 우리의 일상생활에 필요한 것은 말할 것도 없이, 물 없는 농업은 생각할 수도 없다. 질 좋은 농주(農酒)를 숙성시키려 해도 청결한 물이 필요하고, 심지어 우수한 콘크리트를 만들어내려고 해도 좋은 물이 필요하다.

지난해 충남 서부지역에서 가뭄으로 인한 물 부족으로 심각한 곤란을 겪었다. 물의 소중함은 그때뿐이고 매일 물을 사용하면서도 물의 고마움을 느끼지 못한다. 얼마나 많은 물이 필요하며, 그 물을 얻기 위하여 얼마만큼 노동과 비용이 들어가는지 깨닫지 못한다. 2013년 기준 독일은 물 1t당 가격은 2,600원 정도이며 1인당 하루 150 L를 사용했다. 반면 우리나라는 물 1t당 가격이 650원이며 1인당 하루 282 L를 사용했다. 선진국인 독일, 프랑스, 영국 등의 나라에 비해 곱절 가까이 사용했다.

그렇다면 제대로 물을 절약할 수 있는 방법을 알아보자. 첫째, 한정된 물 자원을 효율적으로 사용해야 한다. 틀면 쏟아지는 물을 당연하게 생각하거나 업신여기는 태도는 지양해야 한다. 둘째, 물이 무한한 천연재가 아니라 희소의 경제재로 자리 잡아야 한다. 물의 경제적 가치에 주목해 합리적으로 이용할 수 있는 방안을 수립해야 한다.

셋째, 수자원관리시스템을 안정적으로 이끌어나가기 위해 국가차원의 전략을 수립해야 한다. 물의 특성은 물론 기후조건, 수원지의 지형조건, 개인과 기업의 물 사용 습관을 면밀히 고려해 수요와 공급을 균형 있게 관리할 수 있는 체계적인 치수전략이 절실하다.

언제 어디서든 물을 손쉽게 얻을 수 있는 환경이 조금씩 무너지기 시작하면 되돌리기는 무척 어렵다. 세계 물의 날을 맞이하여 물의 소중함과 그 가치를 지속적으로 재발견해야 한다.

(2016년 3월 22일, 경남일보)

30. 이번 식목일은 심기보다 가꾸는 날로

다음 달 5일은 71번째 식목일(植木日)이다. 그동안 우리 모두가 나무를 열심히 심어 국토를 푸른 강산으로 만드는 데 기여했다.

그런데 '식목일' 하면 아직도 '나무 심는 날'로만 인식되고 있다. 심은 나무를 관리하고 가꾸는 데는 관심이 떨어진다. 나무 심는 행위 자체가 식목일의 목적이 될 수는 없다. 심어놓고도 관심을 갖지 않으면 별 소용이 없기 때문이다.

그래서 제안컨대 홀수 연도는 '나무 심기'를, 올해 같은 짝수 연도는 '나무 가꾸기'에 중점을 둔다면 더 의미 있는 식목일이 되지 않을까 싶다. 심어놓은 나무에 퇴비를 주고, 가지를 치고, 솎아내고, 주변도 손질해줘야 애써 나무를 심은 진정한 의미가 살아날 것이다. 겨우내 허리가 부러지거나 뒤틀린 채 말라 죽은 나무도 많은데 식목 행사를 기회로 정돈하면 좋을 것이다.

베어낸 나무를 방치하면 산불이나 폭우 때 위험요소로 작용한다. 이런 나무들은 한곳에 모아놓기만 하면 '나무칩(woodchip)'과 같은 다양한 부산물로 재탄생시킬 수 있다. 이를 활용해 잡초를 억제하고, 토양유실을 방지하는 등 여러모로 유용하게 쓸 수 있다. 이번 식목일은 나무 심기보다는 나무 가꾸기에 중점을 두어 행사를 가지면 어떨까 한다.

(2016년 03월 29일, 조선일보)

31. 위기를 극복하는 힘은 책에서 나온다

조선의 실학자 다산 정약용은 책읽기를 너무 좋아하여 발목 복사뼈가 세 번이나 구멍이 났는데 이를 '과골삼천(踝骨三穿)'이라 한다. 앉아서 독서를 할 수 없게 되자 일어선 채로 독서를 할 만큼 잠시라도 책을 놓지 않았다. 평소 독서로 마음을 다스리고 책 속에 있는 위인들과의 소통을 지속한 사람은 위기가 왔을 때도 침착하게 극복할 수 있다.

문화체육관광부가 발표한 '2015년 국민 독서실태 조사'에서 지난해 국내성인 독서율(1년에 종이책 한 권이라도 읽은 성인)은 65.3%인데 이는 성인 10명 중 책을 한 권도 읽지 않는 성인이 3~4명에 이른다는 것이다.

연간 독서량은 9.1권이다. 본인이 종이책을 구입한 평균 도서구입은 3.7권이며, 도서구입비는 4만 8천 원을 사용했다.

그렇지만 2011년 기준 일부 외국의 월간 독서량은 미국 6.6권, 일본 6.1권, 프랑스 5.9권, 중국 2.6권이다. 우리의 성인 독서량은 선진국에 비해 크게 떨어진다. 연간 10권 미만이다.

선진국의 성인들은 연간 70~80권은 읽는다는 사실이다. 지식창조시대에 무엇을 가지고 창의력을 발휘할 것인가를 고민해야 한다.

스마트폰이 대중화되기 전까지는 전철이나 버스 안에서 독서를 하는 모습을 종종 볼 수 있었는데 지금은 거의 책을 보는 성인들을 찾아볼 수 없다.

마주앉은 사람의 얼굴보다는 스마트폰을 들여다보는 것이 더 자연스러워 보이는 이유는 왜일까? 책을 보는 사람이 없으니 어쩌다 책 보는 사람이 엉뚱하게 여겨질 정도다. 지금부터라도 방법을 강구하여 지자체나 국가적 차원에서 독서운동을 펼쳐 나가는 분위기를 만들어야 하지 않을까 싶다.

위인들은 생사가 달려 있는 전쟁터에서조차도 독서를 했다. 이는 독서를 통하여 마음의 안정을 취하고, 안정된 마음을 통하여 새로운 전략을 구상하고, 다른 시각으로 위기의 현상을 바라보려고 하는 그들만의 창의적인 생각정리 방법이 독서였을 것이다.

대부분 책을 가까이하는 사람들은 손에 무엇을 들지 않으면 허전해하여 책 한두 권은 가지고 다닌다. 복잡한 출근길은 어렵겠지만 조금 여유가 있는 출근시간을 활용한다면 1년에 십수 권 이상은 충분히 읽을 수 있다.

독서를 많이 하면 할수록 바라보는 시각이 넓어지고 소통과 창의성을 가질 수 있다. 컴퓨터 전공자가 컴퓨터만 공부하는 게 아니고 인문학을 통하여 자신의 전공 폭을 넓혀가듯이 독서를 통하여 사물을 새롭게 바라볼 수 있는 힘을 얻는 것이 업무에 더 유용하다고 한다.

독서는 가을철에만 정해놓고 할 것이 아니다. 시간이 나는 대로 틈틈이, 계절을 가리지 않고 해야 한다. 독서를 통하여 더 나은 삶을 발견할 수 있는 것은 책을 읽는 사람들의 귀중한 몫이 될 것이다.

일상생활 속에서 책을 보는 습관을 늘려간다면 점차 독서하는 인구가 늘어갈 것으로 기대한다. 선진국은 국가경쟁력을 높이기 위하여 독서에 많은 관심과 지원을 기울이고 있다. 우리도 개인과 국가의 경쟁력을 높이기 위하여 점진적인 지원과 제도 모색이 필요하다.

(2016년 4월 11일, 중부매일)

32. 쌀밥 식습관, 비만 확률 낮아진다

쌀 재고가 늘어난다. 전년도 기준으로 우리 국민은 하루 172.4g을 소비했다. 한 끼에 보통 100g 정도를 소비하는데 결국 하루에 두 끼도 안 먹는 양이다. 연간 1인당 소비량은 62.9kg으로 10년 전과 비교하여 볼 때 무려 17.8kg이나 줄어들었다. 10년 후인 2025년에는 49.2kg까지 떨어질 것으로 전망되고 있다. 쌀 소비가 되어야 지속

가능한 영농을 할 수 있을 것이다.

주식인 쌀 소비에 대한 근본적인 대책을 마련해야 한다. 2015년 쌀 생산량은 432만 7,000톤으로 2014년보다 8만 6,000톤이 증가했다. 그럼에도 전년대비 1인당 소비가 2.2㎏(-3.4%)이나 줄어 소비에 대한 장기적인 대책이 필요하다. 소비를 촉진하려면 쌀밥에 대한 나쁜 오해를 먼저 풀어야 한다.

쌀밥은 밀가루 빵, 옥수수 등을 섭취할 때보다 인슐린의 분비량이 서서히 증가한다는 연구보고서가 최근 발표되었다. 음식물이 우리 몸에 들어왔을 때 연소하기 쉬운 에너지원부터 사용하는데 같은 탄수화물이라 해도 밥, 빵, 설탕이 체내에 미치는 영향은 각기 다르다. 빵과 설탕은 혈당량을 급격히 높였다가 급격히 떨어뜨리기 때문에 혈당유지에 어려움이 있다. 반면에 밥은 혈당량이 완만하게 올라갔다가 내려오기 때문에 체지방 합성을 촉진하는 인슐린 분비를 자극하지 않는다. 따라서 달고 부드러운 탄수화물을 멀리하고 밥과 같이 덜 정제된 탄수화물을 가까이하는 것이 우리의 건강을 지키는 것이 된다.

쌀밥이 비만을 일으킨다고 하지만 이 또한 오해가 많은 부분이다. 밥을 잘 먹으면 오히려 비만을 방지할 수 있다. 쌀의 지방함량은 밀가루에 비해 3.5배 적다. 밥을 위주로 하는 식습관을 들이면 상대적으로 군것질을 덜하게 되어 비만 확률이 낮아진다. 음식에 대한 식감이나 맛에 대한 기호가 형성되는 어린 자녀들에게 올바른 쌀밥 식습관을 확립할 수 있도록 교육프로그램을 만들어 공유해야 한다. 또한 쌀 가치와 우수성에 대한 생각을 심어주는 것도 주식인 쌀밥의 이미지 개선에 좋은 영향을 미치게 될 것이다.

(2016년 4월 18일, 경남도민일보)

33. '장애인의 날' 맞아 따뜻한 배려와 관심을 보내자

4월 20일은 36번째를 맞이하는 '장애인의 날'이다. 1972년 민간단체에서 '재활의 날'로 지정해 운영해오던 것을 1981년부터 국가에서 명칭을 바꾸어 '장애인의 날'로 지정했다. 2014년 보건복지부 통계자료에 따르면 우리나라의 전체 등록 장애인 수는 249만 4천460명이다.

장애 유형별로 살펴보면, 지체장애가 51.9%, 뇌병변, 시각장애 및 청각장애가 각각 10.1%, 지적장애가 7.4% 순이다. 상당수가 지체장애로 신체적 장애를 가지고 있다.

장애인은 신체의 일부에 장애가 생겨 일상생활과 사회생활에 제약을 받는다. 장애는 때와 장소를 불문하고 모든 사람들에게 발생할 수 있다는 점이다. 장애가 무슨 큰 범죄를 지은 것처럼 보는 우리의 시각은 아직도 성숙되지 못한 단면을 보여준다.

10명 중 9명은 건강하게 태어나 질병이나 사고 또는 후천적으로 발생한 장애가 대부분이다. 평생을 절망과 아픔 속에서 살아가는 이들에게 단 하루라도 따뜻한 배려와 관심으로 희망이 보이는 사회가 되어야 한다. 너와 네가 다르다고 하여 틀린 것이 아니다. 비장애인 스스로가 장애인과 함께 살아가야 한다는 공동체의식이 필요하다. 또한 이 사회는 비장애인만을 위한 세상이 아니라 장애인도 함께 살아가는 모두의 공간이란 사실을 인식하자.

2011년 OECD 국가의 장애인 복지지출 규모는 GDP 대비 2.19%

로 우리의 0.49%(2012년 0.51%)에 비해 약 4.5배 이상 높은 수준이다. 우리의 장애인 복지 지출은 유럽 주요국은 물론 일본의 장애인 복지 지출 1.0% 비해 현저히 낮은 수준이며, 멕시코 0.06%, 터키 0.28%에 이어 하위권 수준이라 아직도 더 많은 지원이 요구된다. 더불어 장애우가 사회의 구성원으로서 제 역할을 충분히 할 수 있도록 제도적 여건을 지속적으로 만들어 가야 한다. '장애인의 날'을 맞이해 우리 사회가 그들의 어려움을 함께 나누고 그 의미를 다시 한번 생각하는 소중한 시간을 가졌으면 한다.

(2016년 04월 20일, 중부매일)

34. 무궁화 너무 외면받아…… 각종 행사에서 적극 이용했으면

우리 국화(國花)인 무궁화, 나라의 기초가 든든히 서고 무궁한 발전을 기원함에서 유래했다. 그러나 최근 각종 대내외 행사와 의전에서 무궁화를 찾아보기 어렵다.

꽃 박람회를 비롯, 벚꽃과 장미축제, 튤립축제 등은 활발히 열리지만 무궁화 축제는 관심에서 멀어지고 있다. 국제사회에서 국격이 거론되는 지금 국화의 위상도 생각해보자. 의전과 행사에서 무궁화를 적극 활용하자. 50-20클럽 국가로서 경제력과 더불어 국화 역시 국격이며 국민의 자부심이다.

1907년 애국가에 넣음으로써 조선의 나라꽃이 된 무궁화는 1949년 10월 대통령 휘장을 비롯, 3부의 휘장을 모두 무궁화로 제정 사용하고 있다. 적어도 삼일절과 광복절에는 무궁화를 모든 국민이 애용하도록 권장하자. 국화를 가까이하면 꽃 산업도 살고 애국심도 피어난다. 무궁화 단지를 국가에서 대규모로 조성하면 좋겠다.

지금은 정원이나 학교, 공원 등의 조경용으로 쓰이고 있지만 옛날에는 돌담을 대신해 가정의 울타리로 널리 이용된 서민들의 꽃이다. 더 가까이할 수 있도록 다양한 칼라와 관상용 꽃도 개발했으면 한다. 자주 보면 정이 들고 사랑이 싹트는 법이다.

꽃 한 송이만 놓고 보면 무궁화가 벚꽃이나 철쭉보다 훨씬 아름답다. 최근 우리나라에서 세계적 행사가 많이 열린다. 장미꽃은 가시가 있어도 많이 애용한다. 무궁화도 행사용과 선물용으로 많이 개발해나갔으면 한다.

(2013년 06월 07일, 문화일보)

35. 농산물값 폭등 보도의 허와 실

기록적인 가뭄과 함께 농산물값 폭등 기사로 연일 언론이 떠들썩하다. 지난해 대비 배추와 무를 비롯한 양파, 마늘 값 등이 크게 올랐다는 것이다. 일부 언론은 농산물값이 올라 당황스럽다는 소비자 인터뷰까지 동원해 큰 폭으로 가격이 오른 것만 부각하여 마치 큰일이 난 것 같은 분위기를 조성하고 있다.

이러한 뉴스와 기사에 당혹스러운 것은 농업인이다. 매년 변화하는 기상여건으로 농산물 수급을 조절하기가 쉽지 않은 상황에서 열심히 농사지은 농작물에 가격폭등이라는 수식어가 달려버렸다. 평년도 아닌 채소값 폭락으로 문제가 되었던 작년과의 가격비교는 정확한 정보가 아니다. 그 정보가 소비자들에게 혼란을 주어 제대로 된 판단을 하지 못하도록 눈을 가리고 있다.

언론에서 보도하고 있는 농산물값에 대한 내용을 세밀히 분석하여 보면, 사실 가격이 크게 오른 것이 아니라 작황이 좋았던 지난해와 비교하여 상승한 것이지, 평년 농산물값과 유사한 수준이다. 지난해는 기상여건이 좋아 과일과 채소 가릴 것 없이 농사가 풍년을 이뤄 많은 농산물이 시장에 쏟아져 나왔다. 생산량이 많았기 때문에 자연스레 가격이 하락하였고, 소비자들은 저렴한 가격에 품질 좋은 농산물을 구입할 수 있었다.

하지만 올해는 유례없는 가뭄과 기상여건 악화가 겹치면서 공급량 감소에 따라 가격이 오른 것일 뿐이다. 실제로 aT(한국농수산식품유통공사)가 발표한 공식자료에 따르면, 올 4월 마늘 10kg들이 상품 도매시세는 평균 3,491원에 형성됐다. 물론 이는 지난해(2,470원)보다 27% 높은 수준이긴 하지만 평년(3,724원)보다는 오히려 6%가량 낮은 수치이다. 따라서 이번에 보도되고 있는 농산물값 폭등이 소비자들에게 부담이 될 정도로 높은 수준은 결코 아니라는 것이 관계자의 말이다. 결국 따지고 보면 지난해 가격이 워낙 낮았기 때문에 올해 마치 농산물값이 큰 차이로 폭등한 것 같은 착시효과를 확대 보도하고 있는 셈이다.

농산물값 폭등 이슈 외에도 가뭄, 중동호흡기증후군(MERS) 등 다양한 현안으로 요즘 농업인들의 근심이 이만저만이 아니다. 아직 수확을 기다리고 있는 다른 농작물도 근심스럽기는 마찬가지다.

국민의 먹거리와 직결되는 농산물값 폭등 기사의 내용을 올바로 파악하고, 농업인을 한 번 더 생각할 줄 아는 현명한 소비자가 되어야 할 것이다.

(2015년 06월 19일, 경남도민일보)

36. 농약에 냄새와 색을 첨가하라

실수건 고의건 농약으로 인한 사망사고가 꼬리를 물고 있다. 지난해 7월 경북 상주에서 할머니 6명이 사이다를 마시고 쓰러져 2명이 숨지고 4명이 중태에 빠진 이유도 사이다에 든 농약 때문이었다. 이번에는 경북 청송에서 농약 소주를 마시고 1명이 사망하고 1명은 중태에 빠졌다. 맹독성인 농약이 무색무취여서 냄새도 맛도 느낄 수 없기에 음료수나 맹물로 착각하기 쉬워 이런 일이 생긴다고 본다. 고의가 아니라 해도, 부주의로 인한 농약사건은 언제든지 일어날 수 있다. 그러니 농약 생산 회사들은 고독성 농약을 만들 때 색소나 냄새를 추가해 어린이와 노인들을 보호했으면 한다. 아울러 사용하고 남은 농약을 보관할 때 잠금장치가 달린 전용 보관함을 사용해 어린 이들이 만질 수 없게 해주기 바란다.

(2016년 03월 18일, 조선일보)

제4부

김광태의 여보, 사랑해!

1. 하기 싫다고 안 할 것인가

　세상의 모든 부모들은 자녀의 성공을 간절히 바란다. 하지만 성공을 위해선 당장은 힘들고 하기 싫은 과정도 거쳐야 한다. 이러함에도 대개의 경우 부모들은 애처롭고 안타까운 마음에 아이의 장래를 위한 동기부여를 차마 결행하지 못하는 게 현실이다. 새 학기의 출발점에 즈음해, 비록 측은하고 마음은 아파도 자녀들이 지금 해야 할 일은 반드시 할 수 있도록 다독이자.

　많은 경우 하기 싫어서, 어려워서 또는 의욕이 나지 않아서 할 일을 미루는 사람들이 많다. 하지만 의욕이 없어서 시작하지 못하는 게 아니라 시작하지 않기 때문에 의욕이 생기지 않는 것이다. 입맛이 없어도 한 술 뜨다 보면 입맛이 돌고, 산책하기 싫어도 일단 나서면 나오기를 잘했다는 생각이 드는 법이다. 몸이 천근만근 무거워 일어나기 싫을 때도 벌떡 일어나서 움직이면 언제 그랬냐는 듯 일상생활이 가능해진다는 사실을 우리는 잘 알고 있다. 어떻게 이런 일이 가능할까? 의욕이 있건 없건 어떤 일을 시작하면 우리 뇌의 측좌

핵 부위가 흥분하기 시작해 점점 더 그 일에 몰두할 수 있게 의욕을 만들어주기 때문이다.

우리의 몸과 마음은 일단 발동이 걸리면 자동으로 작동되는 기계처럼 바뀐다. 그래서 하기 싫은 일도 일단 시작하면 그것이 계기가 돼 계속하게 된다. 이런 현상이 바로 심리학에서 말하는 '작동 흥분 이론(work excitement theory)'이다.

윌리엄 글래드스턴은 총리를 네 번이나 역임했던 영국의 정치가다. 대학시절 수학이 너무 싫어서 아버지한테 편지를 쓴다. "수학을 안 배우는 학교로 편입하고 싶어요." 그러자 아버지가 답장을 한다. "필요도 없어 보이고, 잘 하지도 못하는 수학이 싫다는 말은 알겠다. 하지만 앞으로 살면서 힘든 일, 싫은 일에 맞서야 할 때가 숱할 텐데 미리 연습하는 셈 쳐 보렴." 한편으론 하고 싶은 일을 하며 살라고도 한다.

자주 듣는 말이지만 현실은 사뭇 다르다. 하기 싫은 일을 어떻게 참아내느냐! 대다수 인생의 승부는 여기서 갈리게 된다.

인간의 행동이란 관성의 법칙에 따라 일단 착수해 발동이 걸리면 멈추기가 어려운 법이다. 하다 보니까 덩달아 재미도 붙고 의욕도 높아지는 선순환이 이뤄진다. 자녀 자신의 미래를 위해 꼭 해야 할 일인데도 차마 말이 떨어지지 않을 때는 윌리엄 글래드스턴의 아버지가 가르쳐준 교훈을 상기하자. 그리하여 자녀들이 미리 연습하는 셈 치고 장래를 위해 참고 견뎌내도록 따뜻한 독려를 하자.

하기 싫어도 꼭 해야 할 일들은 '지금 아니면 영원히 못할 수도 있다'는 사실과 어떤 형태로든 인생의 세파를 헤쳐 갈 소중한 자산인 자양분이 된다. 자녀가 건전한 성인으로 자립할 수 있는 능력을 갖추도록 '브레이크 없는 애정 일변도'에서 벗어나 엄격하면서도 차가운 사랑 또한 필요한 법이다.

(2016년 03월 16일, 인천일보)

2. 속도보단 방향이다

우리나라는 지난 반세기 동안 비약적인 압축 경제성장을 이룩했다. 이를 통해 경제적으로는 더욱 풍요로운 삶을 영위하게 되었다. 그러나 지나친 경쟁에 내몰리면서 행복은 잃어가고 있는 양상이다. 그 이유 중의 하나가 자본주의는 그 속성상 경쟁을 전제하기 때문에 승자 독식주의를 표방할 수밖에 없기 때문이다. 현대 자본주의 문명은 욕망을 채우는 데는 아주 탁월하다. 남의 것을 강탈해 나의 곳간을 채우고, 타인의 자리를 빼앗아 자신의 출셋길을 도모하며, 다른 사람의 명예를 가로채 본인의 명예로 삼는 데 익숙하다. 이처럼 우리는 지금까지 남의 불행 위에 내 행복을 쌓는 게 성공적인 삶이라 여기며 살아왔다. 그게 행복해지는 길이라고 생각하여 무작정 달려왔다. 하지만 이제라도 남과 더불어 같이 행복해지려 노력해보자. 오직 속도를 앞세워 경쟁만을 추구하는 삶의 방향이 과연 옳은지 되돌아보는 성찰이 필요하다.

자연의 생존경쟁은 본디 치열하다. 자원은 유한한데 그것을 원하는 존재들은 많아 그 경쟁이 불가피할 수밖에 없다. 그렇지만 모두가 팽팽하게 경쟁만 하며 손해 보지 않으려 하는 사회에서 서로 도우며 함께 잘사는 방법을 터득한 생물들이 뜻밖에도 많다. 자연계에서 무게로 가장 성공한 생물은 고래나 코끼리가 아니라 꽃을 피우는 현화식물이라고 한다. 이 세상 동물들의 무게를 다 합쳐도 식물 전체의 무게에 비하면 그야말로 조족지혈일 따름이다. 또한 자연계에서 숫자로 가장 성공한 생물은 바로 곤충이다. 이 지구 생태계에서 무게와 수로 가장 막강한 두 생물 집단이 어떻게 여기까지 올 수 있었을까? 그 이유는 곤충과 현화식물은 꽃가루받이라는 공생관계를 만들면서 양쪽이 폭발적으로 증가했기 때문이다. 자연계의 성공사례 하나만 보아도, 경쟁에서 이기는 방법이 무조건 서로 물고 뜯고 상대를 제거하는 게 아니라 누군가와 손을 잡는 것임을 알 수 있다.

이렇듯 자연계의 모든 동식물들은 눈앞의 자기 이익만을 고집하지 않고 서로 손을 맞잡아 살아남은 것이다. 꽃과 벌, 개미와 진딧물, 과일과 먼 곳에 가서 그 씨를 배설해주는 동물처럼 살아남은 모든 생물들은 짝이 있다. 손을 잡고 있다. 더불어 손잡지 않고 살아남은 생명은 없다는 숭고한 생존의 진리를 말해준다.

어떤 인류학자가 나무에 맛있는 음식을 매달아놓고, 아프리카 한 부족의 아이들에게 게임을 제안했다. 음식이 달린 나무에 먼저 도착한 사람이 그것을 먹는 게임이었다. 그는 "시작!"을 외쳤다. 그런데 아이들은 각자 달려가지 않고 모두 손을 잡고 가서 음식을 함께 먹었다. 학자가 아이들에게 물었다. "한 명이 먼저 가면 다 차지할 수 있는데 왜 함께 뛰어갔지?" 그러자 아이들이 "우분트! UBUNTU"라고 외치며 말했다. "다른 사람이 모두 슬픈데 어째서 한 명만 행복해질 수 있나요?" "우분트." 아프리카 부족어로 "네가 있기에 내가 있다(I am because you are)"라는 뜻이다. "네가 있기에 내가 있다." 심오한 공생의 철학을 반영하고 있는 지혜의 말이다. 이는 결국 "네가 있어 줘야, 나도 있을 수 있다"는 의미다. 간디는 "방향이 잘못되면 속도는 의미가 없다"고 설파한다. 삶의 깊은 이치를 꿰뚫는 지혜의 말이 아닐 수 없다. 갈수록 삶이 팍팍하고 힘든 세상이다. 우리가 지향할 방향은 혼자서만 많이 그리고 빨리 달려가는 속도의 독존(獨存)이 아니라 더불어 함께 손잡고 성장하는 공존(共存)과 공생(共生)의 지혜가 필요하다.

이제라도 신속함에만 맛들인 속도에서 멈춰 서서 내가 어디로 가고 있는지, 혹시 벼랑 끝을 향해 무작정 달려만 가고 있지는 않은지, 그래서 정말 소중한 것을 잃지는 않았는지 한 번쯤 되돌아보자. 혼자서만 '빨리' 앞서 가는 속도의 지름길이 아닌, 더불어 함께 '바른' 방향으로 나아가는 정도의 길을 모색해보자.

(2016년 04월 06일, 인천일보)

3. 포기는 성공 직전에 온다

만물이 생동하는 봄과 함께 새로운 각오를 다지는 출발선인 입학과 새 학기도 맞이한다. 처음에는 목표를 향해 노력하지만, 그 과정에서 할 만큼 했다는 생각도 들고 여기까지가 한계라고 여겨 포기하고 싶어질 때도 온다. 누구나 그런 순간이 있다. 중요한 것은 힘들다고 중도에 포기해서는 안 된다는 점을 명심하자. 노력에 비해 결실이 없는 사람들의 문제는 다름 아닌 임계점에 다다르지 못했다는 사실이다.

100m 아래에 엄청난 대박 금맥이 있는데 대부분의 사람들은 99m까지 열심히 파고 내려가다 중단하고 만다. 더 이상 못하겠다고 포기했던 나머지 1m 때문에 운명이 뒤바뀌는 상황이 너무도 많다. 1m만 더 파 보았더라면 어마어마한 금맥을 찾을 수 있는데 바로 직전에 포기하는 것이다. 정말로 실패하는 사람보다는 스스로 포기하는 사람이 훨씬 더 많다. 스스로 최선을 다했다고 생각할 때 한 번 더 목표에 집중하자.

멕시코의 험준한 오지에 사는 타라우마라 부족의 무기는 활이나 창이 아니라 사슴이 쓰러질 때까지 뒤쫓는 집요함, 즉 끈질김이라 한다. 사슴 입장에서 보면 이 사냥꾼들은 정말 혀를 내두를 만큼 지독한 존재다. 이제 포기했겠지 싶으면 어느새 따라오고, 이 정도면 단념했겠지 싶은데 계속 따라오고, 달리고 또 달려도 추격해오니 어찌 지독하다고 하지 않을 수 있겠는가.

그런데 그랜드캐니언 북쪽의 반 숲 반 초원에서 살아가는 늑대와 위도가 좀 더 높은 곳에 사는 오소리도 타라우마라 부족만큼이나 지독한 사냥꾼이다. 늑대들은 자기보다 몸집이 훨씬 큰 엘크 사슴인 무스들이 포기할 때까지 끈질기게 따라잡고, 오소리들 역시 자기들보다 훨씬 큰 노루를 쫓아간다. 특히 오소리들은 노루가 다니는 길목에서 몇 시간씩 매복해 있다가 사냥감이 나타나면 지쳐 쓰러질 때까지 쫓는다. 도중에 다른 노루가 눈앞을 스쳐가도 한눈팔지 않는다. 한눈을 파는 순간 둘 다 놓친다는 것을 알기 때문에 원래 점찍었던 놈을 끝까지 쫓는다.

눈에 보이는 엄청난 무기가 있어서 성공하는 게 아니라 하나만 쫓는 집중력과 끝까지 쫓는 지독함으로 사냥에 성공하는 것이다. 쫓고 쫓기는 승부에서는 먼저 포기한 쪽이 진다.

천재를 연구한 칙센트 미하이는 천재들은 몇 주 동안 한 문제에 집중하는 특성이 있다고 한다. 순간적인 아이디어를 가져서 천재가 된 게 아니라 끈질기게 파고들어 답을 찾아내고야 마는 집요함이 천재를 만든다는 것이다.

자연현상 또한 마찬가지다. 물은 섭씨 100도가 돼야 끓는다. 99도까지는 아무리 열을 가해도 질적인 변화는 일어나지 않는다. 그냥 물일 뿐이다. 하지만 내부에서는 조금씩 온도가 올라간다. 그러다가 100도가 되면 순간적으로 액체가 기체로 바뀌면서 폭발적인 에너지를 만들어낸다. 99도에서 멈추느냐, 100도를 넘기느냐, 그 1도의 차이가 결국 성패를 결정한다. 또한 연장이 없어 철사를 반으로 자를 수 없을 때는, 철사를 구부렸다 폈다를 반복하면 된다. 도저히 자를 수 없을 것 같던 철사도 '구부렸다 폈다'를 반복하면 언젠가 뚝 끊어지는 임계점이 있다. 당장 눈에 띄는 변화가 없다 해도 내부에서는 조금씩, 아주 조금씩 변화가 일어나서 어느 순간 질적인 변화가 일어나는 임계점이 있다.

포기하고 싶은 마음이 들 때, 아무리 해도 안 되고, 하면 할수록 나의 부족한 점만 보여 좌절하고 싶을 때는 '이제 임계점에 다다르겠구나' 하고 생각하자. 동 트기 전이 가장 어두운 것처럼 이대로 그만두고 싶은 순간이 바로 임계점을 돌파하는 순간이다.

　결실과 성공의 문턱에서 지쳐버린 나머지 포기해서는 안 된다. 포기는 성공 1보 직전에 온다. 거의 다 왔을지도 모른다. 섣불리 절망하거나 포기하지 말자.

(2016년 03월 02일, 인천일보)

4. 맥락을 알고 소통하면 설이 즐겁다

　민족의 명절 설이다. 많은 사람이 손꼽아 기다리는 최대의 잔치지만 며느리들에게는 '명절'이 아닌 '명절'이 되는 경우가 많다. 시댁 어른들과 맥락적 소통을 하지 못하기 때문이다. 일상에서 '소통'이 화두가 되고 있지만 소통에도 기술이 필요하다.

　어르신들께 전화를 드리면 대개는 '바쁘면 명절에 내려오지 마라'고 하신다. 이 말을 문자 그대로 해석하고 '네, 그렇게 할게요. 어머니 감사합니다'라고 하면 시어머니의 눈 밖에 날 확률이 매우 높다.

　며느리 중 시어머니의 '힘드니 오지마라'는 말씀이 진담이라고 여기는 사람은 10명 중 1명뿐이라는 흥미로운 조사결과도 있다. 2014년 기혼여성 커뮤니티 포털 아줌마 닷컴이 인터넷 기혼 여성 회원 110명을 대상으로 명절에 시어머니 말씀 중 '명절에 힘드니 오지마라'는 말씀에 어떻게 대처해야 할까에 대해 설문조사를 했다. 가장 많은 응답은 '그대로 했다가 낭패를 볼 수 있으니 조심하라'가 68%를 차지했다. 이어 '남편에게 맡겨라'는 답이 21%였고, '진심일 수 있다'는 응답은 10%에 불과하다.

며느리들은 억울하다 하소연할 것이다. '오라고 하면 갔을 텐데 왜 직접적으로 얘기하지 않고 돌려 하느냐'고. 상대방 말의 내용을 있는 그대로 해석하는 것을 문자적 해석이라고 한다. 그러나 어르신들이나 CEO들은 문자적 소통보다 맥락적 소통을 주로 활용한다. 요구를 직접적으로 하지 않고 돌려서 하는 것이다. 아랫사람들은 이해가 안 된다. 피곤하게 이야기를 돌려 해서 못 알아듣겠다는 것이다.

그렇다면 효율성이 떨어지는 맥락적 소통을 하는 이유는 무엇일까. 찔러서 절 받으면 감성적 보상이 줄어들기 때문이다. '바빠도 내려 오거라'에 찾아온 며느리는 크게 기쁘지 않다. 지시에 따른 것이지 자발성이 느껴지지 않기 때문이다. 내려오지 말랬는데 내려온 며느리가 반갑고 기쁘다.

CEO의 '오늘 시간 있어?' 이 말도 시간이 있는지 묻는 것이 아니다. '나를 위해 지금 약속 취소하고 시간 내줄 수 있어?'라고 묻는 것이다. 맥락적 소통을 잘 하지 못하면, 즉 말의 속뜻을 알아채지 못하면 사회생활이 피곤해지기 쉽다. 때문에 말하지 않는 것까지도 알아듣는 맥락적 경청이 중요하다. 말 자체가 아니라 어떤 맥락에서 나온 말인지, 즉 말하는 사람의 의도, 감정, 배경까지 헤아리면서 듣는 것이다. 커뮤니케이션 학자들에 의하면 말은 전달하려는 메시지의 단 7%만을 운반할 뿐이라 한다. 나머지 93%의 의미는 음성과 어조, 표정, 제스처 등에 실려 전달된다는 것이다. 그러니 피상적으로 표현된 말만 듣는 것은 그야말로 거대한 빙산의 일각만 보는 것과 같다.

설 명절에 한복 곱게 입고 음식 준비하는 시어머니께 '어머니, 불편하실 텐데 옷 갈아입으세요' 하면 썩 내켜하지 않는다. 설은 자신의 희생으로 키운 자녀들에게 심리적 보상을 받는 날이기 때문이다. 바로 시어머니 자신이 주인공인 것이다. '어머니 정말 곱고 멋지세요'가 정답이다. '음식 준비하느라 너무 힘들었다'고 말씀하시는 어머니께 걱정한다고 '내년부턴 하지마세요'라고 하면 어머니들은 섭섭해 한다. '우리 어머님 손맛 음식이 최고에요'라고 말해야 뿌듯해한다. 돈으로 사랑을 살 수는 없지만 표현은 할 수 있다.

사람은 스스로 힐링하는 일이 쉽지 않다. 누군가 자기를 따뜻하게 바라봐줄 때 응어리진 가슴이 눈처럼 녹는 것이다. 그래서 맥락적 소통이 필요하다. 어르신 말씀을 한 번쯤 뒤집어보자. 그리고 시어머니와 입장을 바꿔 생각해보면 그게 바로 현명한 답일 수 있다. 그래야 모두가 즐거운 명절이고 정겨운 설 잔치가 될 수 있다.

(2016년 02월 25일, 광주일보)

5. 오늘 현재도 충실하자

인생의 외길에는 왕복표가 없다. 오늘 지금 이 순간은 두 번 다시 만날 수 없는 가장 소중한 시간이다. 하지만 우리는 얼마만큼의 재산을 모은 뒤에, 이 일이 마무리된 후에, 기반을 닦고 사업을 궤도에 올려놓은 후에 또는 은퇴 후에 삶을 누리겠다고 말한다. 이처럼 많은 사람들이 오늘을 희생하고 미래로 보류된 삶을 살고 있는 것이 현실이다. 오늘과 지금의 삶에도 충실하자.

인생이 짧다는 말에 동의를 하는 사람도 있을 것이고 그렇지 않는 사람도 있을 수 있다. 흔히 백년인생이라고 하지만 사실 백년이 어디 쉬운 일인가? 우리나라의 경우 남자는 77.6세, 여자는 84.4세가 평균수명이다. 길다면 긴 시간이다. 그러나 우리는 그 시간 중에 얼마나 많은 시간을 미래를 위한 준비에 몰두하며 살고 있는지 되짚어보자.

태어나서 초등학교에 들어간 후 중학교, 고등학교를 거쳐 대학에 들어갈 준비를 하고, 남자는 또 군대를 다녀와야 한다. 그러고 나면 취직준비를 한다. 남녀 할 것 없이 취직을 하고 나면 결혼이라는 일생일대의 숙제가 기다리고 있다. 그렇지만 결혼이 끝이 아니다. 집도 장만하고, 아이 낳아야 하며 더 나아가 아이를 키우면서 교육도 시켜야 한다. 아이가 자라면 결혼까지 시켜야 한다. 이렇게 미래를 계획하고 미리 준비하다 보면 우리 인생은 늘 본격적인 게임에 앞서 준비만 하다가 늙어가는 신세가 되고 만다.

이처럼 준비만 하다가 죽기에는 인생은 너무나 빨리 지나가버린다. 준비를 하는 것도 좋지만 그러다 보면 현재는 없고 과거와 미래만 남는다.

내 인생에서 가장 행복한 날은 언제인가? 바로 오늘이다. 내 삶에서 결정의 날은 언제인가? 바로 오늘이다. 내 생애에서 가장 귀중한 날은 언제인가? 바로 오늘 지금 여기다. 어제는 지나간 오늘이요, 내일은 다가오는 오늘이다. 그러므로 오늘 하루를 이 삶의 전부로 느끼며 살아가야 한다.

'카르페 디엠(Carpe Diem)!' 라틴어인 이 말은 '현재를 즐겨라' 혹은 '현재에 충실하라'는 뜻으로 해석된다. 과거는 이미 지나간 것이고 미래는 아직 오지 않은 것이니 우선 현재에 충실하고 현재를 즐기라는 것이다.

'내일과 다음 생 중 어느 것이 먼저 찾아올지 알 수 없다'는 티베트 속담이 있다. 내일 아침에도 숨 쉬고 있을 것이라는 확실한 보장이 없는 것이 인생사 아니던가. 참된 삶을 살려면 지나치게 미래나 목표 지향으로 삶을 살지 말고 바로 '오늘' 속에 완전히 존재하는 삶을 살라는 것이 에리히 프롬의 충고다. 오늘, 지금, 현재의 일에 최선을 다하는 것, 그것이 완전히 존재하는 삶이다.

우리가 인생에서 일으키고자 하는 변화는 오로지 현재에만 일어난다. 꿈꾸며 내일을 그리는 것도 좋지만 지금, 현재, 이곳에서 전력을 다하는 것이 보다 더 소중하다. 내일과 미래는 오늘과 현재가 쌓여서 이뤄지기 때문이다. "그대가 헛되이 보낸 오늘은 어제 죽은 자가 그토록 가지고 싶어 하던 내일이다"는 랄프 W.에머슨의 말을 명심하자.

(2016년 01월 26일, 인천일보)

6. 역경을 경력 삼자

졸업시즌을 맞아 젊은이들은 사회로 진출하고, 아이들과 학생들은 입학과 새 학기를 맞게 된다. 미국의 커뮤니케이션 이론가인 폴 스톨츠 박사에 따르면 인생을 살아가는 데는 필요한 3가지 지수, 즉 지능과 감성 그리고 역경지수(Adversity Quotient)가 있는바, 결국은 역경지수가 높은 사람이 성공하는 시대가 올 것이라 한다. 그만큼 세상살이가 힘겨워지기 때문이다.

많은 전문가들 또한 앞으로는 힐링을 넘어 멘탈 헬스, 즉 정신건강이 강조될 것으로 예견한다. 역사와 자연은 무엇을 말해주고 있으며, 장래에 수많은 역경과 마주하고 어쩌면 자양분 삼아 살아가야 할 세대들은 역경을 어떻게 바라봐야 할까?

인류 문명의 발원도 척박한 환경을 극복하는 데서 시작된다. 이집트와 황허 그리고 메소포타미아 등 화려한 문명과 위대한 사상은 거친 환경과 싸움의 산물이다. 척박한 자연환경이 있었기에 도전과 응전이 있었고, 성공적인 응전의 결과 문명이 진화된 것이다.

또 자연환경이 좋은 지역에서 고등종교가 발생한 적이 없다. 인류의 3대 종교인 기독교, 불교, 이슬람교 모두 가혹한 환경의 산물이다. 그리고 스웨덴 발렌베리 가문은 가족기업의 한계를 극복하고 5대째 지속적인 성장을 하고 있는 것으로 유명하다. 그 비결 중 눈여겨볼 대목이 있다. 후계자 후보가 갖춰야 할 자격이다. 이 가문은 아들에게 몇 가지를 필수적으로 이수하도록 한다. 부모 도움 없이 대학을 마치고 혼자 해외유학을 다녀올 것, 해군 장교 복무를 정상적으로 마칠 것 등 자녀들에게 직접적으로 결핍을 경험하게 해줄 수는 없으니 결핍을 배우는 시스템을 물려준 것이다.

동물의 세계에서는 역경 극복훈련이 거의 생존과 직결되기 때문에 보다 가혹하다. 곰의 모성애는 인간보다 더 깊고 따뜻한 것으로 알려져 있다. 어린 곰이 두 살쯤 되면 어미 곰은 새끼를 데리고 평소에 눈여겨보았던 산딸기가 있는 먼 숲으로 간다. 어린 새끼가 산딸기를 따 먹느라 잠시 어미 곰을 잊어버리는 그 틈을 타 어미 곰은 몰래 새끼 곰의 곁을 떠난다. 그렇게 애지중지 침을 발라 기르던 새끼를 왜 혼자 버려두고 매정히 떠나는 이유는 뭘까. 새끼가 혼자서 살아가도록 하기 위해서다. 새끼 곰을 껴안는 것이 어미 곰의 사랑이듯이 새끼 곰을 버리는 것 또한 어미 곰의 사랑인 것이다. 눈물이 나도 뒤돌아보지 않는 얼음장 같이 차갑고 냉정한 어미 곰의 새끼 사랑에서 우리 인간도 인생을 볼 줄 알아야 한다.

이성이 없는 식물도 예외는 아니다. 프랑스의 한 마을에서는 좋은 포도주를 생산하기 위해 포도나무를 심을 때 일부러 좋은 땅에 심지 않는다고 한다. 좋은 땅에 심으면 쉽게 자라서 탐스런 포도가 열리긴 하지만 뿌리를 깊이 내리지 않아 땅거죽의 오염된 물을 흡수하기 때문에 품질이 떨어지는 까닭이다. 아름다운 꽃 역시 힘들고 어려운 곳에 피는 꽃일수록 더욱 향기가 짙다.

다른 사람의 힘으로 이뤄진 성공은 시련과 역경을 경험하지 않아 좌절도 빠르고 쉽게 허물어지기 마련이다. 역경을 거꾸로 읽으면 경력이 된다. 역경은 최종 결론이 아니다. 한두 번의 실패에 휘둘리지 않고 좌절하거나 포기하지 말자.

역경의 한가운데에는 기회의 섬이 있다. 역경은 결코 장애물이 아닌 정신근육과 면역력을 강화시키는 밑거름이자 자양분이며 디딤돌이다. 미래의 예비 어른인 자녀들이 역경의 참뜻을 깨닫고 스스로 험난한 세상을 슬기롭게 헤쳐 나갈 수 있는 소중한 시간이 됐으면 한다.

(2016년 01월 19일, 인천일보)

7. 이제는 기후변화에 생활방식 맞춰야

요즘 날씨는 겨울 속의 봄이다. 하루에도 1일 4계(1일 4계절)라 할 만큼 일교차가 심해 출근할 땐 옷차림이 망설여진다. 새벽에는 얼음 어는 겨울, 아침저녁으로는 차가운 봄가을, 한낮에는 따뜻할 때가 있다. 지난 100년 동안 세계 평균기온은 0.74℃ 상승했지만 우리는 2배인 1.8℃ 상승해 기후가 온대에서 아열대로 바뀐 것이다. 이제 대구 사과는 충북과 강원도에서, 제주 한라봉은 충북에서 잘 자란다. 동식물과 어류들이 기후변화에 맞춰 서식지가 북상한 것처럼 개인적으로도 기후변화에 대비할 점이 많다.

첫째, 기후변화에 맞는 생활패턴을 만들어야 한다. 갑작스런 기온 변화로 면역력이 약한 연령층이 감기 등 질병에 감염되기 쉬워 평소 건강관리와 과로를 피하는 게 좋다. 제철이 아닌 농산물은 부패하기 쉬워 관리에 주의를 요한다.

아울러 기후변화에 범국가적으로 미리 대비해야 한다. 몇 해 전 태국은 50년 만에 홍수, 우리는 한 달 내내 비가 와 서울에 산사태와 홍수가 났고 농산물 가격이 폭등했다. 자연재해는 인력으로 극복하는 데 한계가 있지만 철저하게 준비하면 피해를 최소화할 수 있다.

절기상 아직 한겨울이고 변화무쌍한 날씨에 황사와 스모그도 잦다. 환경 변화에 대한 현명한 대처는 인간의 몫이다. 외출 시 방한 복장, 황사 마스크, 선크림, 변덕스런 날씨에 대비한 우산, 기상 변화에 따른 농작물 재해보험 가입 등 이제는 환경 변화에 스스로 대비할 때다.

(2016년 01월 11일, 서울신문)

8. 오늘 행복을 미래에서 찾지 말자

병신년(丙申年) 한 해가 밝았다. 새해를 맞아 마음을 차분히 가라앉히고 한 번쯤 우리 삶을 되돌아보면서 인간 욕구의 본질인 행복에 대해 생각해보자. 대부분의 사람들은 인생의 우선순위를 묻는 질문에 건강, 가족, 친구라고 대답하지만 실제로는 삶에서 이러한 것들보다는 돈과 일을 우선시하는 경우가 대다수다.

얼마만큼의 재산을 모은 뒤에, 이 일이 마무리된 후에, 기반을 닦고 사업을 궤도에 올려놓은 후에 또는 은퇴 후에 여가 생활을 즐기겠다고 말한다. 이처럼 많은 사람들이 오늘의 행복을 희생하고 보류된 삶을 살고 있는 것이 현실이다.

우리나라는 지난 반세기 동안 압축적인 경제성장을 통해 보다 더 윤택한 경제적 삶을 얻었다. 하지만 지나친 경쟁에 내몰리면서 행복을 잃어 가고 있다. 인디언의 관습 중에 말을 타고 달리다가 가끔씩 말을 세우고 뒤를 돌아보는 습관이 있다고 한다. 걸음이 느린 영혼에 대한 배려라고 하는데 일상에 너무나 바쁜 우리에게도 시사하는 바가 있다. 지금까지 앞만 보고 달려왔다면 내 몸은 말을 타고 여기까지 달려왔지만, 내 영혼은 어디쯤 쫓아오고 있는지 한번쯤 멈춰서서 주변을 살펴볼 일이다. 내 일상의 삶을 성찰해보아야 나만의 진정한 행복을 찾을 수 있기 때문이다.

혹시 우리가 미래를 위해 지나치게 현재를 희생하는 삶을 살고 있지는 않은지 차제에 진지하게 되짚어보자. 미래의 행복을 위해 어느 정도 현재의 행복을 희생하고 유보하면서 미래를 위해 준비하고 대비하는 노력도 반드시 필요하다. 하지만 그것이 지나치면 늘 미래에 구속되어 끌려가는 삶을 살게 된다. 어떤 사람은 미래의 구원을 위해 현재의 삶 전체를 바치겠다는 결심을 하기도 한다.

오늘의 행복을 미래에서 찾지 말자. 월마트 설립자인 억만장자 샘 월턴은 1992년 죽음을 앞두고 자신의 인생에 대한 후회를 담은 유언을 남겨 많은 이들을 놀라게 했다. "나는 잘못된 인생을 살았다. 자식에 대해 모르는 부분이 너무도 많았고, 손주들 이름은 절반밖에 외우지 못했으며, 지금 내 곁에 남은 친구는 아무도 없다. 그리고 아내도 의무적으로 내 곁을 지키고 있다."

행복한 미래는 지금 만들자. 만약 과거를 바꿀 수만 있다면 우리는 행복하고 근사한 삶을 살아갈 수 있을 것이다. 그러나 유감스럽게도 엎질러진 물을 주워 담을 수 없는 것과 마찬가지로 어느 누구도 과거로 되돌아가 그것을 바꿀 수는 없다. 멋진 미래는 지금 만들어야 한다. 왜냐하면 바로 지금이 머지않은 미래에는 과거가 되기 때문이다.

삶과 일의 조화 그리고 오늘의 행복과 미래의 행복 간 균형이 필요하다. 행복의 비결은 영어 단어 'happiness'에 함축돼 있다. 행복을 뜻하는 이 단어의 어원은 '발생한다'는 뜻을 지닌 'happen'이다. 이는 행복은 발생되는 것이지 소유되거나 쟁취되는 것이 아니라는 사실을 시사한다.

잃어버린 물질적인 것들은 다시 찾을 수 있다. 하지만 지금 흘려보낸 행복은 결코 되찾을 수 없는 유일한 것이다. 새해부터는 사랑하는 가족과 맛있는 음식을 나누면서 따뜻하고 행복한 분위기를 만들어보자. 지금 소중한 가족 간의 사랑을 실행하자. 당장 배우자를 사랑하자. 더불어 친구들을 사랑하자. 새해부터는 행복을 자꾸 미래로 미루지 않았으면 한다.

(2016년 01월 08일, 인천일보)

9. 모바일 제로 타임을 갖자

지난날의 반성과 내일의 계획을 두고 숙고하는 창조의 순간에는 잠시 일상으로부터의 일탈이 필요하다. 하지만 우리의 일상은 너무나 바쁘다. 특히 아침에 눈을 뜨면서부터 저녁 잠자리에 들 때까지 손에서 놓지 못한 스마트폰은 결국 VDT증후군이라는 질병을 수반하게 되었다. 이제 현대인에게 인터넷과 스마트폰은 생필품이며 공기와 같은 존재가 되었지만 전자기기의 명암을 짚어보고 나의 모습을 발견하자.

이른바 'VDT(Visual Display Terminal)증후군' 환자가 급증하고 있다. 전자기기 과다사용으로 인한 근막통증증후군, 손목터널증후군, 디스크, 거북목, 안구건조증, 다크 서클 등 관련 질환이 연령대를 초월하여 광범위하게 증가하고 있다.

버스나 지하철, 길거리, 지인이나 가족과 마주 앉은 식당에서도 고개를 숙인 채 스마트폰에서 눈을 떼지 못하는 사람들이 너무 많다. 심지어 데이트하는 젊은 남녀가 서로 마주 앉아 각자 자기 스마트폰에 몰두하는 모습은 디지털시대의 새로운 풍속도이다. 아무리 바쁘고 불편해도 단 하루, 단 몇 시간만이라도 스마트폰을 *끄자.*

새해 단상 시간에는 생각의 여백을 갖자. 인디언의 관습 중에 말을 타고 달리다가 가끔씩 말을 세우고 뒤를 돌아보는 습관이 있다고 한다. 걸음이 느린 영혼에 대한 배려라고 하는데, 일상에 너무나 바쁜 우리에게도 시사하는 바가 있다.

지금까지 앞만 보고 달려왔다면 내 몸은 말을 타고 여기까지 달려왔지만 내 영혼은 어디쯤 쫓아오고 있는지 한 번쯤 멈춰 서서 주변을 살펴볼 일이다. 나를 발견해야 나만의 새해 청사진이 떠오르지 않겠는가.

프란치스코 교황은 '쾌락과 탐욕을 내려놓고 삶의 본질적 가치를 생각해보자'는 메시지를 주었다. 모바일 제로 타임을 설정하자. 그리고 차분히 지난 한 해를 뒤돌아보면서 탁류의 불순물을 정화시키고 삶의 쾌락과 탐욕을 해독하여 창조의 시간을 갖자.

(2016년 01월 07일, 경남일보)

10. 세모(歲暮)에 생각하는 가족의 의미

'가족끼리 왜 이래.' 흔치 않은 대화 중 하나다. 서로 내 몸의 일부인 까닭에 세상에서 가장 가까운 관계지만 가족끼리도 범해서는 안 될 약속이 있다. 그 무언의 약속이 무참히 깨지는 상황을 보며 탄식하는 소리가 '가족끼리 왜 이래'라는 말이다. 가족과 친족의 법적 범위는 다르지만 둘 다 혈(血)과 연(緣)을 끈으로 하고 있다. 철학자 괴테는 왕이건 농부이건 자신의 가정에서 평화를 찾아낼 수 있는 자가 가장 행복한 인간이라고 했다. 가정은 가족원의 이유 없는 안식처이자 종족보존의 터이다.

가족 간 파열음이 많았던 한 해, 연말을 맞아 한 번 더 생각해보자. 모성애가 지배하는 가정이 되어야 한다. 건강한 가정은 인류의 지속 발전을 위한 전제조건이다. 어머니는 신의 화신이며 모성애는 신이 인간에게 맡겨놓은 신의 성품이라 한다. 동서고금을 막론하고 어머니는 삶에 지친 가족원에게 울타리이자 사랑의 샘이었다.

지난 5월 초 미국 위스콘신 주에 사는 에린 여사는 갑작스런 괴한의 총격으로 3발의 총을 맞고도 두 자녀를 지켜냈다. 네팔 지진 지역에서는 무너지는 건물 잔해 밑에서 자신을 희생하면서 갓난아이를 지켜낸 어머니의 사연이 가슴을 울렸다. 침략자 이토 히로부미를 저격하고 형장에 선 아들 안중근 의사에게 '일제에게 목숨을 구걸하지 말고 당당히 죽으라'고 편지를 보낸 분도 어머니였다. 우리 근대화의 주역도 전천후 어머니의 역동성이었으니 때로 어머니는 애국자이다.

그런데 최초의 살인자 카인의 후예인 까닭일까. 최근 일부 어머니는 그런 아가페적 사랑의 화신과 다른 모습이었다. 통계청에 따르면 작년 한 해 이혼 건수만 11만 5천 건에 이르렀고, 갈라선 어머니 가장들은 생계를 유지하고 가사와 육아까지 도맡아야 했다. 정말 견뎌내기 버거울 것이다.

그렇지만 어린 자녀를 방치하거나, 동반 자살하며 무참히 제 손으로 살해하는 상황은 어떻게 이해해야 할까. 결손가정에 대한 기초적 지원은 물론 우선적인 취업지원부터 고려해보자.

가정교육이 정말 중요하다. 모든 실수와 실패, 시기와 분노, 슬픔과 아픔을 기쁨과 즐거움으로 녹여내는 사랑의 용광로가 가정이고 가족이다. "사랑하는 사이엔 미안하다는 말은 않는 거란다." 영화

<사랑>에 나오는 유명한 대사이다.

그러나 경찰청 자료에 따르면 친족 대상 범죄 건수가 2011년 1만 8,901명에서 2013년 2만 3,654명으로 2년 새 25% 늘었다. 서울시 통계로는 작년 서울에서 학대를 당한 어르신 420명 중 가해자의 40.9%는 아들이었고 배우자(17%), 딸(15.4%), 며느리(5.8%) 등 가족이 대부분이다. 이쯤이면 가족은 가족이 아니다. 둘이 넷이 되는 생물학적 분열도 의미 있지만 건강한 가정은 건전한 사회의 기반이다. 특히 유년시절, 적어도 네 살까지 가정교육과 환경은 인격형성에 절대적인 영향을 준다.

건강한 가정은 개인의 행복을 보장하고 든든한 국가의 기초 체력이 된다. 종종 매스컴에 등장하는 세대 간 갈등양상을 보면 동방예의지국과는 거리가 멀다는 생각이 든다. 다윈식 적자생존 방식이 검증된 사회 발전방법 중 하나이긴 하지만, 이면의 부작용도 냉정히 짚어봐야 한다. GDP가 낮은 나라의 행복지수가 높다는 사실은 국민소득 3~4만 달러가 행복을 보장해주지는 못한다는 반증이다. 돈 없이도 명성과 행복을 누리다간 사람도 많지만 돈 때문에 더 불행해진 주변 상황을 보면 돈이 행복의 충분조건은 아니다.

심리학자 아들러의 지적처럼 미움받을 용기만 있다면 '사랑'으로 가정을 충분히 꾸릴 수 있다. 행복하길 원한다면 행복하게 사는 법을 가르치고 배워야 한다. 행복하려면 수시로 가정의 울타리를 확인하는 노력과 기술이 필요하다.

(2015년 12월 28일, 광주일보)

11. 금연 또다시 도전하자

금년은 담뱃값 80% 인상과 함께 시작됐다. 대폭적 인상시기가 새해 아침과 맞물리면서 많은 흡연인구가 금연 결심에 나섰지만 크게 성공을 거두지는 못한 채 또다시 연말을 맞았다.

금연이 어려운 건 니코틴의 강한 중독성 때문이다. 잘 분해되지 않는 성질을 갖고 있는 니코틴은 혈관을 타고 이동하다 혈관에 전착되면서 고혈압과 심장질환, 뇌질환 등 각종 성인병의 원인이 되기 때문에 세계보건기구(WHO)에서는 1급 발암물질로 분류하고 있다. 또한 담배에 함유된 니코틴은 강한 중독성과 더불어 우리 뇌에 안정감과 만족감을 주는 신경전달물질이기 때문에 담배 끊기가 쉽지 않다.

그렇다면 어떻게 해야 흡연 습관을 변화시킬 수 있을까. 미국 버펄로보건대학원 연구진은 담배 끊기 가장 쉬운 방법으로 과일과 채소를 많이 섭취하라고 권한다. 과일과 채소에 든 풍부한 섬유질은 사람에게 포만감을 주면서 흡연 욕구를 감소시킬 뿐 아니라 채소와 과일은 담배의 맛을 떨어뜨린다고 한다. 과채류를 섭취하는 식습관의 변화 역시 인간의 강한 의지를 필요로 한다. 하지만 입맛은 길들이기 나름이기 때문에 과채류 섭취를 통한 금연은 가장 추천할 만하다.

의도적인 생각이나 의지 없이도 자동적으로 행동하게 되는 습관으로 정착되려면 66일이라는 기간이 필요하다는 영국 런던대 제인 워들 교수팀의 실험 결과가 있다. 금연 습관이 몸에 밸 때까지 작은 실천을 지속하는 시도가 중요하다.

(2015년 12월 29일, 서울신문)

12. 친환경 제설제 개발 서둘러야

갑작스런 한파가 반복되면서 차량사고 및 인명피해가 늘고 있다. 최근에는 지자체 중심으로 신속하게 염화칼슘을 뿌리고 있지만, 제설이 우선인 탓에 그 결과에 대한 우려는 별로 없는 듯하다. 눈이 올 때마다 지속적으로 뿌려지는 염화칼슘은 어디로 사라질까. 환경에 대한 피해는 없을까.

침엽수는 염분이 과다하게 투여되면 잎이 말라 떨어지거나 줄기가 말라 죽는다. 옥수수, 양파, 귤, 피칸, 상추는 염분에 감수성이 심한 식물이다. 영국의 깁스와 부르더킨의 연구에 따르면 '과다한 염분에 의해 식물이 고사하고, 잡곡인 콩은 성장에 장애를 일으킨다'고 한다. 염화칼슘의 차량 등 금속에 대한 부식률이 매우 크다는 것도 알려진 상식이다.

친환경 제설제 개발을 서둘러야 한다. 영국과 미국 등 각국에서 다양한 제설제를 개발 중이지만 상용화에 어려움을 겪고 있다. 특히 음식물 쓰레기를 활용한 친환경 제설제는 식물의 생장에 피해가 가장 적고, 퇴비 효과까지 있는 것으로 나타났다. 개발이 지연된다면 염화칼슘 투입에 앞서 최대한 제설 차량으로 제설하는 것이 우선이라고 본다. 미국처럼 내 집 앞 눈은 내가 치우는 것을 의무로 하고, 각 가정과 사회조직에서는 일손을 멈추고 눈 치우는 일에 동참하는 것이 사회의 총비용 측면에서 유리할 수 있다. 가정용, 대중시설용 제설도구를 대량 생산해 상시 대처할 수 있는 만반의 대비가 필요하다.

(2015년 12월 05일, 서울신문)

13. 1등만이 성공은 아니다

2016학년도 대학수학능력시험이 끝났다. 먼저 그동안 시험준비에 고생한 수험생은 물론 그 가족들에게도 아낌없는 격려의 박수를 보낸다. 적어도 지난 1년간은 수험생과 그 가족 모두에게 똑같은 절제의 시간이었다. 꽃구경, 피서, 단풍놀이 등 휴가는 물론 취미생활과 심지어는 집안에서 TV보는 일도 단념해야 했다.

더욱이 수험생들에게는 계절을 음미한다거나 유행가 등 음악을 듣는 일은 사치였고 노심초사 그야말로 시험이 인생의 전부였다. 마치 인생의 마지막 날처럼 디데이를 정해놓고 헤아려온 날들, 책 외에는 달리 선택지가 없었다.

수능시험 결과로 인생을 가늠하지는 말아야 한다. 아직 결과 발표가 남아 있기는 하지만 시험을 치른 학생들 중 일부는 자신의 노력에 상응하는 결과를 얻지 못할 수도 있다. 시험준비에 투자한 노력과 기대가 큰 수험생일수록 결과에 대한 실망과 낙담이 클 것이다. 심한 경우 마치 인생의 전부가 끝난 것 같은 참담한 생각이 들 수도 있다. 하지만 인생을 보다 길고 넓게 보라고 권하고 싶다.

인생의 경주는 현재 빨리 달린다고 해서 목적지에 먼저 도착하는 단거리 경주가 아니다. 인생은 100미터 경주가 아니라 쉼 없이 자신과 싸우는 마라톤 같은 것이다. 마라톤에서는 초반 1등이 페이스 조절 실패로 처지는 경우가 많아 1등은 2위권 선수들의 페이스 조절 메이커인 셈이다.

생명 탄생의 비밀에도 교훈이 있다. 임신과정에서 난자에 1등으로 도달한 정자가 난자와 수정이 되는 것이 아니고, 사실 1등으로 도달한 정자는 난자를 둘러싼 난구세포를 없애는 과정에서 죽고 2등으로 도착한 정자가 난자와 수정이 되는 것이다. 지금 눈앞의 결과에 얽매여 낙담하거나 체념하지 말자.

인생의 승부는 과정에 숨어 있다. 2014년 노벨물리학상을 수상한 일본의 나카무라 슈지를 보자. 그는 극히 평범한 스펙으로 세계 최고가 된 사람이다. 지방대를 졸업하고 작은 중소기업의 샐러리맨 연구원으로 일하면서 10년간은 매출을 전혀 올리지 못했다. 500번의 수많은 실패에도 그는 멈추지 않는 끈기와 독한 실행력으로 꿈을 현실로 만들었다.

결국 꾸준한 노력이 재능이고 성공에 이르는 첩경임을 입증해주었다. 수험생들이여, 지금 좀 뒤처졌다고 의기소침하거나 포기하지 말자. 현실을 책임감 있게 받아들이고 실수를 디딤돌 삼아 도약을 위한 값진 교훈으로 삼자.

한 차례의 실패를 최후의 패배로 오인하고 좌절하지 않았으면 한다. 결국 성공의 갈림길은 목표의 발견에 있다. 자신의 소질과 적성을 찾아내어 갈고 닦아 예리한 검을 만들어야 한다.

행복을 향한 인생길에서 성취를 위해 비장의 무기 하나쯤은 마련해놓자. 목표를 향해 긴장의 끈을 놓지 말고 노력하는 자세가 중요하다. 1등이 아니라 끝까지 해내는 사람이 성공한 사람이다. 조금은 멀리 돌아가도 그 여정을 즐길 수 있는 자가 성공한 사람이다.

좌절하지 않고 목표를 향해 뚜벅뚜벅 걸어가는 성실함, 그 성실함 속에 인간을 향한 신의 한 수가 숨어 있다. 내가 타인이 아니듯 남도

내가 아니다. 남과 비교하지 말고 자신의 과거와 현재로 나만의 미래를 개척하고 거기서 행복을 누리자.

(2015년 11월 17일, 인천일보)

14. 수능 끝낸 고3, 해방감 누리더라도 사회적 규범 지켜야

2016학년도 대학수학능력시험이 끝났다. 전에는 수능한파라 하여 시험 당일엔 몹시 추웠는데 이번에는 포근한 가운데 치러졌다. 지원자 수가 지난해보다 1,000명 정도 줄어들었지만 적어도 고3 1년간 수험생은 물론 그들 가족에게도 똑같은 절제의 시간이었다. 꽃구경, 피서, 단풍놀이 등 휴가는 물론 취미생활과 심지어 집안에서 TV 보는 일도 단념해야 했다.

아직 수능 발표와 학교별 고사 등 대학에 입학하기까지 여러 절차가 남아 있지만 그들에게는 어느 정도 해방감을 맛볼 수 있는 시기다. 이른바 입시지옥을 탈출해 새로운 세계를 바라보는 그들에겐 벅찬 기대와 희망의 세월일 것이다.

하지만 날기 전에 꼭 기억해둘 것이 있다. 성인에게는 넉넉한 자유만큼이나 책임이 뒤따른다는 점이다.

무한도전의 세계에도 공공의 안녕과 질서 그리고 최대다수의 최대행복을 위한 도덕률이 엄연히 존재하는, 그래서 유토피아가 아닌 엄연한 현실인 것이다. 약간의 일탈이나 해방감을 누릴 수도 있겠으나 사회의 규범을 벗어나서는 안 된다는 사실을 명심해야 한다.

(2015년 11월 13일, 문화일보)

15. 독서로 정신근력 단련하자

독서하기에 좋은 계절이다. 하지만 책 읽기가 생각처럼 쉽지는 않은 게 현실이다. 그렇다면 독서를 자연스럽게 습관화할 수 있는 방법은 무엇일까.

두꺼운 책을 집어 들기보다 신문부터 읽어보자. 신문은 매일 일어나는 새 소식을 담고 있으며 짧은 기사 중심이어서 부담스럽지 않다. 신문을 꾸준히 읽은 아이들의 학업 성적이 그렇지 않은 아이들에 비해 월등히 높다는 조사 결과도 있다. 신문사설이나 칼럼 등의 기사는 국내외 주요사건을 원인부터 결과까지 예리한 시각으로 분석하기 때문에 이를 읽으면 자연히 통찰력과 논리력이 향상된다. 어떤 사건이나 현상에 대해 객관적 관점에서 분석하므로 사물에 대한 균형 잡힌 안목을 갖는 데 도움을 준다. 가정과 사회에서 소통을 위한 얘깃거리도 얻을 수 있다.

우리 사회는 디지털 시대의 정점을 지나고 있다. 디지털기기 없는 하루를 생각하기 어려운 상황이다. 그러나 영상을 보는 것이 아닌

글을 읽은 데 대한 중요성이 부각되고 있다. "오늘날의 나를 있게 한 것은 우리 동네 도서관이었다. 하버드대 졸업장보다 소중한 것이 독서하는 습관이다"고 한 빌 게이츠의 말을 되새겨보자.

독서하기에 더할 나위 없이 좋은 계절이다. 손에서 책을 놓지 않는다는 수불석권(手不釋卷)의 뜻을 되살려 정신을 단련하고 영혼을 살찌우는 풍성한 가을이 되기를 기대해본다.

(2015년 10월 15일, 한국경제)

16. 지혜로운 한가위 대처법

민족의 명절 한가위 추석이 다가온다. '더도 말고 덜도 말고 한가위만 같아라'는 말처럼 가장 손꼽아 기다리는 최대의 잔치지만 한편에서는 '명절'이 아닌 '명절'이 되기도 한다. 명절을 전후해서 스트레스를 많이 받고 가족관계에서 상처를 받는 사람들이 많기 때문에 마음에 멍이 든다는 표현인 것이다.

한 매체에서 추석 연휴기간 염려되는 점에 대한 설문을 한 결과, 남성은 귀성 및 귀경길 교통체증(33.4%)과 추석선물 비용에 대한 부담(21.4%)이 1, 2위로 조사됐다. 여성은 음식 차리기 등의 가사노동(35.4%)과 차례상 비용에 대한 부담(20.4%)이 각각 1, 2위로 나타나 남녀 간에 확연한 인식차를 드러냈다. 이러다 보니 명절에 가짜 깁스는 물론 명절용 창백한 화장을 하기도 한다. 그렇다면 함께 즐겁고 기다려지는 뜻깊은 추석이 되려면 어떻게 해야 할지를 알아보자.

먼저 부부간 함께 계획하고 준비하는 소통이 필요하다. 이번 추석은 어떻게 보낼 것인지 서로 대화해보자. 예산은 어느 정도로 준비하고 선물은 무엇으로 할까, 양가에 며칠씩 머무르며 무엇을 할 것인지 등 보다 구체적으로 얘기해보자. 또한 가정 내에서 상대의 고충을 헤아리고 역할을 분담해 스트레스를 줄이고 진정으로 서로를 이해하자. 역지사지로 상대의 마음을 헤아려 역할을 분담해보자.

이제는 명절에 성차별을 당연시하는 태도를 버려야 한다. 여자라서, 아내이기에, 며느리로서 당연하다는 식의 인식과 태도 말이다. 명절을 지내고 귀갓길에서 '당신 많이 힘들었지, 정말 고생 많았어, 수고했어요' 이렇게 말이다. '말 한마디에 천 냥 빚 갚는다'라는 속담처럼 상대방의 노고를 인정해주고 배려하는 말 한마디가 무엇보다 큰 힘이 된다.

명절증후군은 '가족' 간의 대화와 역할 분담, 그리고 따뜻한 배려와 인정이 치료의 핵심이라는 점을 명심하고 오랜만에 모인 자리에서 마음 편하고 행복한 대화를 나누면서 추석 명절의 의미를 되새겨보자. 동방예의지국이던 이 나라가 이제 '불효자 방지법' 제정을 논하고 있으니 변화하는 세태가 안타까울 뿐이다. 하지만 변화는 모두에게 현실이고 생존방식이기도 하다. 가족 화목과 부부의 정을 돈독히 해 마음이 풍성한 추석이 됐으면 한다.

(2015년 09월 18일, 경남일보)

17. 여름엔 농산어촌에서 힐링을

점점 더워지면서 직장인들은 휴가철 여행지를 고민하고 있다. '힐링'이라는 단어를 떠오르게 하는 시기다. 때맞춰 정부는 69일 만인 지난달 28일 중동호흡기증후군(MERS, 메르스) 사태가 종식됐다고 선언했다. 이에 따라 경제 활동과 문화·여가, 학교생활 등 모든 일상생활을 정상적으로 할 수 있게 되었다.

하지만 전국을 강타한 메르스 여파의 상처는 깊었다. 산업통상자원부에 따르면 6월 대형마트 매출액은 전년 동월 대비 10.2% 감소한 것으로 집계됐다. 스포츠(-23.5%)와 가전문화(-19.4%), 의류(-16.5%), 잡화(-13.9%), 가정생활(-10.9%) 등 전 품목에서 매출이 하락했다. 같은 기간 백화점 매출도 지난해보다 11.9% 줄었다.

특히 기간별로 대형마트와 백화점 매출 동향을 조사한 결과 메르스 발병 초기인 5월 3~4주에는 메르스로 인한 매출 영향이 제한적이었으나 메르스 확산 우려가 높았던 6월 1~2주에 매출이 크게 감소한 것으로 나타났다.

게다가 국민들의 해외여행도 급증 추세다. 지난 2009년 글로벌 금융위기 이후 계속 증가하여 지난해에는 1천600만 명을 넘었다. 올들어서도 5월까지 777만 명이 해외여행에 나서 작년 같은 기간에 비해 22.7% 급증했다. 이런 증가 속도라면 올해는 1천800만 명을 훌쩍 뛰어넘을 것으로 보인다. 올여름 해외여행도 폭발양상을 보여 벌써부터 공항 출국 게이트는 북새통을 이루고 있다.

지난해 해외여행 지출액은 23조 537억 원에 달한다. 해외로 떠나는 여행객의 발길을 10%만 국내로 돌려도 국회를 어렵게 통과한 추가경정예산 11조 6천억 원의 19.8%에 달하는 2조 3천억 원 상당의 내수진작 효과가 있다. 이는 내수진작에 마중물이 될 수 있는 적지 않은 금액이다.

사실 직장인에게 휴가는 일상에서 벗어나, 육체적·정신적인 휴식과 생활의 활력을 재충전할 수 있는 기회이다. 그렇기에 휴가는 매우 중요한 일이다. 그런데 휴가를 잘 보내는 것도 쉽지 않다. 경제적인 부담, 북적거리는 바닷가 그리고 교통지옥, 가뭄지역 농가에 대한 미안함 등으로 눈치만 보고 있는 실정이다. 이럴 땐 농산어촌이 최고다.

8월은 나무들이 몸에 좋은 피톤치드 작용을 가장 왕성하게 하는 계절이다. 피톤치드 작용은 몸속의 피를 맑게 하고 노폐물을 배출시킬 뿐 아니라 항생·혈압강화·이뇨·거담·통변작용 등에도 큰 효과가 있는 것으로 알려져 있다. 침체된 내수경기를 회복시키고 해외여행 지출액을 경감하기 위한 방안으로 농산어촌에서의 여름휴가 보내기를 권장한다. 이는 어려움에 처한 농어촌에도 도움이 된다.

신선한 우리 농산물로 만든 음식을 맛보며 넉넉한 인심과 자연을 덤으로 즐길 수 있다. 자연이 주는 느긋함과 여유로움은 과격하고 조급한 요즘 학생들의 인성교육에도 도움이 된다. 그야말로 농어촌은 살아 있는 생생한 교육장이다. 독특한 농촌체험과 향토음식도 맛볼 수 있어 어른들에게는 향수를, 아이들에게는 자연체험을 통한 정서함양과 소중한 추억 만들기에도 제격이다.

농산어촌이라는 공간은 농림어업인만의 것은 아니다. 전 국민의 휴양공간이자, 우리의 생명만큼이나 소중한 것들의 모음이다. 앞으로 도시와 농산어촌은 도농교류를 통해 같이 발전해야 한다. 이것이 국가 균형발전의 토대가 된다. 이를 통해 국내 휴가문화를 활성화하고 발전시키는 발판의 계기로 삼았으면 한다.

(2015년 08월 03일, 중부매일)

18. 부부사랑도 재건축이 필요하다

매년 5월 21일은 부부의 날이다. 부부의 날은 '둘(2)이 하나(1)가 된다'는 뜻이다. 핵가족 시대 가정의 핵심인 부부관계의 소중함을 일깨우고 부부가 화목해야만 청소년 문제·고령화문제 등 각종 사회문제를 해결할 수 있다는 생각에서 출발한 법정기념일로 2007년 5월 대통령령에 의거 공포됐다. 하지만 우스갯말로 부부가 30대에는 마주 보고 40대에는 천장 보고 50대에는 등지고 자고 60대에는 어디서 자는지 모른다는 이야기가 있다. 세월이 지나면서 부부간의 정이 점점 더 소원해지고 무관심해져 가는 세태를 풍자한 말이다.

고마운 일, 능동적으로 찾을 때 더 생겨

불화의 근원은 '말'이다. 통계청이 발표한 2014년 이혼통계에 따르면 우리나라 이혼 건수는 11만 5,000여 건이다. 원인은 성격차이가 44.6%, 경제문제가 11.3%, 그리고 정신적·육체적 학대와 가족 간 불화 및 기타가 33.5%로 나타났다. 가장 큰 원인이 되는 성격차 이란 도대체 무엇일까. 결혼 적령기가 되도록 다른 가정에서 자란 타인들끼리 만나 한집에서 매일 사는데 어쩌면 성격이 맞는 게 이상한 것 아닌가. 그래서 처음 꺼내는 말부터 조심해야 한다. 갈등과 반목을 사전에 막고 행복한 부부 사이를 가꾸기 위해서는 험담을 삼가고 칭찬과 인정의 말로 입맞춤부터 잘해야 부부 사랑도 재건축이 가능하다.

가까운 사람에게 받은 상처일수록 더욱 오래가는 법이다. 비난과 경멸 등 험담은 아예 입 밖에 꺼내지 않도록 미리 연습하자. 말 때문에 부부가 평생 씻을 수 없는 상처를 입을 수도 있다. 특히 부부간에는 서로 잘 알기 때문에 나중에 치유하려 해도 쉽사리 아물지 않는다. '혀(舌) 아래 도끼 들었다'는 속담이 공연히 생겨난 것이 아니다. 자기가 한 말 때문에 곤경에 처하는 것은 물론이고 실제 죽음을 당하는 경우도 있었기에 이러한 속담이 생겨난 것이다. 부부지간에도 화날 때일수록 신중하게 말을 해야 뒤탈이 적다.

더불어 칭찬과 인정, 그리고 따뜻한 격려의 말은 자주 주고받자. '칭찬은 귀로 먹는 보약'이라고 한다. 칭찬에 인색하거나 주저 말자. 당연시 여기는 태도를 줄이고 감사의 마음은 그때마다 전하자. 감사하는 마음을 기르려면 일상의 사소한 일에서부터 감사할 일을 찾아봐야 한다. 감사할 일을 찾다보면 감사할 일이 더 많이 눈에 띈다. 감사란 그냥 저절로 느껴지는 것이 아니며 선택해야 하는 것이고 배우면서 훈련해야 하는 것이다. 감사란 고마워하기를 선택한 사람만 느낄 수 있는 의도적인 감정이다. 오늘, 지금, 그리고 즉시 가족에게 감사할 일 하나를 찾아 반드시 전해보자.

'부부의 날' 맞아 칭찬·격려를

부부 사랑도 재건축이 필요하다. 내가 좋다고 상대방도 다 좋을 수 없다는 것은 긴 세월 같이 살아봐서 서로 잘 안다. 천국에서 가장 많이 쓰는 말은 '사랑해요·고마워요·잘했어요'라고 한다. 가정의 행복과 부부의 사랑을 만드는 것은 물질만이 아니다. 한마디의 험담이 돌이킬 수 없는 파국을 자초하고 칭찬의 언어가 부부의 사랑을 지속시켜줄 수 있다. 중요한 것은 누가 먼저 사랑이 담긴 아름다운 한마디 말을 전할 것인가에 있다. 탈무드에 '부부가 진정으로 서로 사랑하고 있으면 칼날 폭만큼의 침대에서도 잠잘 수 있지만 서로 반목하기 시작하면 10m나 폭이 넓은 침대도 너무 좁아진다'는 말이 있다. 부부의 날을 즈음해 칭찬과 격려의 말로 비좁은 갈등과 반목의 침대가 넉넉한 사랑과 행복의 금실침대가 됐으면 한다.

(2015년 05월 19일, 서울경제)

19. 아이의 질문을 칭찬하고 격려하자

세상의 모든 부모는 아이들이 인생에서 성공하기를 바란다. 그렇다면 누구나 소망하는 성공은 어떻게 가능할까? 그 실마리를 유대인의 교육법에서 알아보자.

전 세계 인구의 0.2%에 불과하지만 역대 노벨상 수상자의 26%, 노벨과학상 수상자의 60%를 배출한 민족이 유대인이다. 유대인들이 노벨상을 많이 탄 이유는 첫째, 어려서부터 가정에서 부모에게 끊임없이 질문하고 대화를 많이 한다는 점이다. 어른이 생각했을 때 '쓸데없는 것'이라고 판단되는 게 있을 수도 있고, 그 궁금증이 지나쳐서 짜증이 날만도 한데 바쁜 와중에도 아이가 질문하면 하던 일을 멈추고 눈을 맞추며 인내심을 갖고 대화를 한다. '엄마 지금 바쁘잖아, 좀 조용히 하고 기다려!'라는 말은 유대인 가정에서 절대 들을 수 없다. 둘째, 학교에서도 질문을 많이 하라고 장려한다. 많은 유대인 가정에서는 아이가 학교에서 돌아오면 늘 '오늘 공부시간에는 선생님에게 무슨 질문을 했니?'라고 묻는다. '질문하지 않으면 유대인이 아니다'라는 속담처럼 그들이 노벨상을 휩쓰는 이유가 항상 궁금증을 가지고 질문하기 때문이라는 노르웨이 출신 노벨 물리학자 게이바 교수의 말이 본질을 꿰뚫는 명답이다.

한국의 어머니라면 어떻게 했을까? 막연하게 '학교에서 공부 잘 했니?', '선생님 말씀 잘 들었어?'라고 물을 것이다. 우리는 선생님이나 부모님이나 아이의 질문을 귀찮게 여기는 경우가 많다. '선생님 말씀 잘 들었느냐?'는 말은 남들이 만들어놓은 지식과 해답을 꼬박꼬박 외우고 잘 따라 했는지를 확인하는 물음이다. 하지만 우리라고 질문의 중요성을 모를 리 없다. 추사 김정희 선생은 제주도 유배시절, 대정향교의 유생 공부방인 동재에 '의문당(疑問堂)'이라는 현판을 써줬다. 스승의 말을 듣고 그냥 따르는 것이 아니라 항상 마음속에 의문을 품으며 학문에 정진하라는 가르침이다.

누구나 어렸을 때에는 어른들에게 많은 질문을 했다. 꼬치꼬치 캐묻다가 야단도 맞았다. 그런데 학교에 가면 묻는 것은 선생님 몫이고, 아이들은 대답해야 한다. 주눅이 든 아이들은 질문하는 버릇을 잃게 된다. 더 묻지 않아도 살아가는 데 큰 어려움이나 불편을 느끼지 못하면서 차차 어른이 된다. 아무것도 모르는데 남들이 다 알고 있는 것 같으니까 자기도 안다고 여기면서 나이를 먹어가는 것이다.

이제 우리도 유대인의 노벨상 수상을 부러워만 할 일이 아니다. 교훈으로 삼아 생활 속에서 실천해보자. 먼저 아이들에게 질문하는 습관을 길러주고 인내하며 대화하자. 질문은 뇌세포를 자극해 창의성을 샘솟게 한다. 만일 누군가에게 어떤 방법을 가르쳐주면 한 가지 문제밖에 해결할 수 없지만, 창의적으로 스스로 해결책을 찾는 법을 가르쳐주면 계속해서 기억하고 사용할 수 있다. 더불어 자녀의 질문에 칭찬하고 격려하자. 아이들이 귀찮게 질문한다고 나무라는 것은 잘못이다. 그것은 마치 숨을 쉬거나 생각을 한다고 나무라는 것이나 마찬가지다. 질문을 하고 남과 다른 생각을 하는 자녀를 칭찬하고 격려하는 것이 창의적인 인물로 키우는 방법이고 성공으로 인도하는 길이다. 이 문화가 습관이 된다면 머지않아 우리도 노벨상 수상자를 연이어 배출하리라 확신한다.

(2015년 05월 15일, 경인일보)

20. 누구든 '乙'일 수 있다

최근 우리 사회의 갑을 논쟁이 뜨겁다. 최근 한국언론진흥재단의 설문조사에 따르면 우리 국민 100명 중 95명은 한국 사회에서 이른바 '갑질' 문제가 심각하다고 생각하는 것으로 나타났다. 95%의 응답자는 '한국이 다른 나라보다 갑질 문제가 더 심각하다'는 데 매우 동의(44%)하거나 동의하는 편(51%)이라고 답했다. 이 같은 조사결과에서 볼 수 있듯, 우리 국민들은 한국에서 갑질이 유독 심각하고 사회 모든 계층에 만연한 고질적 병폐로 실감하고 있다.

갑질이 위험한 것은 무엇보다 을의 분노가 공동체의 근본을 위협하고 해칠 수 있다는 점에서 문제의 심각성이 있다. 우리의 사회질서를 흔드는 갑질 논란을 풀 수 있는 해법을 고민해보자.

먼저, 갑을관계란 확고부동하게 절대적으로 불변하는 것이 아니라 일시적이고 상대적이라는 점을 인식하자. 영원한 갑도 영원한 을도 있을 수 없다.

둘째, 나를 미루어 남을 생각하는 추기급인(推己及人)의 마음이 필요하다. 만약 자신이 을의 입장에 선다면 갑이 어떻게 해주길 바랄 것인가를 자문하고 성찰해보자. 분명 따뜻한 시선과 말 한마디 그리고 배려를 기대할 것임이 분명해보인다.

셋째, 상호이익을 바탕으로 한 공존하는 구조를 만들어보자. 촌락으로 시작한 로마는 정복사업으로 권역이 확장되면서 거대제국으로 변모했다. 이런 상황에서도 로마가 세계의 패권과 함께 장기간의 안정을 유지할 수 있었던 것은 피지배 민족들과 상호이익을 바탕으로 공존하는 구조를 만들었기 때문이다.

넷째, 공동체의식의 회복이다. 사회는 혼자 살아갈 수 없다. 하지만 과거 공동체중심의 농촌사회와는 달리 개인의 이익만을 위해 행동하는 사회적 분위기 때문에 다른 사람을 배려하는 여유가 없는 것도 엄연한 현실이다.

시대의 고금을 넘어 지금도 유럽사회의 근간을 유지하고 묶어주는 시대정신으로 '노블레스 오블리주'가 있다. 우리 선조에게서도 이런 훌륭한 모습은 얼마든 찾아볼 수 있다. 경주 최부잣집 사례와 구례 운조루 정신이 그것이다.

구례의 고택 운조루에는 유명한 뒤주가 있다. 뒤주에는 타인도 능히 열 수 있다는 의미의 '타인능해(他人能解)'라는 네 글자가 쓰여 있다. 뜻 그대로 형편이 어려운 마을 사람은 누구라도 와서 뒤주 속 쌀을 퍼갈 수 있었다. 일 년 수확 중 20%의 쌀을 뒤주에 채워 넣는데 만일 뒤주가 비워 있으면 하인들이 꾸중을 들었다. 또한 운조루의 굴뚝에서도 타인에 대한 배려를 찾을 수 있다.

이 집은 다른 집에 비해서 굴뚝이 아주 낮다. 굴뚝이 높아야 연기가 솔솔 잘 빠지는데도 불구하고 이를 낮게 설치한 것은 밥하는 연기가 높이 올라가지 않도록 하기 위해서다. 밥을 굶고 있는 사람들이 부잣집에서 올라가는 굴뚝 연기를 보면 자연히 증오와 질투가 생길 수밖에 없기 때문이다.

부자나 권력층들이 살던 우리나라 고택 대부분이 민란이나 전쟁에 의해 거의 불탔다. 하지만 동학과 여순 반란사건, 한국전쟁의 치열한 현장인 지리산에 위치해 있으면서도 운조루 고택은 온전했다.

마을 사람들 스스로 지켰기 때문이다. 일찍부터 노블레스 오블리주를 실천한 주인마님의 대상은 더불어 함께 살기였다.

이처럼 사람은 받으면 주려고 한다. 상호성의 법칙은 어떤 사람이 우리에게 호의를 베풀면 결코 공짜가 아니라 상대도 그에 상응하는 호의로 갚아야 할 빚으로 받아들인다.

혼자 가면 빨리 가지만 같이 가면 멀리 갈 수 있다. 결국 현재의 갑과 을 모두는 사업의 협력 파트너이자 존중할 동반자이며 공존할 운명공동체임을 명심하자. 나아가 모두는 서로가 서로를 위해 부단히 가꾸어 나가는 고마운 존재일 따름이다. 가까이 있는 사람들부터 행복하게 해주자. 그러면 멀리 있던 사람들도 당신을 찾아올 것이다.

(2015년 02월 11일, 중부매일)

21. 100세 시대, 치매에 대한 인식 바꾸자

암보다 더 무서운 것이 치매라고 한다. 특히 어르신들은 죽음보다 치매를 더 두려워한다. 몸은 살아 있는데 심리적인 자기 존재가 사라진다는 불안 때문이다. 보건복지부의 '2012년 치매 유병률 조사' 결과에 따르면 2012년 65세 이상 노인의 치매 유병률은 9.18%로 환자 수는 54만 1,000명으로 추산한다. 급속한 고령화로 치매 유병률은 계속 상승해 환자 수도 2030년에는 약 127만 명, 2050년에는 약 271만 명으로 매 20년마다 2배씩 증가할 것으로 추산된다.

치매환자 급증이 심각한 사회적 문제로 대두되고 있는 지금 우선 치매 관련 질환의 비용에 대한 인식을 달리해야 한다. 직접치료 비용은 2010년 기준 8,100억 원이며, 1인당 총 진료비는 연간 310만 원으로 5대 만성질환 중 최고치를 기록하고 있다. 사회·경제적 비용을 포함한 국가 총 치매비용은 10조 원이 넘는 것으로 추산된다. 게다가 10년마다 두 배로 늘어나는 추세다. 환자 본인의 고통은 물론 가족과 사회의 틀을 넘어 국가 전체적으로도 큰 손실이 아닐 수 없다.

더 큰 문제는 이로 인한 질병 빈곤층이 늘고 있다는 사실이다. 대한치매학회 조사에 따르면 간병인 27%는 간병 부담으로 직장을 그만두고, 51%는 일하는 시간을 줄이는 등 78%가 간병 부담이 심각한 것으로 나타났다. 가족이 치매 환자를 도맡아 보호·관리하는 방식에서 벗어나야 한다는 얘기다. 그런데도 전체 치매환자의 절반가량이 병원치료를 받지 못하는 것으로 알려지고 있다.

치매문제를 해결하기 위해 개인 차원에서는 규칙적인 유산소운동, 사회봉사활동을 통한 정서순화 등이 좋다. 특히 꾸준한 독서와 글쓰기 활동만으로도 치매를 20% 정도 예방할 수 있다. 독서를 하지 않으면 치매 발병 확률이 4배나 높아지는 것으로 나타났다. 둘째, 치매의 여러 발병 원인 중 하나로 스트레스가 꼽힌다. 평소 가족 간에 '사랑합니다'라는 말을 자주 하고 꼭 껴안아주는 것도 쉽게 실천할 수 있는 방법의 하나다.

가족의 부담을 줄이고 더 많은 치매 환자가 정부의 간병보호를 받을 수 있도록 노인장기요양보험의 등급판정 기준을 완화하는 것도 중요한 부분이다.

(2014년 09월 30일, 매일경제)

22. 호국보훈의 깊은 뜻을 기리자

6월은 호국보훈의 달이다. 전국각지의 충혼탑, 충절비가 더욱더 경건하게 느껴지는 이유다. 우리나라가 지정학적인 이유로 수많은 외세침략이 있었음에도 불구하고 역사를 이어온 것은 옛 선조들과 선열들의 강한 호국정신이 있었기 때문이다.

따라서 현재 우리가 누리고 있는 평화와 풍요는 순국선열들의 숭고한 희생정신의 결과임을 명심해야 한다. 호국보훈의 달을 맞아 헌신하신 선열들의 희생정신을 다시 한번 상기하며 후손들의 시대적 사명을 다시 생각해야 한다.

요즘 우리 세대에 통일을 볼 수 있을 것이라는 희망이 멀어져가는 느낌을 지울 수 없다. 오히려 천안함 피폭과 연평도 해전, 근래 북한의 미사일 발사 실험과 개성공단 철수 등으로 북한과의 긴장감과 위기감만 증폭되고 있다.

이처럼 시대가 변화해도 국가의 안보는 변함없이 중요함을 인식, 확고한 안보관의 재정립이 긴요하다. 더불어 국가 희생자들에 대한 로마인과 미국인들의 호국보훈 정신을 타산지석의 교훈으로 삼아야 한다.

로마인들은 공동체를 위해 싸우다 목숨을 잃거나 포로가 된 병사들을 망각하는 것은 도리가 아니라고 생각했다. 또 수십 년이 지나더라도 전쟁포로를 찾아 본국으로 귀환시키는 일을 국가의 의무라고 여겼다. 이처럼 조국을 위해 희생한 사람을 절대로 잊지 않는 전통은 로마사회의 강건함을 유지한 덕목이었으며, 지금까지도 미국 등 서방 선진국에 이어져 내려오고 있다.

미국은 자국 포로나 실종자의 유해를 찾아올 수 있다면 지구 끝까지라도 가는 노력을 보이고 있는 것은 잘 알려져 있다. 유해확인센터에는 인류학자와 치의학 전문가, 부검의를 포함해 200여 명에 이르는 전문가들이 참여해 체계적으로 유해발굴 및 확인작업을 벌이고 있다.

이런 작업 결과 1941년 일본군의 진주만공습 때 사망했던 미군의 유해가 60년이 지난 후 신원이 밝혀지기도 했고, 한국전쟁 당시 실종됐던 미군의 유해를 찾기 위해 북한에서 작업을 벌이기도 했다. 심지어 베트남전쟁에서 전사한 국군장교의 유해가 우리나라로 인도되는 경우도 있었다. 유해확인센터 건물에는 "우리는 당신들을 영원히 잊지 않을 것이다"라는 글귀가 새겨져 있다.

이런 점에서 우리나라는 크게 대비된다. 신성한 국방의 의무라는 명분하에 국가를 위해 희생한 사람들에 대한 의무감이 희박하다. 베트남 전쟁에서 전사한 사람의 유해는 사실상 방치된 상태고, 심지어 한국전쟁 때 포로가 된 국군병사의 귀환문제도 무성의하다. 전사자의 유해를 적극적으로 찾기는 고사하고 살아 있는 포로에 대해서조차 관심과 노력을 기울이지 않는 국가가 건전하게 유지되기는 어려울 것이다.

'Freedom is not free'라는 말처럼 자유는 그냥 거저 얻어지는 것이 아니다.

민주주의 국가를 만들기 위해 희생했던 사람들에 대한 감사와 존경 없이 나라의 번영이 지속되기는 어렵다. 공동체와 국가에 대한 충성심은 희생자에 대한 인정과 충분한 보상에서 비롯된다는 사실을 명심하고 다시 한번 되새기는 호국보훈의 달 6월이 되었으면 한다.

(2014년 06월 09일, 헤럴드경제)

23. 여보, 사랑해!

배우자란 '배우자한테 배우자'란 뜻이라고 한다. 오는 21일은 부부관계의 소중함을 일깨우고 화목한 가정을 만들어가자는 취지로 제정된 법정기념일인 부부의 날이다.

통계청이 발표한 2012년 이혼통계 자료에 따르면, 우리나라 이혼 건수는 11만 4,000건으로 나타났다. 이혼부부의 평균 혼인 지속기간은 13.7년이며 혼인 지속기간 20년 이상 이혼(26.4%)이 4년 이하 이혼(24.7%)에 비해 처음으로 많았다. 또한 세계 각국의 이혼율 순위도 1위 미국, 2위 스웨덴, 3위가 한국이다. 이 같은 통계가 보여주듯 가정의 근간인 부부간의 가족관계가 붕괴하고 있다. 그렇다면 가정을 행복하게 유지하는 최선의 방법은 무엇일까를 고민해보자.

첫째, 내가 먼저 사과하자. 대부분의 경우, 부부간에 '미안하다'는 말을 거의 하지 않거나 하더라도 아주 가끔 한다. 사과한다고 해도 마지못해 퉁명스럽게 하는 경우가 많다. 사람들은 상대방의 잘못보다는 그 잘못에 대해 사과할 줄 모르는 태도에 더 분노하는 경향이 있다. '미안하다'는 말은 사랑하는 사람들끼리 주고받아야 할 가장 중요한 말 중 하나이다. 하지만 먼저 사과하는 것이 말처럼 쉽지 않다. 그 까닭은 사람들은 사과하는 것이 자신의 과오를 인정하는 것이고, 과오를 인정하면 상대방에게 지는 것이라고 생각하기 때문이다. 즉, 사람들이 사과하지 못하는 가장 큰 이유는 지기 싫어서, 다시 말하면 자존심을 잃고 싶지 않기 때문일 것이다. 나빠진 관계를 회복할 방법 중 가장 효과적인 것은 누군가가 먼저 사과하는 것이다. 이왕 사과하려면 공개적으로 그리고 가능한 한 빨리 하는 것이 좋다. 변명은 나중에 하고 일단 사과부터 먼저 하자.

아울러 당연시 여기는 태도를 감사의 마음으로 바꿔보자. 또한 가끔은 마지막이라는 생각으로 가족들을 바라보자. 다시는 못 만날 사람처럼 바라보면 모든 것이 다르게 느껴진다. 그동안 무심코 넘겼던 가족들의 웃음, 잔소리나 부탁이 완전히 새롭게 느껴진다. 내일 당장 다시는 가족을 만나지 못할 거라고 상상해보자. 그게 사실이라면 우리가 지금처럼 생각하고 행동할까? 그리하여 그동안 잊고 지낸 감사함을 찾아보자.

감사하는 마음을 기르려면 일상의 사소한 일에서부터 감사할 일을 찾아봐야 한다. 그동안 당연시 여겼던 일 중에서 감사할 일들을 찾아보자. 감사할 일을 찾다보면 감사할 일이 더 많이 눈에 띈다. 감사란 그냥 저절로 느껴지는 것이 아니며 선택해야 하는 것이고, 배우면서 훈련해야 하는 것이다. 감사란 고마워하기를 선택한 사람만 느낄 수 있는 의도적인 감정이다.

감사 쪽지를 남기고 전화를 걸자. 음성이나 문자 메시지를 남기고 이메일을 보내보자. 당연하게 여기지 말고 감사를 표현하자. 작은 일에 감사하는 습관을 들이면 더 크게 감사할 일들이 일어난다. 오늘, 지금, 즉시 가족에게 감사할 일 하나를 찾아 반드시 전해보자.

이 세상에서 가장 차가운 바다는 '썰렁해!'이고, 가장 따뜻한 바다는 '사랑해!'라는 유머처럼 말이다.

(2014년 05월 08일, 경남도민일보)

24. 고전(古典) 모르면 고전(苦戰)한다

우리나라 인구 10명 중 3.5명은 1년에 책을 한 권도 읽지 않는다는 문화체육관광부의 '2010년 국민 독서실태 조사' 결과가 있다. 독서율 또한 65.4%로 점점 줄어들고 있으나 전자책 이용자는 상대적으로 늘고 있는 것으로 나타났다. 비록 생활의 이기인 디지털이 시대의 흐름이지만 안타까운 현상이다.

동서고금을 넘나들면서 축적된 인간의 지혜와 삶의 철학을 가르치는 고전(古典)의 깊이와 너비를 사색하다 보면 손에서 책을 놓을 수 없을 것이다. 최첨단 디지털시대에 왜 다시 '고전'인가?

먼저 고전은 그 가치와 생명력이 검증된 책이다. 짧게는 100∼200년, 길게는 1,000∼2,000년 이상 살아남은 책이 고전이다. 한 시대를 반짝 풍미하는 책을 내기도 어려운데 이처럼 수백 년, 수천 년의 생명력을 가진 책이라면 분명히 독자를 사로잡는 핵심 콘텐츠가 있는 것 아니겠는가. 고전의 경쟁력은 바로 그것이다.

둘째, 과거와 단절된 미래는 없다. 과거에 새것을 덧입히면 미래가 된다. 과거와 현재를 알아야 미래에 대한 보다 정확한 예측도 가능하다. 비록 과학기술은 끝없이 발전하겠지만, 인생의 진리는 예나 지금이나 별반 차이가 없다는 점이다.

그런 의미에서 고전은 오늘날에도 여전히 유효하며 거의 정확히 들어맞는 읽고 또 읽어야 하는 책이 아닐까 한다.

셋째, 고전에서 인간의 통찰과 영감을 얻을 수 있다. 그야말로 고전은 인류의 역사를 새로 쓴 진정한 천재들이 자신의 모든 정수를 담아 놓은 책이다. 이들이 쓴 문장 뒤에 숨은 통찰을 깨닫는 순간 두뇌는 지적 쾌감의 정점을 경험하고 영감을 얻게 된다.

지금은 산업부문 간 장벽이 무너지고 기술이 융복합화하는 창의력 경쟁의 시대다. 책을 읽지 않는 국민이 국격을 논할 수 없다.

과거를 거울삼아 오늘을 성찰하고 미래를 예지하는 삶의 지혜를 발견하는 것이 진정한 고전을 읽는 보람과 가치일 것이다. 지금 당장 고전을 펼쳐보자. 우리의 내일은 벌써 달라질 것이다.

(2014년 02월 13일, 경남도민일보)

25. 금연계획, 주위 사람에 알리자

새해를 맞으면 누구나 한두 가지의 계획을 세우게 된다. '금주·금연을 하겠다' 혹은 '체중을 줄이겠다', '아침 일찍 일어나 운동을 하겠다' 등등. 하지만 안타깝게도 이런 결심들은 대개 작심삼일, 용두사미식으로 무산되는 경우가 많다.

2010년 포커스리서치의 조사결과에 따르면 '연초 계획했던 일들이 얼마나 잘 지켜지고 있는가'라는 질문에 '전혀 지키지 못하고 있다'가 15.6%, '지키지 못하는 편이다'는 49.0%로 응답자의 3분의 2 정도가 연초 계획을 지키지 못하는 것으로 응답했다.

이처럼 계획을 세우고 실천으로 옮기는 것이 말처럼 쉽지 않은 것이 현실이다. 그 이유는 본인 스스로 절실히 원해서라기보다는 가족 등 주변 사람들의 강요나 바람에 떠밀려 어쩔 수 없이 계획을 세우는 경우가 많고, 더욱이 왜 이것을 하는지, 어떻게 달성할 것인지가 명확하고 구체적이지 못하기 때문이다. 그렇다면 연초계획을 실천해 달성할 수 있는 효과적인 방법은 무엇일까.

첫째, 실현 가능한 목표여야 한다는 점이다. 알코올 중독자 자조 모임인 금주동맹의 기본 강령 중 하나는 '오늘 하루만(Just For Today)' 금주하기이다. 영원히 금주해야 한다는 각오는 부담이 너무 커서 오히려 금주계획을 포기하게 만들 수 있다는 것이다. 큰 목표를 달성하려면 반드시 실현 가능한 수준으로 단계를 나누고 점진적으로 공략할 필요가 있다.

둘째, 많은 사람들에게 선언하고 공개하자. 금연을 시작하는 그 순간부터 가까운 사람들에게 가능한 한 널리 알리자. 특히 잘 보이고 싶은 사람이나 체면을 지켜야 되는 사람 앞에서 공개적으로 선언하자. 이러한 사람들 앞에서는 누구나 자기 말에 책임을 더 지려 하기 때문이다.

셋째, 기록하여 붙여놓자. 자주 보고 쉽게 눈에 띄는 냉장고 문 앞이나 책상, 컴퓨터 모니터, 자동차 핸들 그리고 손바닥 등에 자신의 결심을 적어놓자. 그러면 각오가 약해지고 흔들릴 때 목표를 재차 확인하고 마음을 다잡는 데 도움이 될 수 있을 것이다.

많은 사람들은 계획이 실패하면 좌절감으로 실망할까 두려워 연초계획 자체를 세우지 않는 경우도 있다. 하지만 만약 작심삼일로 끝나면 3일간의 계획을 다시 세우면 되고, 작심삼일에서 벗어나고 싶다면 계획이 무산되는 이유와 대안을 다시 한번 찾아보자. 패자는 '언젠가 거기'에서 시작하겠다고 계획만 세우지만, 승자는 '지금 여기'에서 곧바로 실천한다.

연초가 목표설정에 가장 좋은 시점은 아니다. 삶에는 리허설이 없다. 그러니 '지금'보다 좋은 때는 없다. 목표설정은 타이밍이 아니라 결단이다. 본인의 건강을 위하여 연초에 금주, 금연 또는 운동을 계획하고 자기발전을 위한 목표를 하나쯤 세워보자. 당단부단(當斷不斷)하면 반수기란(反受其亂)이라 했다. 마땅히 끊어야 할 것을 끊지 아니하면 그 어지러움을 받게 된다. 결단을 내려 잘라야 할 때 단행하지 않고 자르지 않으면 훗날 반드시 재앙과 화를 받게 된다는 얘기다.

우리 모두 새해에는 실천 가능한 계획을 세워보자. 그리고 변명과 핑곗거리를 찾지 말고 집요하게 목표에서 눈을 떼지 말자.

(2014년 01월 22일, 헤럴드경제)

26. 연초 계획이 작심삼일로 끝나지 않게 하려면

갑오년 새해가 밝았다. 새해를 맞으면서 누구나 한두 가지 계획을 세운다. 금주, 금연, 체중조절, 운동실천 등등. 하지만 안타깝게도 이런 결심들은 대부분 작심삼일로 끝난다.

한 여론조사 기관의 조사에 따르면 '연초 계획한 일들이 얼마나 잘 지켜지고 있는가?'라는 질문에 '전혀 지키지 못하고 있다' 15.6%, '지키지 못하는 편이다' 49.0%로 응답자의 65%가 연초 계획을 지키지 못하는 것으로 나왔다. 반면 '지키는 편이다' 32.0%, '계획대로 잘 지키고 있다' 3.4%로 35%는 연초 계획을 지키고 있는 것으로 나타났다.

계획을 세우고 실천에 옮기는 일은 말처럼 쉽지 않다. 스스로 절실히 원해서라기보다 가족 등 주변 사람들의 강요나 바람에 떠밀려 계획을 세우는 경우가 많고 더욱이 왜 이것을 하는지, 어떻게 달성할 것인지가 명확하고 구체적이지 못하기 때문이다. 그렇다면 연초 계획을 실천하여 달성할 수 있는 방법은 뭘까?

첫째, 실현 가능한 목표를 세우라. 알코올 중독자 자조 모임인 금주동맹의 기본 강령 중 하나는 '오늘 하루만(Just For Today)' 금주하기다. 영원히 금주해야 한다는 각오는 부담이 너무 커서 오히려 계획을 포기하게 만들 수 있다. 큰 목표를 달성하려면 반드시 실현 가능한 수준으로 단계를 나누고 점진적으로 공략해야 한다.

둘째, 많은 사람들에게 선언하고 공개하라. 금연을 시작하는 그 순간부터 가까운 사람들에게 가능한 한 널리 알리자. 특히 잘 보이고 싶은 사람이나 체면을 지켜야 되는 사람 앞에서 공개적으로 선언하면 효과가 크다. 뭔가 해낸 다음 상대를 깜짝 놀라게 해주려 하지 말고 결심을 했으면 시작했다는 사실부터 공개하는 것이 좋다.

셋째, 기록하여 붙여놓으라. 자주 보고 쉽게 눈에 띄는 냉장고 문이나 책상, 컴퓨터 모니터, 자동차 핸들 그리고 손바닥 등에 자신의 결심을 적어놓자. 각오가 약해지고 흔들릴 때 목표를 재차 확인하고 마음을 다잡는 데 도움이 될 수 있다.

많은 사람들은 계획이 실패하면 좌절감이 클까 두려워 연초 계획 자체를 세우지 않는 경우도 있다. 하지만 작심삼일로 끝나면 삼일간의 계획을 또 세우면 된다. 작심삼일에서 벗어나고 싶다면 계획이 무산되는 이유와 대안을 찾아보라. 패자는 '언젠가 거기'에서 시작하겠다고 계획만 세우지만 승자는 '지금 여기'에서 곧바로 실천한다. 새해를 맞아 구체적이고 실천 가능한 계획을 세워 꼭 성취의 기쁨을 느껴보자.

(2014년 01월 22일, 국민일보)

27. 노인치매 함께 극복해보자

옛말에 '긴 병에 효자 없다'고 했다. 우리 사회가 급속히 고령화되면서 급증하고 있는 '치매'가 그렇다. 보건복지부에 따르면 2012년 치매환자는 53만 명으로 최근 4년 사이 10만 명 이상 늘었고, 2025년이면 100만 명이 넘을 것으로 전망했다. 명절에 부모를 찾아뵈면 한 번쯤 염려하게 되는 치매, 미래 우리 자신의 모습을 생각하며 대안을 고민해보자.

치매관련 질환의 비용에 대한 인식을 달리해야 한다. 직접 치료비용은 2010년 기준 8천100억 원이며 1인당 총 진료비는 연간 310만 원으로 5대 만성질환 중 최고치를 기록하고 있다. 사회 경제적 비용을 포함한 국가 총 치매비용은 지난해 10조 원이 넘는 것으로 추산되고 있다. 게다가 10년마다 두 배로 늘어나는 추세다. 환자 본인의 고통은 물론 가족들과 사회의 틀을 넘어 국가 전체적으로도 큰 손실이 아닐 수 없다.

더 큰 문제는 이로 인한 질병 빈곤층이 늘고 있다는 사실이다. 대한치매학회 조사에 따르면 간병인 27%는 간병 부담으로 직장을 그만두고, 51%는 일하는 시간을 줄이는 등 78%가 간병 부담이 심각한 것으로 나타났다. 가족이 치매 환자를 도맡아 보호·관리하는 방식에서 벗어나야 한다는 얘기다. 그런데도 전체 치매환자의 절반가량이 병원치료를 받지 못하고 있는 것으로 알려지고 있다. 복지예산이 팽창일로에 있어 부담이 되는 건 사실이지만 예방을 위한 건강증진사업과 치료를 위한 간호부문에 적극적 예산지원이 필요하다고 본다. 개인과 가족, 그리고 국가 등 각 주체별 바람직한 대처방안을 제언한다.

먼저 개인 차원에서 치매예방을 위해서 전문가들은 규칙적인 유산소 운동을 권한다. 또 사회봉사 활동을 통한 정서순화, 스포츠 등 동호회 활동으로 뇌를 젊게 하라고 한다. 그리고 꾸준한 독서와 글쓰기 활동만으로도 치매를 20% 정도 예방할 수 있는데 반대로 독서를 하지 않으면 치매확률이 4배나 높아지는 것으로 나타났다.

둘째, 치매의 여러 발병 원인 중 하나로 스트레스가 꼽힌다. 평소 가족 간에 '사랑합니다'라는 말을 자주하고, 꼭 껴안아주는 것도 쉽게 실천할 수 있는 방법의 하나다. 자신이 사랑받고 있다는 느낌을 받으면 엔돌핀이 돌아 달갑지 않은 불청객 스트레스를 물리칠 수 있다. 가족구성원 간 따뜻한 말과 애정 어린 관심 그리고 장기적인 환자의 보호와 관리가 필요하다.

이제는 가정의 노력과 더불어 국가의 적극적 역할이 중요한 시점이다. 정부도 치매관리법을 시행하고 최근에는 국가치매관리 종합계획도 발표했다. 환자의 조기 발견과 맞춤형 치료 대책 마련 등 치매 환자 관리에 국가가 적극적으로 나서겠다는 의지를 보인 것이다. 나아가 가족의 간병 부담을 줄이고 더 많은 치매 환자가 정부의 간병 보호를 받을 수 있도록 노인장기요양보험의 등급판정 기준을 완화하는 것도 중요한 부분이다. 누구에게나 인생의 가을은 찾아온다. 한 번만 더 생각해보면 치매를 예방하는 일은 내 자신을 위하는 길이다. 명절이라 우리의 관심에서 멀리 있지만 이번 주말은 치매극복의 날이다. 다시 어른을 뵙는 명절에 선물도 중요하지만 부모님의 가슴에 묻어둔 말을 꺼내도록 하여 스트레스를 해소해주고 세월에 굳은 손발은 매만져 풀어주자.

(2013년 09월 27일, 경인일보)

28. '모험생 아이'로 키우자

자식교육에 관한 한 한국인의 열성은 세계 최고 수준이다. 비록 자신은 크게 성공했더라도 자식이 잘못되면 실패한 인생으로 생각한다. 그러다 보니 다급한 부모들은 자녀들을 어려서부터 사교육을 통한 선행학습과 정답을 외우는 주입식 교육에 몰두시키는 것이 현실이다. 부모의 꿈이 자녀의 꿈으로 전도돼 사실상 나의 화신으로 만들어가는 것이다. 가정의 달에 참된 자녀의 성공을 생각해보자.

일찍이 실학자 이덕무는 낙상 매에 대해 이렇게 적고 있다. "어미 매는 새끼 매를 먹일 때 높은 하늘에 떠 먹이를 떨어뜨린다. 물론 그 먹이가 새끼들 바로 위로 떨어지리라는 보장은 없다. 따라서 새끼들은 그 먹이를 차지하려고 위험을 무릅쓰고 갖은 모험을 한다. 그러다가 절벽의 둥지에서 떨어져 다리가 부러지는 놈도 생긴다." 어미 매가 노리는 것은 바로 이 먹이를 취하려다가 실패해 다리를 다친 낙상 매인 것이다. 새끼 때 낙상을 한 매가 그 결함이나 열등의 보상으로 별나게 사납고 억센 매가 된다는 것을 어미 매들은 경험으로 잘 알고 있기 때문이다. 강한 매로 키우기 위해 새끼를 죽음의 위험에 내던지는 어미의 지혜가 돋보인다.

똑같은 상추 한 포기도 제철에 제대로 재배된 것과 철을 거슬러 속성으로 비닐하우스에서 기른 것은 영양성분에서 20배가량 차이가 난다. 비닐하우스를 한 겹 두르면 태양에너지의 광합성 작용이 30% 감소하고 두 겹을 두르면 그 배인 60%로 광합성 작용의 효과가 떨어지기 때문이다. 식물도 악조건에서 자란 식물이 강하고 건강에도 좋다. 어떠한 토양과 기후에서 얼마만큼의 일조량을 받고 자랐는가에 따라 품질과 가격이 천차만별인 것이다. 비닐에 덮여 햇볕을 차단하고 기른 야채는 모양은 곱지만 질은 형편없는 삼류 야채일 뿐이다. 이런 법칙은 우리 인간에게도 그대로 적용되는 것 같다. 상식과는 달리 유복함이 곧 성공의 필수조건은 아니라고 한다. 세계적인 인물 중 15%만이 유복하고 평온한 가정 출신이었고 저명인사 중 4분의 3 이상이 어린 시절 정신적·물질적·관계적으로 고난을 겪었다는 통계가 있다. 세계적인 인물로 성장하는 데는 도전을 어떻게 극복했는가 하는 경험이 가장 중요한 자양분이 된다는 방증이다.

모험심을 발휘했을 때의 장점은 무엇일까. 먼저 모험심은 창의적인 상상력을 키워 아이들이 더 넓은 세계를 꿈꾸게 한다. 둘째, 스스로 혼자 살아갈 수 있는 힘을 길러준다. 셋째, 새로운 것을 두려워하지 않게 만든다. 넷째, 위험한 상황에 대처할 수 있도록 한다.

철학자 니체는 말한다. "모든 것의 시작은 위험하다. 그러나 무엇을 막론하고 시작하지 않으면 아무것도 시작되지 않는다." 닐 암스트롱은 달에 첫발을 내딛다가 "그대로 먼지 속으로 쑥 빠져버리지는 않을까 조마조마했다"고 한다. 미지의 세계에 첫발을 내딛기가 두려웠던 것이다.

비록 부모의 입장에서 조바심이 앞서겠지만 '오늘 작은 모험의 발걸음이 우리 아이들에게는 위대한 도전(Great step)'의 첫걸음이 될 수 있다.

아이들이 모험심을 키우는 과정에서 실패도 경험하겠지만 분명 실패는 아이들을 더 크게 성장시킬 것이다. 중요한 것은 실패를 안하는 것이 아니라 실패를 딛고 다시 일어설 수 있는 용기를 갖는 것이다. 광야로 내보낸 자식은 콩나무로 성장하고 온실에서 키운 자식은 콩나물이 될 뿐이다. 가정의 달 5월에는 아이들과 함께 야외로 나가 자연이 알려주는 호기심과 모험심의 값진 선물을 안겨주자.

(2013년 05월 10일, 파이낸셜뉴스)

29. 독서습관 유산으로 물려주자

개인과 가문의 미래를 결정짓는 중요한 요소 중 하나가 독서다. 명심보감은 "황금이 바구니에 가득 차 있다 해도 자식에게 경서(經書) 하나를 가르치는 것만 못하고 독서는 집안을 일으키는 근본"이라 했다. 실학자 정약용은 20여 년의 귀양살이 중 두 아들에게 보낸 편지에서 "몰락한 집안을 다시 일으켜 세움에 있어 가장 떳떳하고 깨끗한 일이 독서를 열심히 하는 것"이라고 말했다. 또 조선조 문곡 김수항의 집안은 한 집안 4대가 연거푸 사약이나 형벌로 세상을 뜨는 모진 시련과 역경을 겪으면서도 글 읽기를 게을리하지 않아 명문의 영예를 자랑스럽게 지켜냈다.

그렇다면 독서를 습관화할 수 있는 방법은 무엇일까. 바로 신문을 가까이하는 것이다. 신문의 사설이나 칼럼은 국내외 주요사건을 실시간 논리적으로 분석해주기 때문에 통찰력과 창의력을 길러준다.

부모 자신이 독서 모델이 되는 방법도 있다. 유대인으로는 최초로 미국 국무장관에까지 오른 헨리 키신저는 어렸을 때부터 아버지의 책 읽는 모습을 흉내 내면서 공부를 했다고 한다. 화려한 키신저 외교의 이면에는 이때 터득한 19세기 유럽 외교사에 대한 깊고 넓은 지식이 있었다.

미국 시애틀 워싱턴 호숫가에는 빌 게이츠의 저택이 있다. 이 집에는 무려 1만 4,000여 권의 장서를 보유한 개인도서관이 따로 있는 것으로 유명하다. 게이츠는 "부모님은 항상 내가 책을 많이 읽고 다양한 주제에 대해 생각하도록 격려하셨다. 우리는 책에 관한 것부터 정치까지 모든 주제에 대해 토론했다"고 회상했다고 한다. 부모의 독서 습관이 이후 정보기술(IT)의 황제 게이츠를 만들어낸 것이다.

책을 읽는 리더(reader)는 세상을 이끄는 리더(leader)가 된다. 알렉산더와 나폴레옹, 그리고 조조는 전쟁터의 말 위에서 책을 읽었다. 그들이 세계를 지배하고 호령할 수 있었던 저력도 독서에서 나온 지략인 것이다. 결국 책을 든 손이 이긴다. 성공은 책을 읽는 순간 시작된다. '손에서 책을 놓지 않아야(手不釋卷) 개인과 가문이 흥한다'는 동서고금의 진리를 다시금 되새겨본다.

(2013년 05월 07일, 서울경제)

30. 쌀 재배면적 감소 심각…… 식량자급 없이 선진국 못 돼

　최근 농림수산식품부 발표자료에 따르면 전년도 쌀 자급률은 83%로 떨어져 통계를 발표한 이후 최저치를 기록했다. 곡물자급률도 1980년대 56%에서 작년엔 경제협력개발기구(OECD) 회원국 중 최저수준인 22.6%로 곤두박질했다. 2015년 곡물 자급률 목표가 30%인데 뒷걸음질을 하고 있는 것이다.

　가장 심각한 문제는 쌀 생산면적 감소라는 구조적 문제에 있다. 2011년도 단위당(10a) 쌀 생산량은 평년생산량과 같은 496kg이었으나 생산량은 31년 만에 최저치인 422만t으로 수요량 518만t의 81.5%에 그쳤다. 기후나 재해가 아닌 재배면적 감소 탓이다. 1970년 대비 우리나라 인구는 1.5배로 증가한 반면, 경지면적은 오히려 26.1%나 감소했다. 한국농촌경제연구원은 식량자급률을 30%로 설정할 경우 최소 165만ha의 농지가 필요하다고 본다. 현재의 감소 추세라면 2014년이면 식량안보를 위해 지켜야 할 농지가 165만ha 이하로 떨어질 것으로 예상된다.

　이제는 재고량 확보도 염려스럽다. 금년의 쌀 생산량도 최근 볼라벤과 산바 등 연이은 태풍으로 벼 이삭이 하얗게 말라죽는 백수현상이 발생해 피해가 막대하다. 정부는 95만t의 재고와 의무수입량 35만여t이 있어 곡물 수급에는 지장이 없다고 한다. 하지만 130만여t은 전년도 쌀 수요량의 23% 수준으로 연간 수요량의 3개월치밖에 되지 않는다.

쌀을 포함한 식량 자급률 확보는 사회안전망의 바로미터다. 지금 전 세계는 안정적인 식량 확보에 비상이 걸렸다. 지속되는 기상이변으로 2008년도에는 곡물가가 폭등해 전 세계 30여 개국에서 폭동이 일어났으며, 2010년에 이어 올해도 러시아의 홍수와 미국 중서부 곡창지대의 가뭄으로 국제곡물가가 폭등하고 있다. '식량자급 없이는 중진국이 선진국에 진입할 수 없다'는 노벨상 수상자 사이먼 쿠즈네츠의 주장을 명심해야 한다.

(2012년 11월 01일, 문화일보)

31. 한글날, 공휴일 재지정돼야

9일 한글날은 훈민정음 반포 500주년이던 1946년 공휴일로 지정됐다가 1990년에 잦은 휴일로 생산 차질이 빚어진다는 재계의 요청에 따라 공휴일에서 제외됐다. 문화체육관광부가 최근 조사한 바에 따르면 국민의 83.6%가 한글날의 공휴일 지정을 찬성하고 있다. 한글날 공휴일 재지정의 당위성을 생각해보자.

첫째, 말과 글은 한 민족을 살리고 지키는 힘의 원천이요 생명이다. 둘째, 문화 민족으로서의 자긍심을 고취하기 위한 최선의 선택이다. 알파벳 등 대다수 문자들은 누가 언제 만들었는지 알 수도 없다. 그러나 한글은 만든 사람과 반포일, 창제 원리까지 정확히 알려져 있는 문자다. 셋째, 공휴일 제외와 더불어 한글에 대한 국민 관심이 점차 줄어들고 있다는 사실이다.

한글은 세계기록유산에 등재돼 있는, 독창성과 우수성을 지닌 소중한 문화이자 자산이다. 문화 민족으로서의 자긍심 고취와 더불어 세계 문화를 선도해나가기 위해 한글날을 공휴일로 재지정하자.

(2012년 10월 10일, 국민일보)

32. '강남스타일' 성공이 청소년에게 주는 교훈

지금 세계는 가수 싸이의 '강남스타일'에 열광하고 있다. 채 3개월도 안 돼 유튜브 뮤직비디오 조회 수 3억 회를 넘어섰고 세계 팝 음악의 흐름을 보여주는 영국 싱글차트 1위에 올랐다. 그렇다면 왜 세계는 싸이의 강남스타일에 열광하며, 그 인기의 비결은 대체 무엇일까?

먼저, 강남스타일은 재미있고 웃기다. 그래서 자연스레 웃음을 자아내게 한다. 또한 가수답지 않은(?) 외모와 몸매, 파격적인 댄스가 주목을 끈다. 그의 신체조건은 훤칠한 키나 빼어난 외모의 아이돌 스타가 아니다. 오히려 배나온 외모에 자신을 희화한 가사와 단순하지만 개성 있는 '말춤'이 맞아떨어진 것이다. 약점을 강점으로 역전시킨 발상의 전환과 특별함이 돋보인다. 오랫동안 그의 안무를 맡아

온 이주선 단장은 일반인들이 모두 따라할 수 있는 춤을 구상했고 여기에 약간의 손동작을 가미했는데 싸이가 잘 소화해냈으며 이렇게 폭발적인 반응에 자신도 놀랐다 한다.

더불어 자신의 일에 대한 사랑과 열정도 배울 만하다. 그는 자신의 확신을 집요하게 추구하는 강한 지구력과 열정 그리고 뚝심을 소유한 사나이로 통한다. 남보다 못하다는 열등감과 외모 지상주의에 사로잡힌 젊은이들은 강남스타일의 성공요인을 차분히 들여다볼 필요가 있다. 싸이의 세상을 보는 남다른 방식이 오늘의 성공을 가져온 것이다.

벤자민 프랭클린은 "삶의 진정한 비극은 우리가 충분한 강점을 갖지 못한 데에 있는 것이 아니라 이미 갖고 있는 강점을 충분히 활용하지 못하는 데에 있다"고 말한다. 누구나 자신만의 독특한 강점을 지니고 있다. 그 강점을 찾아서 갈고닦아 꾸준히 노력하다 보면 진정한 성공에 이를 수 있다.

경쟁에 내몰린 청소년들이여, 이제 자신의 특질을 약점으로 쉽게 치부해 좌절하지 말고, 강점으로 강화하여 자신만의 세계를 개척해 보면 어떨까. 자신만의 개성과 스타일을 살려 '제2의 강남스타일'을 창조할 수 있다는 자신감과 희망을 노래하자.

(2012년 10월 03일, 경남도민일보)

33. 명품축제 핵심은 '선택과 집중'

　1944년 토마토값 폭락에 분노한 농부들이 시의원들에게 토마토를 던진 것에서 시작된 스페인 토마토축제는 오늘날 세계 명품축제로 손꼽힌다. 200만 명이 넘는 관광객이 다녀가는 일본 삿포로 눈축제는 폭설과 혹한 같은 부정적 이미지를 축제로 승화시켜 성공했다. 이들 명품축제의 공통점은 차별화된 소재를 지역의 특성과 조화시켰다는 점, 그 중심에 주민의 자발적 참여가 있다는 점이다.

　우리 역시 지역축제의 경쟁력을 높이기 위해선 인기에 영합하지 말고 지역 실정에 맞는 주제를 찾아 '선택과 집중'을 해야 한다. 인근의 관광자원 및 지역주민과의 연계를 통해 축제에 대한 인식과 참여를 극대화하는 것도 중요하다. 또 지역의 독특한 문화와 즐길거리를 제공하고 자연과 역사를 하나로 묶어 스토리를 만들어야 한다. 이 같은 교훈을 거울삼아 철저히 준비한다면 우리도 머지않아 세계인이 찾는 명품축제를 만들 수 있을 것이다.

(2012년 05월 16일, 농민신문)

34. 다문화는 축복이다

5월은 가정의 달이다. 어린이날, 어버이날, 스승의 날이 모두 이 달에 집중되어 있으며, 5월이 일 년 열두 달 중 가정사에 관련된 기념일이 가장 많기 때문이다.

지난해 한국 남성과 외국인 여성의 결혼은 2만 2,265건으로 신혼부부 네 쌍 중 한 쌍은 국제결혼인 셈이다. 종래 프랑스가 저출산의 대명사로 불려왔지만 10년 후면 우리나라가 그 자리를 차지할 것이라고 한다.

그런 의미에서 가정의 달 5월에 다문화 가정을 통해 다문화를 생각해본다. 그간 단일민족국가를 표방해오던 우리나라도 개방화, 국제교류의 확대, 결혼이민, 외국 노동력 유입 등을 통해 다문화 사회로 깊숙이 진입하였다. 길거리 등 어디를 가든 마치 이웃처럼 흔히 마주치는 게 외국인이다.

현실이 이러함에도 순혈주의나 혈통적 민족주의는 우리 사회의 정신을 관통하는 중심 줄기여서, 다른 민족과 인종은 사회의 순수성을 오염시킨다거나 민족정기와 생명력을 파괴한다는 이유로 불안함과 반감을 드러내는 이들이 적지 않다.

하지만 다문화 상황은 일종의 축복이다. 다문화 사회는 우리의 한정되고 제한된 상황에서의 문제를 해결하고 우리 자신의 가능성을 실현할 수 있는 공간과 기회를 제공해 줌으로써 다양한 창조적 역량을 풍부하게 한다.

다양한 인종과 민족으로 이뤄지는 국가의 전형은 고대 로마에서 찾을 수 있는데, 로마는 전쟁포로나 노예라 할지라도 나라를 위해 특별한 공을 세운 경우라면 시민 자격을 부여했으며, 황제도 특정 가계에 국한하지 않아 이민족 출신이라도 왕위에 오를 기회가 주어졌다. 그리고 그것이 바로 로마가 대제국의 지위를 점하게 된 문화적 힘의 근간이 되었다. 이에 반해 그리스의 종족주의와 자민족 중심주의는 전통을 견고하게 다지고 이웃과의 잦은 전쟁 속에서 숱한 전설적인 영웅을 만들어냈지만, 스스로 배타주의에 갇혔던 그들은 결코 대제국으로 성장할 수 없었다. 로마를 모델로 하는 미국이 애국자(patriot)라는 말은 쓰면서도 민족주의자(nationalist)라는 용어는 부정적으로 받아들이는 이유가 여기에 있다. 앞으로 우리나라도 국적을 초월한 인구이동이 이뤄지면서 다문화 사회로 급속하게 바뀔 것이다.

반면 정보화, 지역화 현상 등으로 말미암아 자국민과 타국민의 문화적 차이와 집단의 이익 때문에 발생하는 분규도 더 심해질 것이다. 이러한 서로 간의 이해와 포용심의 부족으로 세계 곳곳에서 크고 작은 갈등과 분쟁이 일어나고, 많은 사람이 그 때문에 고통받는 소용돌이 속에 지금 외국 이주민들이 서 있다. 여기에 다문화 교육은 개인들이 자신의 나라와 세계에 존재하는 다양성을 접하도록 하는 교육과정이다. 즉, 인류의 보편적 문화가치를 추구하고 세계가치와 문화적 다원성을 강조하는 문화상대주의적 입장을 견지한다.

다문화 가정도 우리 사회의 일원이다. 이제 우리도 '차이'에서 좋은 점을 찾아보자. 세상은 서로 다른 7음계와 7가지 색이 서로 간섭하지 않고 조화를 이루기 때문에 아름답다. 따라서 우리도 역사적 교훈을 통하여 다문화 사회를 바라보는 시각을 편협한 인종과 민족주의적 편견에서 벗어나 문화 다양성을 키워나가는 축복의 기회로 삼아야 한다.

(2012년 05월 03일, 경남도민일보)

35. 농사에도 컴퓨터가 1인 3역 한다

자유무역협정(FTA) 체결로 농업인의 시름이 깊다. 2004년 한·칠레 FTA를 시작으로 벌써 44개국과 체결됐다. 그렇다고 주저앉아 있을 수만은 없다. 정보기술(IT) 업계 세계 1위의 인프라를 활용해 농업생산성 확보방안을 생각해보자.

먼저 컴퓨터를 활용한 과학영농을 제언한다. 농산품에 IT를 접목한 농가들이 다른 농가에 비해 매출이나 농가소득을 2~3배 이상 올리는 것으로 나타났다. 물론 아직은 성공한 농가가 많은 것은 아니지만 최근 수년 사이에 크게 증가하고 있다. 컴퓨터를 활용해 하우스 온도를 조절하고, 겨울에는 자동으로 난방을 하며, 풍향·풍속 등의 감지기를 조절하기도 한다. 또한 모니터를 통해 온도·습도 변화와 상황을 비교·분석할 수 있으며, 마우스를 클릭해 기기들을 작동·정지시킬 수 있도록 설계돼 있다.

다음은 소셜네트워크서비스(SNS)를 통한 농산물 정보교류와 판매

방법의 모색이다. 농산물 기상정보는 물론 작황과 재배정보를 실시간으로 교환할 수 있다. 또한 물류정보 교류를 통해 적절하게 가격정보로 연결할 수 있다. 실제 작년 배추 파동 때 한 농부는 트위터 마케팅을 통해 단 30분 만에 모든 생산량을 판매할 수 있었다. 또한 길거리 판매가 불가한 미국의 한 교포도 트위터 마케팅을 통해 불고기 제공 사업을 성공한 사례가 있다.

앞으로 컴퓨터가 1인3역을 할 것이다. '어떤 작목을 심고, 어떻게 가꾸며, 누구에게 팔 것인가'에 대한 걱정을 대신해줄 것이다. 어느새 컴퓨터가 농가들에 가장 소중한 농기구며 커뮤니케이션 매체인 동시에 농가경쟁력의 수단이 되었다. 고령화된 우리 농업과 농촌 현실에서 IT기술 접목이 쉽진 않겠지만 현실화된 글로벌 경쟁환경에서 생존방법을 모색해야 한다.

(2011년 11월 12일, 중앙일보)

36. 농촌축제 이제 '어메니티'를 노릴 때

축제의 계절이다. 문화체육관광부 현황 자료에 따르면 2011년 우리나라의 문화관광축제는 총 763개에 달한다. 전국 244개 지자체별로 평균 3개 이상 축제가 열린다는 계산이다.

농촌축제는 농촌과 지역특산물을 도시민들이 보고 먹고 즐길 수 있는 관광자원으로서의 가능성을 높이고 특산물 소비를 확대하는 역할을 하기도 했다. 하지만 농촌을 단순히 농산물 생산지로서만 홍보해오다 보니 농촌이 갖는 다양한 기능을 도시민들에게 알리지 못한 점에서 아쉬움이 남는다.

농촌축제가 진정한 도농교류의 장으로 발전하기 위해서는 단순한 지역특산물 축제에서 나아가 '농촌 어메니티' 관광으로 거듭나야 한다. 농촌 어메니티는 농촌지역에 존재하는 생물종의 다양성, 생태계, 고건축물, 농촌경관, 농촌공동체의 독특한 문화나 전통 등이 농촌 고유의 가치와 정체성을 보여주는 유무형의 자원을 의미한다.

농촌 어메니티는 농촌 주민과 도시민이 함께 누릴 수 있는 공동자산이다. 농촌 어메니티를 통해 농촌 주민은 삶의 질을 높이고 경제적 혜택을 누릴 수도 있다. 또 도시민은 도시에서 하기 어려운 자연 및 전통문화 등을 체험할 수 있다. 농촌 어메니티 관광은 농촌지역 특산물만이 아니라 식량공급, 대기정화, 생태계 유지 등 농촌만이 가진 교유의 기능을 도시민과 공유함으로써 도시민과 농업인의 교류의 폭을 넓힐 수 있다. 이러한 축제를 통해 도시민들이 농촌을 '일회적 관광지'가 아닌 또 하나의 '삶의 터전'으로 인식하고 농업과 농촌에 대한 이해의 폭을 넓힐 수 있도록 도울 것이다.

(2011년 10월 29일, 매일경제)

37. 막걸리, 세계인의 술로 거듭나길

바야흐로 막걸리 신드롬 바람이 거세지고 있다. '서민의 술'로 여겨지던 막걸리가 이제는 백화점과 호텔에서도 쉽게 찾을 수 있게 됐다. 막걸리 열풍으로 올해 막걸리 소비량도 늘었다.

국세청 발표에 따르면 지난해 막걸리 출고량은 지난 2008년보다 47.8% 늘어났고 올해 1/4분기에도 전년 동기보다 2배 이상 증가했다고 한다. 또한 한류바람이 일어나면서 일본인들에게 막걸리가 건강에 좋은 발효주라는 인식이 퍼졌고 수출량 역시 7배가량 대폭 늘었다.

이처럼 막걸리가 인기를 얻는 이유는 무엇일까. 인기비결은 막걸리의 맛과 뛰어난 가격경쟁력이다. 막걸리는 알코올 도수가 11도 이하로 낮은데다 단맛과 신맛이 풍부하고 탄산감이 있어 여성들도 마시기 편하다. 맛도 좋고 양도 많은데 가격까지 저렴하니 요즘 같은 불황에도 서민들에게는 안성맞춤인 것이다.

막걸리의 인기에는 웰빙 바람도 한몫했다. 막걸리가 건강과 미용에 좋다는 점이 알려지면서 고객층이 다양해졌다. 또한 발효과정을 거치면서 단백질·비타민·미네랄·생리활성물질·생효모가 생성돼 영양도 풍부하다. 실제로 막걸리 한 잔(200ml)에는 7~8억 개의 유산균이 들어 있다.

정부는 9월 28일 한식의 국제경쟁력 제고를 위한 한식세계화 사업을 발표하면서 지난해 241억 원이 지원됐던 예산을 올해는 이보다 28% 늘어난 310억 원을 책정하기로 했다.

때마침 막걸리를 세계인의 술로 자리매김할 수 있는 절호의 기회가 왔다. 오는 11월 열리는 주요20개국(G20) 서울 정상회의 만찬 때 막걸리를 건배주로 사용함으로써 자연스럽게 세계에 홍보하고 세계인의 술로 탄생하게 할 수 있을 것이다. 막걸리가 건강과 웰빙을 지향하는 세계 식품소비 트렌드에 부합하는 만큼 세계인이 함께 즐길 수 있는 잠재력이 있는 술임에 틀림없다.

(2010년 10월 28일, 서울경제)

제5부

박상도의 1:10:100의 법칙

1. 농업도 귀족마케팅 적용경쟁력 갖춰야

　우리 민족의 명절 '추석'을 한번 되새겨본다. 추석은 '한가위'라고도 하는데 그동안 힘들게 지은 농사의 수확을 거두는 의미 있는 날이다. 하지만 추석이 그리 반갑지 만은 않다. 요즘과 같은 불경기에 기상 악재까지 겹치면서 과일, 채소, 생선 등 제사상에 올라갈 재료 값이 상상을 초월할 정도로 많이 인상될 가능성이 있기 때문이다. 통계청 발표에 따르면, 전년도 소비자 물가상승률이 역대 최저치인 0.7%를 기록했다. 통계청이 발표한 '소비자물가동향'을 인용, 2015년 연간 소비자물가지수는 전년 대비 0.7% 상승하는 데 그쳤으며 소비자물가상승률은 관련 통계가 작성되기 시작한 1965년 이후 최저치를 기록했다고 보도했다.

　2011년 4.0% 수준이던 소비자물가상승률은 2012년 2.2%, 2013년 1.3%, 2014년 1.3%로 하향곡선을 그리다 0% 대로 떨어졌다. 물가상승률이 0%대를 기록한 것은 외환위기 직후였던 1999년(0.8%) 이후 두 번째다.

농산물과 석유류 가격 변동 효과를 제외한 근원물가지수는 전년 대비 2.2% 상승했다. 지출빈도가 높은 142개 품목을 대상으로 작성한 생활물가지수는 전년 대비 0.2% 하락해서 2015년도 저물가현상은 지난해 말부터 지속된 국제유가와 원자재가격 하락의 영향을 크게 받았다. 전세값 상승의 영향으로 서비스가격이 1.8% 올랐지만 석유류 가격이 19.0%나 내리면서 상품가격은 오히려 0.7% 하락했다.

이 때문에 서민의 장바구니에는 적지 않은 부담을 주고 있어서 농수산물 판로 개척에 어려움을 겪고 있는 농업인들을 위해 지자체별로 직거래장터를 개설하여 농산물 팔아주기 운동을 벌이고 있지만 결코 쉬운 일은 아닐 것이다.

이제는 농업인들도 새로운 전략을 구상하여 환경에 민첩히 적응해야 한다. 이에 대한 대응전략이 바로 파레토법칙(Pareto Princiciple)을 적용한 귀족마케팅인 것이다. 여기서 파레토법칙이란 20대80법칙이라고도 하는데, 이 용어를 경영학에 처음 사용한 사람은 조셉 M.주란이다. '이탈리아 인구의 20%가 전체 부(富)의 80%를 가지고 있다'고 주장한 이탈리아 경제학자 빌프레도 파레토의 이름에서 따왔다. 이 말은 또 20%의 구성원이 그 조직에서 80%의 일을 한다든지, 전체 농산품 중 20%가 80%의 매출을 차지한다는 뜻도 있다. 일반기업이나 백화점에서는 이미 생존을 위한 경영전략 차원에서 20%를 특별관리 하여 경기변동에 영향을 적게 받는 고소득층, 중상류층을 대상으로 파레토마케팅 전략을 적용해왔지만, 혹자는 한국농업은 이러한 전략이 없다며 비판의 목소리를 높이고 있는 게 현실이다.

한가위를 맞이하여 차례상의 95% 이상(농산품)을 책임지고 있는 우리 농업인들도 새로운 마케팅, 즉 파레토마케팅 전략으로 우리 시대에 필요한 과제라고 생각한다. 이때 중요한 것은 핵심적인 소수를 찾아내는 것이지 20:80이라는 숫자에 얽매일 필요는 없으며, 시장에 서는 농업도 기업이다. 즉, 농기업이면서 벤처기업이다. 농기업에 있어서 20:80원칙을 적용하기 위해서는 우선 농기업의 농산품을 살펴보고, 그들의 수익성을 조사한 후, 수익성이 높은 것에서부터 차례대로 나열을 해보아야 한다. 이렇게 하면 어떤 농산품들이 수익성이 높고 마이너스인지 파악할 수가 있다. 또한 고객의 경우에도 20:80 분석을 통해 어떤 고객들이 어떤 농산품을 많이 구입하는지 파악해야 한다. 특히 전통 농산품의 경우, 판매 시 가장 중요한 20% 고객이 누구인지 알아내고 이들에게 집중해야 한다. 우리는 여기서 성공적인 마케팅을 위해서는 당장 조건이 필요하다.

이를테면 제품들이 진짜 100% 우리 농산물로 만들어진 전통식품 인지, 소비자들이 안심하고 믿고 구입할 수 있는지에 대한 철저한 품질검사 및 보증이 뒷받침되어야 한다. 아울러 소비자의 구매패턴을 파악하고 분석하며 소비자의 욕구가 어떠한지 판단할 필요가 있으며, 점차 핵가족화 되어가고 있는 상황에서 추석선물용 대형포장은 소비자의 구매를 저해하는 요소가 되는 것은 자명하다. 따라서 농산품의 경쟁력확보를 위해 전략적인 농산물용 상품개발 및 혁신적인 패키지가 개발되어야 한다.

올해 추석에는 어려움을 겪고 있는 농업인들의 고통을 덜어주고, 100% 우리 농산물로 만든 전통식품들이 소비자들에게 인기가 있는 넉넉한 한가위가 되었으면 한다.

(2014년 08월 28일, 세계일보)

2. 추석의 단상(斷想): '고향에 대한 그리움'

추석은 정월 설날과 함께 우리나라의 대표적 명절이다. 추석이 되면 고향을 찾아 일가친척 등과 함께 오랜만에 정을 나눈다. 이러한 민족 고유의 최대명절임에도 불구하고 극심한 가뭄 탓인지, 또는 경제추락에 따른 상대적 불안 때문인지 올해도 추석의 풍경이 그리 밝지 않은 양상을 보이고 있다. 그래도 어김없이 곧 있으면 추석이 다가온다.

억눌렸던 마음은 고향 풀벌레의 화음만으로도 술술 풀리는 실타래처럼 가볍기만 하다. 숲과 농원을 껴안은 고향마을엔 잠시 잃어버렸던 고향의 향수를 다시 피어오르게 하고 있다. 고향마을로 고개를 들어보니, 새소리가 들려온다. 멈춰서 있던 하얀 구름도 움직이기 시작하고, 텅 빈 도로는 벌초행렬에 나선 승용차들 소리에 정적이 깨어지고, 검푸른 풀벌레들이 소스라치게 놀라고 있는 듯하다.

보이지 않는 어떤 힘이 고향 마니아의 마음을 출렁이게 하고 있다. 텅 비었던 고향마을엔 모두들 제자리를 찾느라 분주하기 그지없을 것이다. 풀벌레 소리, 가을 새소리, 승용차의 경적소리, 진정 그 추억과 세월을 지켜준 내 고향 품속은 포근하기만 하다. 하지만 이런 내 고향이 새 생명을 잉태하지 못하는 불임의 땅이 되어버렸다. 아예 아기 울음소리가 끊긴 마을이 대다수다. 그래서 어느 마을에 아기가 태어나면 온 마을에 잔치가 벌어지는 세상이 됐다. 오죽했으면 아기 울음소리가 들려야 그 지역 땅값이 올라간다는 말까지 나왔을까? 게다가 아이들은 부모님의 고향보다는 놀이공원과 컴퓨터 게임에 더 관심이 있다. 갈수록 고향에 대한 그리움이 퇴색되어 가는 오늘날의 추석 풍속도가 고향 마니아들에겐 더없이 인생무상을 느끼게 하는 대목이다.

고향을 찾지 않은 사람들이 많아질수록 '서러운 추석, 낯선 한가위'가 될 것임은 자명하다. 그래서 내 고향 농촌이 낯설고 서럽기만 하다. 지금은 농촌의 젊은 세대가 도시로 빠져나감으로써 이러한 농촌의 역할이 많이 퇴색돼버리긴 했지만 아직도 고향 농촌을 지키고 있는 부모님들이 계시기 때문에 명절 때만 되면 민족의 대이동이 일어나는 아름다운 전통계승의 모습이 그대로 남아 있음을 볼 수 있다.

한편 추석 이맘때가 되면, 불현듯 추억 속의 섬진강 풍경이 문득 떠오른다. 그곳은 연어들의 고향이다. 연어는 자신이 자랐던 곳에서 멀리 떠나와 성장한 후에도 다시 고향으로 되돌아간다. 연어가 자신의 고향을 되찾아가듯 추석이 되면 사람들도 고향을 찾는다. 하지만 올해는 추석 연휴기간 해외로 떠나는 여행객 숫자가 다른 때보다 크게 증가할 것이라고 한다. 따라서 차례 대신 여행으로 명절 연휴를 보내겠다는 사람들이 크게 증가하고 있다는 사실이다. 그렇다고 줄지어 해외 관광길에 나설 만큼 쓰임이가 나아진 것은 결코 아니다.

한국의 대표적 서정시인인 정지용의 '시'에서도 고향에 대한 그리움을 <향수>라는 시를 통해 보여주고 있듯이 "차마 꿈속에서라도 잊지 못할 그곳이 나의 어릴 적 고향이며, 하늘에 드문드문 별이 자리를 옮기고 가을 까마귀가 울면서 자나가는 초라한 지붕 아래에서 흐릿한 불을 밝히고 돌고 앉아 도란도란 이야기를 나누던 곳"이라고 인간의 중요한 경험에 대한 정서를 잘 표현하고 있다.

이렇듯 사람이 나이가 들면 다시 고향으로 회귀하려는 속성을 나타내게 되는데 이제는 우리 농촌이 단순한 농산물의 생산 공간으로서의 농촌이 아니라 도시민의 건전한 휴식공간으로서의 역할과 함께 많은 사람들이 노후에 아늑하고 편안한 삶을 즐기면서 더욱 생산적인 여생을 보낼 수 있는 휴양 및 정주공간으로서의 역할을 담당하게 될 것이다.

고향의 흙은 우리들 생명의 젖줄일 뿐 아니라, 우리에게 많은 것을 가르쳐준다. 일구어놓은 고향 흙과 맨발로 접촉해보라. 그리고 흙냄새를 맡아보라. 그것은 생명(生命)의 기쁨이 될 것이다.

낯선 서러운 땅이 되어가는 내 고향에 며칠만이라도 아이들 웃음소리가 들리게 하자! 밤이면 막걸리에 취해 동구 밖에서 고성방가를 해댄들 내 고향 농촌의 적막함보다 더 낫지 않은가?

(2015년 09월 18일, 기호일보)

3. 가정교육의 기초 바로 세워 '효(孝) 사상' 널리 전파하자

신록의 계절 5월 가정의 달을 맞이하여 건강한 나무에 새싹이 돋듯이 우리 모든 가정에서 천륜을 회복하는 가정교육이 강화되어야 한다. 일찍이 맹자께서는 천하의 근본은 나라요, 나라의 근본은 가정이라 정의하였고, 요즘 학자들은 동양윤리의 근본은 수신제가에 있고, 세계 인류의 소망은 가정회복에 있다고 강조하고 있다.

동양교육의 근본인 '효경'에 효는 덕의 근본이요, 모든 가르침이 그로 말미암아 생겨난다(孝德之本也 敎之所由生也)고 했다. 효는 모든 가르침의 기본이자 욕구를 생성시키는 근원이다. 우리나라는 교육열이나 대학진학률이 세계 최고 수준이지만 가정교육은 과거만 같지 못하다는 평가다. 옛말에 "세 살 버릇이 여든까지 간다"고 한 것처럼 가정은 최초의 학교이며, 부모는 최초의 스승이다. '맹모의 삼천지교(三遷之敎)나 단기지훈(斷機之訓)'은 모두 가정교육의 중요성을 말해주고 있으며, 여기서 삼천지교란 맹자의 어머니가 맹자를 교육시키기 위하여 묘지(墓地)·시장(市場)·학교 부근으로 세 번 집을 옮겼다는 고사(故事)에서 나온 말이다.

또한 단기지훈은 아들이 공부해야 할 기간을 채우지 않고 중도에 집으로 돌아왔다고 해서 그의 어머니는 짜던 베를 끊어 경계했는데 이 두 가지 교훈은 오늘날까지 유명한 이야기로 전해지고 있다. 그 외에도 초등학교 과정도 이수하지 못한 아인슈타인이나 에디슨, 링컨 등이 그처럼 위대한 인물이 될 수 있었던 것도 가정이 있었고 어머니의 역할이 있었기 때문인 것으로 추측된다.

그러나 현대의 가정은 어떠한가? 현대의 가정은 교육기능을 수행하기가 쉽지만은 않다. 과거처럼 대가족이 아닌 핵가족이고, 부부가 맞벌이를 해야 하며, 육아와 직장을 병행해야 하는 환경 때문이다. 그런 이유로 지향적 삶을 유도해야 하는데, 효는 부모가 원하는 방향으로 자식이 행하게 되는 가치(價値)작용을 한다는 점이다. 어려서부터 부모가 바라는 방향으로 행동하는 자식이 효성스런 자식이고 교육도 저절로 이루어지게 되는 것이다.

소크라테스도 "부모를 섬길 줄 모르는 사람과는 벗하지 말라. 인생의 첫발을 잘못 들여 놓은 사람이기 때문이다"라고 했는데, 사람으로서 배워야 할 것 중에 가장 우선시해야 할 것이 효(孝)임을 강조하고 있는 것이다. 따라서 가정에서 모유(母乳)수유, 밥상머리 교육, 인륜의 기본질서 교육 등 부모의 역할과 함께 기초교육이 이루어져야 한다.

우리는 취학 전 유아의 가정교육부터 초중고·대학교육 및 사회교육에 이르기까지 품성인(品性人)을 기대하고 있다. 우리의 가정에서도 선악을 구별하고 인도주의에 입각한 새로운 가치관을 정립시키고 올바른 정신을 가지고 도덕과 인륜을 숭상하며 조상을 숭배하고 노인을 공경하는 정신과 부모님께 효도하는 천륜회복에 힘써야 하겠다. 특히 가정과 관련한 기념일이 많은 달 5월에 효(孝)의 교육은 가정에서 체득하고 학교·사회에서 심화시켜야 바람직한 인격이 형성되리라 믿기 때문에 가정의 교육기능을 회복하여 효(孝)의 사상을 널리 전파하자.

(2013년 05월 07일, 울산매일)

4. 녹색성장의 희망 바이러스, 도시농부

　최근 에너지 절약, 온실가스 감축, 열섬효과 저감, 일자리 창출 등과 같은 녹색성장의 일환으로 도시농업의 역할이 부각되고 있다. 이제는 농촌에서 농민만이 농사짓는 것이 아니라 도시에서도 다양한 이유로 농부가 생겨나고 있는 것이다. 그러한 이유로 땅 한 뙤기 없는 도시에서 직접 채소를 재배하여 수확하는 '도시에 사는 농부족'이 늘고 있는 추세다. 도시농부들은 집주변의 공터 · 뒤뜰 · 옥상 · 아파트 베란다 등에서 다양한 종류의 야채나 과일을 재배하는 것은 물론, 닭이나 토끼 등 가금류를 기르기도 한다.

　외국의 경우, 뉴욕과 베를린 같은 대도시에서 도시농업을 통해 도시전체 주민이 필요로 하는 식량의 상당부분을 공급하기도 한다. '뉴욕타임스'에 따르면 뉴욕과 시카고 등 미국 대도시에 최근 옥상정원을 두는 빌딩에 세금감면 혜택을 주는 정책을 실시하면서 '도시농부'가 급증했다고 한다. 아일랜드에서는 스스로 채소를 길러 먹는 도시인 모임인 GIY(Grow It Yourself)도 등장해 인기를 끌고 있다. 우리나라에서도 저탄소 빌딩에 대한 관심으로 옥상정원을 두는 기업과 가정이 늘면서 조그만 텃밭을 가꾸는 사례가 많아졌다. 한편 농림축산식품부에 따르면 2010년 15만 3천 명이던 도시농업 인구수가 2015년 연말 130만 9천 명으로 약 8.5배가량 증가했다고 한다. 도시텃밭의 면적 또한 2010년 104ha에서 2015년 850ha로 약 8.2배 정도 증가하여 도시농업의 저변이 5년 사이 크게 확대되었다.

농식품부는 도시농업을 통해 국민들의 삶의 질 향상에 기여하고 자 지난해 4월 11일을 도시농업인의 날로 선포하고 '2평의 행복, 도 시농업 활성화 방안'을 발표하는 등 2024년까지 도시농업인구 480 만 명과 도시농업면적 3,000ha라는 구체적인 목표를 제시하고 도시 농업 활성화에 박차를 가하고 있는 상황이다. 이처럼 도시농부가 증 가함에 따라 도시인들의 새로운 취미활동으로 단순히 정의 내리기 에는 도시농부 트렌드가 시사하는 바가 적지 않다. 이들은 상업적 목적이 아니라 자신들이 먹기 위해 식량을 소량 생산하며, 비닐하우 스와 같은 시설이 없기 때문에 신선한 제철음식밖에 재배하지 못한 다. 자연히 슬로푸드로 이어진다. 또한 도시텃밭은 삭막한 도시의 오아시스와 같은 역할을 해서 자연이 주는 치유의 혜택까지 선사한 다. 실제 도시텃밭을 가꾸며 우울증에서 벗어난 사람들의 사례가 자 주 오르내리고 있다. 여기서 '텃밭'은 농경문화로부터 소외된 도시 에서 농업의 소중함을 느끼고 자연과 사람이 어울려 살아가며 올바 른 먹거리에 대한 권리를 작은 텃밭에서부터 찾자는 의미이다.

한편 도시농업이 주목받게 된 주된 배경에는 도시화와 산업화로 인한 에너지 및 이산화탄소 발생을 줄여 도시환경을 개선하자는 것 이다. 그리고 안전하고 다양한 먹거리 생산, 지역공동체 회복, 정서 함양에 도움이 될 뿐만 아니라 720여만 명에 달하는 베이비붐 세대 (1955~1963 출생)들의 귀농, 귀촌과 같은 인생 2모작을 위한 출발 점으로 주목을 받고 있는 시점에서 생태계 보전, 도시환경개선을 위 해 이웃과의 나눔, 마음의 행복, 인간을 가르치는 자연 속 교실이라 는 새로운 가치를 지닌 공간으로 각광받으면서 21세기 세계도시의 새로운 트렌드로 급부상하고 있다.

이런 사회적 추세에 맞춰 정부나 지자체 및 농업관련단체에서는 도시농업을 통하여 유기 순환하는 농업의 다원적 가치를 확산시키고 도시민들에게 농업의 소중함을 깨닫게 하며, 이를 활용한 도시환경, 도시공동체운동과 사회복지운동을 전개함과 동시에 도시라는 소비중심의 공간에 생산 공간을 연계하여 거창하게 도시농업을 구호만으로 외칠 것이 아니라 이제부터라도 도시농업이 주는 매력과 가치를 극대화하기 위한 인프라 구축으로 녹색성장의 희망 바이러스인 도시농부들의 환경적 부가가치를 높여 글로벌 녹색성장, 일자리 창출 및 취약계층의 삶의 질 향상에 기여하고 도농상생의 블루오션 창출에 일조를 다하길 기대한다.

(2013년 04월 16일, 경인일보)

5. 농산물 유통구조 개선, 전자상거래에 답이 있다

세계는 지금 변화와 혁신이라는 키워드 속에 정보가 일반적인 상품인 시대로 진입해 있다. 소위 개방화라는 이름 아래 우리 모두는 좋건 싫건 글로벌 경쟁시대에 살고 있는 것이다. 인터넷을 통해 전 세계 각국에서 일어나는 소소한 일들을 실시간으로 확인할 수 있고 전 세계 비즈니스나 마케팅은 인터넷 없이는 불가능할 정도가 되었다. 그와 더불어 마케팅이라는 단어는 남녀노소, 상황을 막론하고 일반화되었고 21세기 새로운 마케팅의 장은 인터넷을 포함한 온라인 속에서 이루어지는 것이다.

농업도 예외는 아니다. 농업에서도 인터넷을 기반으로 하는 활발한 e-비즈니스 기법을 도입하려는 시도가 활발하게 진행되고 있지만 각 농가가 개별사업체처럼 전자상거래의 다양한 가능성과 성공사례에도 불구하고 참여농가가 모두 뚜렷한 성과를 거두고 있는 것은 아니다.

기존의 복잡한 농산물 유통구조, 즉 전통상 거래인 생산자-도매-소매-소비자에 이르는 구조에서 전자상거래를 통한 생산자-소비자에 이르는 직거래 활성화를 한다면 유통마진 축소와 더불어 농가소득 증대 측면에서도 긍정적인 변화가 일어날 것이라고 생각한다. 소비자는 언제 어디서나 시간의 제약 없이 인터넷을 통해 자신이 원하는 품질과 가격대의 농산물을 구입할 수 있고, 농가는 자신이 생산한 농산물의 품질에 맞춰 가격을 결정할 수 있기 때문에 모두에게 바람직한 방향이라고 할 수 있다. 따라서 성공적인 농산물 유통구조개선을 위해서는 전자상거래 활성화 대책이 그 무엇보다도 시급하다.

방법으로는 첫째, 신선 농산물의 안정적 배송을 위한 유통체계 구축을 들 수 있으며, 둘째, 사이버 마케팅에 적합한 포장, 규격 농산물을 생산해야 하며, 셋째, 전자상거래에 대한 지속적인 교육이 필요하다. 이는 전자상거래의 진입장벽이 점차 낮아짐으로써 완전경쟁에 가까운 형태로 시장구조가 변하고 있어 성공적인 전자상거래를 위해서는 농업인들이 인터넷 전자상거래의 필요성과 활용방법, 사이버마케팅에 대한 교육이 체계적으로 이루어져야 한다.

그리고 무엇보다 중요한 것은 국가적인 차원에서의 상품 규격화,

표준화가 선행되어야 하며 지속적인 성장을 위해서는 정비된 제도를 기반으로 다양한 지역, 품목, 소비자의 구매동향에 맞는 상품 개발 등의 전자상거래 비즈니스 개발이 요구된다. 즉, 인터넷 비즈니스를 기반으로 하여 농업생산과 유통의 종합적인 측면에서 성과를 거둘 수 있도록 적극 모델을 개발, 교육하고 활성화시켜 나간다면 농산물 유통혁신을 통한 농산물의 국제경쟁력 강화를 달성할 수 있으리라 기대한다.

따라서 농산물 유통구조가 보다 빠르게 개선되기 위해서는 전자상거래의 활성화에서 그 해답을 찾을 수 있으며, 이를 위해서는 정책적으로 정부나 지자체의 적극적인 뒷받침과 체계적이고 종합적인 교육 및 지원대책 수립이 필요하다고 생각한다.

(2013년 04월 03일, 강원일보)

6. 5월은 오이와 오리로 가족사랑 나눔을

5월은 단연 계절의 여왕이라 할 만큼 아름답고 화려하다. 봄의 향연이 펼쳐지는 온 누리는 축제의 계절이다. 연두빛 나뭇잎은 푸르름을 더해가고 온갖 꽃들은 각양 빛깔로 만발하며 노랑나비, 호랑나비, 무당벌레, 귀여운 애벌레 등 곤충들이 활개를 치고 새들이 앞다투어 노래한다. 가까운 동네 뒤 산에만 올라가도 봄의 향연을 듬뿍 맛볼 수 있을 것이다.

5월은 각종 행사와 기념일로 가득하다. 이 중에서도 우리는 다양한 기념일이 있지만 농촌진흥청에서 정해놓은 5월 2일을 결코 잊어서는 안 된다. 이 날은 오이데이로 5월 2일을 숫자로 쓰면 52(오이)가 된다는 데서 유래된 말인데, 특히 농업관련단체나 지자체에서는 5월 2일을 '오이의 날'로 지정해 다이어트와 미용, 항암효과가 있는 오이의 기능성을 널리 알려 소비를 촉진시키고 오이생산농가의 소득 증대를 위하여 매년 오이를 무료로 나누어주고 오이로 만든 각종 요리를 선보이는 '오이데이' 행사를 개최한다. 이러한 행사를 통해 소비자들에게 무료시식을 통한 오이의 효능을 직접 느끼도록 하며 또한 종류별 오이를 전시하여 다채로운 오이의 효용성과 활용성을 널리 알리면서 오이소비 촉진홍보를 적극 추진하는 노력이 필요하다.

중국 속담에 미인에게서 오이 향기가 난다는 말이 있다. 오이는 미백효과, 보습효과가 탁월해 피부를 윤택하게 할 뿐 아니라 피부노화 억제성분으로 인기를 끌고 있는 콜라겐도 다량 함유되어 있다. 그 때문인지 예로부터 피부미용으로 오이마사지를 최고로 인정했던 것 같다.

요즘에 우리나라에서는 농축산물의 중요성을 촉구, 또 소비를 촉진하기 위해서 만들어진 각종 '농축산물 기념일'들이 있다. 3월 3일의 '삼겹살데이'를 비롯하여 9월 9일의 '구구데이', 배를 많이 먹자는 '배데이' 등이다. 이렇듯 5월 2일은 오리 데이라고도 불려 이날 정부나 지자체에서는 오리고기의 건강 정보와 가치를 소비자들에게 알리는 다양한 데이 마케팅을 적극 활용하여 전개하고, 가정의 달인 5월에 오이·오리 등 농축산물 소비촉진에 적극 앞장서는 가족사랑 나눔을 경험하는 계기가 되길 바란다.

5월은 가정의 달이지만 오이·오리의 달로 지정하여 5월 2일은

오이(오리)의 날, 5월 24일은 오이(오리) 사는 날, 5월 28일은 오이
(오리) 파는 날이라는 슬로건을 내세워 웰빙식품인 오이(오리)의 기
능성을 널리 알리고 다양한 용도로 사용할 수 있도록 오이(오리) 소
비를 촉진함으로써 오이재배(오리사육) 농가의 어려움을 해결하는
데 조금이라도 도움이 되었으면 한다.

이 작은 노력의 불씨가 하나둘 이어지고 국민의 사랑과 격려가 계
속된다면 우리 농업·농촌도 분명히 희망이 있다.

푸른 계절 5월, 가정의 달을 맞이하여 가족들과 함께 산과 들로
나가는 야외활동이 많을 것이다. 이제부터 나들이할 때는 오이의 우
수성을 직접 확인해보고 오리의 보양식을 통해 오이와 함께 식단을
경험하여 건강하고 아름다운 5월을 만들어보자.

(2012년 05월 02일, 경인일보)

7. 녹색직업을 통한 청년실업 해소

통계청이 지난 2월 발표한 고용동향에 따르면 취업자 수는 2천
541만 8천 명으로 지난 해 동월 대비 22만 3천 명 증가했으며, 고용
률은 58.7%로 전년 동월대비 0.1% 하락했다. 15~64세 고용률은
65%로 전년 동월대비 0.1% 포인트 상승했으며 또한 실업률은 4.9%
로 전년 동월대비 0.3% 상승한 것으로 조사되어 청년층(15~29세)
의 구직난을 여실히 보여줬다.

이러한 문제를 직간접적으로 해결해주기 위해서 몇 년 전 '2011년 글로벌 녹색성장 정상회의'가 개최되어 인류문명의 새로운 발전 패러다임으로서 녹색성장의 비전을 제시한 적이 있다. 이때는 약 한 달간 서울에서 OECD 설립 50주년과 대한민국의 OECD 가입 15주년을 맞이하여 대한민국정부와 OECD는 공동으로 '지구에 책임을 지는 문명의 건설'이라는 주제로 이루어졌다. 그러다가 2013년 6월 10일 글로벌녹색성장기구(GGGI)가 대한민국 정부와 공동으로 주관하는 '글로벌 녹색성장서밋(GGGS) 2013'이 인천 송도 컨벤시아에서 개막하여 '녹색성장의 미래-재원·혁신·정책'을 주제로 열린 바 있다.

이러한 녹색경제로의 패러다임의 이행은 지구와 인간의 지속 가능한 발전을 위한 원동력이며, 새로운 글로벌 경제 시장이 형성되고 있음을 알리는 신호라 할 수 있다. 또한 녹색경제로의 큰 흐름을 이끌어갈 주역이 바로 '녹색직업(Green Jobs)'이다.

녹색직업이란 생소하게 들릴지 모르겠지만 '국제연합환경계획'에서 다음과 같이 정의하고 있다. "농업 및 제조업, 연구개발, 관리 및 서비스 활동분야에서 고효율 전략, 탄소제거 경제, 모든 형태의 폐기물 및 오염 발생의 최소화 혹은 제거를 통해 환경보존 및 회복, 생태계 및 생물다양성 보호, 에너지 및 물자, 물 소비 감소에 상당한 기여를 하는 직업이다." 아직 직업군이 정확하게 형성되어 있지는 않지만 세계 곳곳에서 가장 미래가 촉망받는 직업으로 주저 없이 녹색직업이 선정되고 있다. 향후 성장가능성이 가장 큰 직업으로 탄소거래 중개인, 환경거래컨설턴트, 에너지 진단사 등이 거론되고 있으며, 주요국의 녹색 인프라 일자리 창출 분야로 미국, 일본, 중국, 독일, 프랑스 등에서는 재생에너지 개발, 환경시장 확대, 대체에너지

프로젝트 투자, 친환경 에너지 산업 확대 등을 주요내용으로 하고 있다.

최근 들어 세계 곳곳에서 가뭄, 홍수 등의 이상기후가 나타나고 있다. 지난 해 10월 필리핀은 강풍과 폭우를 동반한 슈퍼태풍인 제 24호 곳푸로 인해 인명과 재산상의 막대한 피해를 입었다. 또한 우리나라도 마찬가지다. 해마다 폭우로 인한 산사태 등 예상치 못한 일들이 여기저기서 발생하고 있다. 이러한 기후변화의 위기와 더불어 에너지위기 시대를 맞아 녹색경제에 대한 세계 각국의 관심이 커지고 있는 가운데, 우리의 미래 주역이 될 청년들이 관심을 가지고 이러한 녹색직업에 도전한다면 일석이조의 고용효과 창출이 나타날 것으로 전망된다. 또한 녹색직업을 통해 기후변화와 에너지위기를 극복할 수 있는 유일한 대안이 바로 녹색성장이며, 특히 에너지의 97%를 해외에 의존하고 있는 우리나라에 있어서는 기후변화와 고유가시대에 성장을 지속할 수 있는 해법이기도 하다.

이처럼 녹색직업에 대한 개념을 바로 정립하고 국가나 정부, 지자체 및 기업, 국민 모두가 관심을 가지고 청년실업문제에 적극적인 대안을 마련하여 제시한다면 고용창출효과와 청년실업문제 및 지구온난화로 인한 환경위기를 극복하리라고 확신한다.

(2013년 05월 22일, 서울경제)

8. 반복되는 식량위기, '농업투자'로 극복하자

전 세계가 곡물가격 폭등의 영향으로 식료품에서부터 일반 소비재 물가까지 줄줄이 인상되는 도미노 현상에 휩싸이고 있다. UN은 '앞으로 40년 동안 식량 수요량은 10%가량 증가할 것'이라고 예측하고 있는 가운데, 최근 들어 50년 만의 최악의 가뭄으로 식량위기에 대한 우려의 목소리가 높아지고 있다. 이는 기후변화가 주요한 원인으로 의심되고 있지만, 앞으로 기후의 불안정성은 더욱더 커질 것이라는 데 더 큰 문제가 있다.

한국농촌경제연구원의 2016년 농업전망에 따르면 옥수수, 밀 등을 포함하는 국제곡물가격은 2013년 하반기 이후 현재까지 안정적인 하락세를 보이고 있으며, 특히 엘니뇨에 대한 우려에도 2015/16년 세계 주요곡물 생산량 전망치는 25억 438만 톤으로 역대 최대를 기록한 전년에 비해 2,990만 톤(1.2%) 적으나 평년보다는 8,050만 톤(3.3%) 많을 것으로 전망했다. 또한 풍족한 수급여건과 세계 경제 성장 회복세 지체, 저유가, 달러화 강세 등 거시경제 변수들이 곡물 국제가격 하락요인으로 작용하고 있어 2016/17년 세계 주요곡물 생산량은 2015/16년과 비슷(0.1% 증가)하나 소비량은 1.1% 증가할 것으로 예상돼 세계 주요곡물 국제가격은 2015/16년 대비 강보합세를 보일 것으로 예측했다.

이처럼 국제 곡물시장의 불안정성은 식량안보와 깊은 관련이 있으며 우리나라와 같이 곡물자급률이 24%로 낮은 국가에서는 긴장하지 않을 수 없다. 식량안보는 작황부진, 곡물가격 급등 등으로 국제곡물시장이 혼란할 때 중요해지므로 기초식량을 해외에 지나치게 의존할 경우 큰 대가를 치를 수 있다. 특히, 기상이변 등의 요인으로 세계 곡물생산이 감소할 경우 주요 곡물 수출국들이 수출제한 조치를 취하고 있어 곡물자급률이 매우 낮은 곡물 수입국에서는 큰 타격을 받을 수 있다.

쌀 수출 국가 1위인 태국이 극심한 가뭄으로 인해 쌀 생산량이 줄어들어 국제 쌀 가격을 상승시켜 국제곡물시장이 혼란이 올 것이라는 예측도 이러한 연유이다.

옥스팜(OXFAM)과 UN은 2000년대 중반 이후 2007/08년, 2010/11년에 이어 3번째 식량위기가 확산될 것이라는 우려가 커지고 있다고 경고한다.

미국과 러시아의 가뭄과 아시아 지역에서 몬순기간 중 강우량 감소로 인해 촉발된 작금의 식량위기는 지난 해 11월 이후 국제곡물시장에서 옥수수나 밀의 가격을 거의 30% 이상 급등시켰다.

더욱이 2016년 현재 세계경제의 흐름이 과거 식량위기 때와는 달리 경기 하강기여서 그 심각성이 더해지고 있다. 향후 기상이변으로 농작물 작황이 나빠지면서 곡물가격 급등의 빈도도 증가할 것으로 전망된다. 이로써 이제 세계 각국은 식량확보 전쟁에 들어갔다고 해도 과언이 아니다. 식량위기를 느낀 러시아, 중국, 인도, 우크라이나, 브라질 등 식량 수출국들이 수출관세, 수출할당량, 심지어 수출금지 등 각종 수출규제로 문을 닫기 시작했다. 그야말로 식량의 무기화가 현실로 되어가고 있는 것이다.

그러나 우리나라의 현실은 어떠한가? 우리나라는 곡물자급률이

OECD 회원국 34개국 중 28위로 최하위권이며, 곡물 수입의존도가 높아서 국제 곡물가격이 상승하면 부분적으로 식료품가격 상승압력이 커질 것이다. 따라서 곡물가격 상승으로 인한 물가상승을 억제하고 식량공급 능력을 강화하기 위한 장단기 대책이 필요한 시점에 와 있다. 이러한 곡물가격 폭등과 반복되는 식량위기 속에서도 새로운 기회를 모색하는 지혜가 필요하다. 즉, 세계적인 농산업 기업을 적극 육성하여 반복되는 식량위기를 새로운 가치 창출과 新산업의 기회로 삼는 자세가 중요하며, 이스라엘의 '농작물 생육 환경을 제어하는 기술을 육성하여 물 부족 국가'라는 약점을 극복한 것처럼, 한국도 세계적인 경쟁력을 가진 정보통신, 전자제어기술을 지렛대로 삼아 농산업에 진출하기 위한 전략적 검토가 필요하다.

따라서 식량위기가 더욱 빈번해질 것으로 예상되므로, 과감히 농업투자를 늘리고 농산업을 육성하는 등 능동적으로 적극 대응하여 지금부터라도 식량위기에 철저히 대비하여 위기를 기회로 역이용하는 현명한 國本이 되길 기대한다.

(2013년 07월 12일, 파이낸셜뉴스)

9. 올바른 농업관(農業觀)과 표심(票心)

산업혁명이 세계최초로 시작될 때 영국은 공업화의 전초기지로 기능했다. 이때 자유무역론자들은 1846년 곡물법을 폐지하고 식량을 외국에서 사다 먹는 것이 유리하다고 주장했다. 그러나 제1차 세계대전이 일어나자 독일의 해상봉쇄로 온 국민이 극심한 굶주림의 고통을 겪게 되었다. 이를 계기로 영국은 농업의 중요성을 깨닫고 제2차 세계대전 이후 농업투자를 확대하여 1978년에는 곡물자급률이 77%에 이르렀고 1980년대 들어서는 곡물을 수출하는 나라가 되었다.

다른 나라의 농업관을 비교해보면, 먼저 프랑스 국민들은 아름다운 전원풍경을 즐기는 여행을 매우 좋아해서 시라크 대통령은 2004년 파리 농업박람회장에서 자국 농업에 대한 각별한 사랑과 관심을 표시하면서 "농업이 없다면 국가도 없다"라고 유명한 말을 남겼다.

열악한 국토 환경에서 사는 이스라엘은 유일한 물줄기인 갈릴리 호수에서 사막으로 물을 끌어와 농사를 짓고 생활폐수를 정화시켜 농업용수로 재활용하여 사막에서 하이테크 농업을 꽃피우고 있다.

동양의 최고 사상가인 공자는 식(食), 병(兵), 신(信)의 셋 중에서 군사보다 더 중요한 것은 백성을 배불리 먹이는 식(食)이라고 하여 군사력보다 식량안보를 더 중요하다고 가르쳤다.

우리나라의 정약용 선생은 농업을 육성하기 위해서는 농민의 신분상의 지위를 높여주고 이윤을 향상시켜주고 힘든 노동을 개선해야 한다고 역설했으며, 세종임금은 "국가는 백성을 근본으로 삼고, 백성은 식량을 근본으로 삼는다"는 사상을 통치이념으로 정하였다.

오늘날 세계 농업은 자연과 첨단기술이 결합된 유망한 미래산업으로 발전하고 있다. 선진국일수록 농업을 미래의 유망산업으로 인식하고 있으며, 농업 부문의 경쟁력을 높이기 위해 농업분야에 대한 투자를 더욱 늘리고 있다. 이러한 변화는 우리 농업도 투자여하에 따라 크게 달라질 수 있으며, 첨단기술을 접목시켜 하이테크 농업으로 육성한다면 얼마든지 21세기에 유망산업으로 발전할 수 있다는 가능성을 보여주고 있다.

그러나 지금 우리 농업과 농촌의 현실은 어떠한가? FTA(자유무역협정)를 앞세운 농산물시장개방 확대, 잦은 기상 이변, 인구감소와 고령화 등으로 많은 어려움에 봉착해 있다. 이런 때일수록 농업과 농촌을 보듬어 농업을 지키고, 농촌과 도시의 균형된 발전을 꾀하기 위해서는 다가오는 총선에서도 올바른 농업관을 가진 후보들이 많이 당선되어 도시의 뿌리인 농어촌이 함께 발전되기를 기대하며, 농업·농촌에 대한 획기적인 인식전환을 하는 계기가 될 수 있기를 희망한다.

한편 학교교육도 학생들에게 농촌과 농업인의 고마움에 대한 마음을 갖게 하고 농촌체험활동을 통한 아름다운 정서교육과 노동과 봉사의 가치를 교육하는 등 올바른 농업관에 대해 교육해야 할 것이며 정치지도자나 사회지도자는 국토의 균형발전과 국민의 양극화 해소를 위해 최선을 다해야 할 것이다. 농업인도 경영주로서 자긍심과 책임관을 갖고 창의와 연구를 통해 소비자들에게 안전하고 품질 좋은 농산물을 공급하는 한편 '농촌' 자체를 상품으로 만들어가는 기술이 필요하다. 이제 총선이 얼마 남지 않았다. 300만 농업인 등 농업계 모두가 지켜보는 가운데 과연 총선 후보들의 올바른 농업관은 분명 농민들의 표심(票心)을 사로잡을 수 있을 것으로 확신한다. 우리 국민 모두는 '농업관 바로 세우기' 캠페인을 적극적으로 전개하여 농업의 중요성을 널리 알렸으면 한다.

(2012년 04월 09일, 농민신문)

10. 황금알을 낳는 거위, 스마트 그리드 구축

최근 기후변화의 심화와 에너지 고갈이라는 전 세계적 위기 앞에서 친환경 녹색성장시대를 이끌 '지능형 전력망' 스마트 그리드는 이미 전 세계의 공통 화두가 된 지 이미 오래다.

그럼 과연 스마트 그리드란 무엇이며, 이를 위해서 전력만의 지능화를 기반으로 전력망에 신재생에너지를 연계하고 전기자동차 충전인프라를 구축하는 등 다양한 비즈니스를 창출할 수 있도록 핵심기술개발 등 역량을 모으는 지혜가 필요한 시대임에 틀림없다. 일명 '똑똑한 전기', '황금알을 낳는 거위'로 각광받고 있는 스마트 그리드는 기존 전력망에 정보기술을 접목해 전력공급자와 소비자가 양방향으로 실시간 정보를 교환함으로써 에너지 효율을 최적화하는 지능형 전력망이다. 쉽게 말하자면, 각 가정의 전력계와 중앙장치를 통신망으로 묶어 전기사용량과 요금 등의 다양한 정보를 주고받을 수 있도록 하는 것이다. 예를 들어, 전기사용자가 실시간으로 자신의 전기사용요금을 알아볼 수 있어 에너지 소비전략과 효율적인 이용에 도움을 줄 수 있다. 또한 앞으로 각 가정에 소형 태양광 발전기가 보급될 경우, 자신이 쓰고 남은 전기를 전기회사에 되팔 수도 있다. 스마트 그리드를 이용한 충전이 쉬워지면 전기차 보급도 한층 늘어날 것으로 예상된다.

스마트 그리드는 녹색성장의 기본이 되는 시스템으로 세계 각국이 앞다투어 차세대 신성장 동력으로 선정한 매우 중요한 프로젝트

이기에 우리나라도 2004년부터 산학연 기관과 전문가들을 통해 기초기술을 개발해왔으며, 2008년 그린에너지 산업발전전략의 과제로 스마트 그리드를 선정하고 법적·제도적 기반을 마련하기 위해 지능형전력망 구축위원회를 신설했으며 세계 최초 국가단위 스마트 그리드 구축을 목표로 하는 국가 로드맵을 수립하여 제주특별자치도를 스마트 그리드 실증단지로 선정하는 등 2010년부터 본격적으로 기술실증에 착수, 2011년부터 시범도시를 중심으로 대규모 보급을 준비해왔다. 2020년까지 소비자 측 지능화를 2030년까지 전체전력망 지능화를 완료할 계획이며 우리나라는 2009년 7월 이탈리아에서 열린 G8 정상회의에서 '스마트 그리드 기술 선진국'에 선정되는 등 이미 세계적으로 그 기술을 인정받고 있다. 하지만 국가적 프로젝트를 성공적으로 추진해나가기 위해서는 다양한 요소가 유기적으로 조화를 이루어야 한다.

이러한 스마트 그리드 도입의 주목적은 기후변화에 대응하기 위해 CO_2를 절감하고 에너지이용을 효율화하는 데 있으며, 또한 실시간 요금변동에 따라 고객이 값비싼 시간대를 피해 가전제품의 동작시간을 선택해 표준화된 통신방식으로 원격 제어하여 전력피크와 전기사용량을 줄여 국가적 환경문제와 이산화탄소 감축에 기여해야 한다.

이러한 노력들은 각 개개인의 노력만으로는 한계가 있으므로 각계 전문가를 분야별로 모아 미래변화를 예측하고 효과적인 대응방안을 마련해 국민합의를 도출해 추진하는 것이 바람직하며 세계 주요 스마트 그리드 추진국가 및 글로벌 기업과의 협력관계 구축과 공동기술개발도 이루어져야 한다. 또한 고부가가치의 창출이 가능한 핵심기술개발과 국가표준화활동을 통해 국제표준을 선점, 경쟁력 있는 비즈니스 모델을 개발하여 향후 다가올 기후변화, 정전사태 및 유가의 불안정 등에 신속히 대응할 미래에너지원인 신재생에너지 분야를 신성장 동력이자 신기간 산업 분야로 육성하여 경쟁력 있는 스마트 그리드를 구축하는 계기가 되길 바란다.

(2013년 03월 21일, 경기일보)

11. 품질혁신을 위한 1:10:100의 법칙

치열해지는 경쟁환경에서 남을 따라가는 전략인 벤치마킹으로는 진정한 1등 기업이 될 수 없다는 비판이 거세게 일고 있다. 또한 한 단계 더 높이 도약하려면 '창조' 혹은 '독창성'을 통한 성장을 이루어야 한다는 것이 경쟁력 있는 효과적인 벤치마킹이 될 수 있다. 그러나 이보다 더 중요한 것이 품질혁신을 통한 기업경쟁력 우위를 가질 수 있는 차별화 역량을 도출하는 것이다. 이를 잘 뒷받침해주는 것이 바로 미국의 유명한 우편 및 화물특송회사인 페덱스(Fedex)에서 비롯된 1:10:100법칙이라는 것이다.

이 법칙은 불량이 생길 경우 즉각적으로 고치는 데는 1의 원가가 들지만 책임 소재나 문책 등의 이유로 이를 숨기고 그대로 기업의 문을 나서면 10의 원가가 들며 이것이 고객의 손에 들어가 클레임으로 되면 100의 원가가 든다는 법칙이다. 쉽게 말하자면, 제품 설계단계에서 결함을 바로 잡는 데 드는 원가가 1이라면 출하검사나 고객사용 단계에서 그 결함이 발견돼 수정하는 '품질비용'은 걷잡을 수 없이 커진다는 것이다.

이 용어의 아이디어를 원용하여 우리 기업이나 정부의 혁신전략으로도 연계하여 생각해보면 다음과 같다.

첫째로, 제품이 만들어지는 과정에서 설계단계, 검사단계, 고객사용단계로 나누어 품질비용(평가 및 검사비용, 내부 실패비용(재작업, 폐기처분 등), 외부 실패비용(클레임 비용, A/S 비용 등))의 증가추세를 보면 1:10:100의 법칙을 따르는 것을 알 수 있다. 즉, 설계단계에서 결함이 발견되어 수정하는 데 드는 비용이 1이라면 출하검사단계에서 그 결함이 발견되어 재작업을 거치게 되면 10의 비용이 들고, 고객이 사용하는 단계에서 그 결함이 발견되면 100의 비용이 든다는 의미이다. 따라서 품질비용을 최소화하려면 설계단계에서 모든 가능한 결함을 사전에 제거하는 것이 최선이다. 이런 노력은 연구개발의 혁신을 통하여 가능할 것으로 생각된다.

만약 설계단계에서 못 잡으면 최소한 제조단계에서 그 결함을 찾아 제거하여야 한다. 이 결함이 고객의 사용단계에서 발견되면 비용이 많이 들게 된다. 우리나라는 품질비용으로 인하여 발생되는 손실액이 매출액의 20~30% 수준이라고 한다. 따라서 1:10:100의 법칙을 활용한다면 원가경쟁력을 제고하는 데 크게 기여할 것이다.

두 번째로, 기업·정부·대학 등을 포함한 모든 조직에서도 이 법칙은 적용될 수 있다. 즉, 정책의 의사결정과 집행과정에서 정책오류를 탐지해 이를 즉각적으로 바로 잡는다면 1의 비용이 들지만 책임 소재의 추궁이나 문책 등을 꺼려 이를 숨기고 바로 잡는 일을 지연하면 10의 비용이 들고, 이것이 결함이 있는 채 집행돼 고객 불만족과 정책 실패로 이어진다면 100 이상의 비용이 들게 되는 것이다. 따라서 어떤 정책이든지 이 정책 해당자인 고객의 입장에서 정책 오류를 즉각적으로 점검하는 것이 필수적이며, 이럴 경우 사회 비용을 최소한에 그치는 것이다.

따라서 품질향상에 어려움을 겪는 국내 중소기업들은 이러한 법칙을 잘 활용하여 품질혁신 시스템을 구축하고 원가절감 및 생산성 향상을 위해 기업체 구성원 전원에게 동기부여를 하여 국내 중소기업의 글로벌 품질경쟁력 강화를 위해 최선을 다하는 모범기업이 되길 희망한다. 이것이 바람직한 혁신의 길이고 모든 조직이 지향해야 할 품질혁신전략이다.

결국 가장 바람직한 혁신전략은 품질비용에서나 정책오류에서나 나쁜 습관에서나 시작 초기단계에서 바르게 잡아주는 것이 최선의 전략이라고 생각되며, 치밀한 계획 없이 시작은 대충해놓고 나중에 뒷정리하느라 많은 비용과 시간을 낭비하는 것이야말로 혁신의 적(敵)임을 우리 모두는 잊지 않기를 기대한다.

12. 은퇴 후 행복 재테크

최근 베이비부머의 본격적인 은퇴시기를 맞이하여, 퇴직 자산 지키기에 비상이 걸렸다. 은퇴시점이 되면 자신이 근무하는 직장에서

30여 년 이상의 회사생활을 마감하고, 퇴직금을 수령하면, 일시 혹은 연금 수령 등 고민과 갈등에 봉착하게 된다. 또한 창업과정 강의 등 기타 제2의 인생을 위해 도전하려는 다양한 시도들이 여기저기서 나타나고 있는 실정이다.

이때 주의할 점이 한 가지 있다. 우리는 통상 퇴직 후 안락한 노후생활을 위해 이른 시점부터 다양한 재테크 등 여러 가지 측면에서 접근하지만 쉽지만은 않다. 평균수명 증가를 고려할 때, 55~60세에 은퇴하더라도 30년 이상을 노후기간으로 인정해야 한다. 은퇴란 본인이 하던 일로부터의 은퇴이지 삶에서의 은퇴가 아니기 때문이다. 고령화에 따라 은퇴자들이 안락하고 여유 있는 노후생활 설계를 위한 준비가 더욱더 중요해지는 것이다. 이런 이유로 50대는 자신의 노후에 대비할 수 있는 마지막 기회라고 볼 수 있다.

50대부터는 '수성(守城)' 위주로 재테크 패러다임을 전환해야 한다. 50대 이전에는 돈을 모으는 공격적인 '공성(攻城)' 시기였다면, 이제부터는 관리위주의 '수성(守城)' 시기에 해당한다. 즉, 안정성을 중심으로 한 자산운용이 기본이며 불리기보다는 지키는 개념을 적용해야 한다.

30~40대와 달리 은퇴가 임박한 50대에서 투자금액에 손실이 생긴다면 원금을 만회할 수 있는 시간이 절대적으로 부족하고 이로 인한 성급함이 심각한 오판을 초래할 위험이 상존하기 때문이다.

은퇴를 앞둔 시점에서는 자신이 살고 있는 아파트 외 투자목적으로 보유하고 있는 비수익형 부동산이 있다면 과감히 매각해 지속적이고 안정적인 수익을 낼 수 있는 자산으로 전환해야 한다. 이때 부동산에 대한 재투자는 피해야 한다. 과거에는 부동산에 대한 투자가 임대수익률이 낮더라도 부동산 가치상승으로 이를 만회할 수 있었으나 경제상황, 자영업자의 위기, 인구구조변화 등 앞으로 부동산 가치가 계속 상승할 것이라는 낙관적인 예상을 하기가 어려운 상황이다. 즉, 장기적인 관점에서 본다면 부동산 투자는 부동산 노후화에 따른 임대수입축소, 세입자관리문제, 추가적인 임대물건 수리비용, 상권변화로 인한 부동산 가치하락, 각종 세금 등을 고려한다면 안정적인 투자수단으로 보기는 어렵다. 은퇴 자산의 유동성과 안정성을 고려하면 금융자산에 투자해 이자소득을 노리는 편이 오히려 나을 수도 있다.

50대부터는 돈을 풀어서 늘리기보다는 모아서 정리해야 할 시기다. 즉, 불리기보다는 지키는 재테크에 집중해야 한다는 것이다. 주식에 직접 투자한 것이 있다면 적정 시점에서 정리해 안전한 금융상품으로 전환해야 하며 소득이 줄어드는 것을 감안한다면 대출도 최대한 줄여야 한다. 또 예기치 못한 여유자금이 필요한 상황이 발생할 수 있으므로 20% 정도는 유동성을 확보해놓는 것도 좋은 재테크 전략 중 하나다.

(2013년 12월 03일, 서울경제)

13. 봄철 도로운전, 낙석사고 주의

우수경칩이 지나 대지는 봄기운이 완연하다. 유채꽃, 동백꽃, 산수유 등 봄을 알리는 꽃들이 남풍을 타고 전해오고 있다. 하지만 해빙기에는 안전사고가 빈발하는 시기임을 명심해야 한다.

특히 지난겨울은 유난히도 춥고 눈도 많이 내려 어느 해보다 해빙기 안전사고 발생이 우려되고 있다. 날씨가 점차 풀리면서 각종 공사장, 도로절개지, 축대, 옹벽 등 겨울 내내 결빙되었던 곳이 해빙되면서 붕괴되거나 유실될 우려가 많아져 안전사고 위험도 그만큼 증가하게 된다. 또한 날씨가 따뜻해지면 등산하는 사람도 부쩍 증가하는데 얼었던 땅이 표면만 녹으면서 미끄러지기 쉽기 때문에 주의할 필요가 있다.

평지보다 산이 많은 우리나라는 산을 통과하는 도로가 많다. 요즘 같은 시기에는 산이나 계곡 등 절개지가 있는 도로를 지날 때는 특히 낙석사고에 주의하면서 운전해야 한다. 조그만 부주의가 대형사고로 이어질 수 있다. 아울러 도로를 지나다 낙석이 발견되면 다른 사람의 안전을 위하여 반드시 관계기관에 신속한 신고를 해야 한다. 그리고 해빙기 안전사고가 많이 발생하는 작업장에서의 축대나 버팀목 등 지지시설에 대한 세밀한 점검이 있어야 한다.

이른 봄에는 춘곤증이나 황사 등 불청객이 찾아오듯이 봄은 우리가 생각하듯 그리 만만한 계절은 아니다. 사소한 부주의가 대형재난으로 이어지는 만큼 해빙기 사고가 발생하지 않도록 철저한 대비가 필요하다.

14. 화재예방은 간절함의 법칙으로

2016년 병신년 원숭이의 해를 맞아 지난해와는 달리 올해는 저마다 좋은 일들만 일어나길 간절히 바라는 온 국민의 마음이 한결 같았을 거다. 그러나 최근 몇 개월 사이에 대형 화재사고가 연이어 발생하고 있어 국민의 불안감과 정서가 점차 가중되고 있다.

언론매체에 의해 공식 발표된 보도자료만 보더라도, 지난해에 발생한 의정부 대봉그린아파트(사망 4명, 부상 126명), 양주 GS자이아파트(사망 2명, 부상 4명), 남양주 동부센트레빌아파트(부상 4명) 및 청주 현대대우아파트(부상 5명) 등 대형 화재사고와 최근 발생한 축사시설(아산 배방읍 세교리에 위치) 화재 등 관련된 뉴스들이 매스컴을 통해 계속 속보가 쏟아지고 있으며 지금 이 시간에도 도처에 화재의 주범이 도사리고 있을는지 모른다. 그동안 소방관계당국을 중심으로 우리 국민에 이르기까지 화재예방 교육 및 훈련 등 홍보와 함께 지속적으로 실시해왔으나 안전에 관한 관계법령 완화, 국민들의 안일한 불법 주정차 등으로 인한 소방차 진입로 방해 등 결국 사회적 문제로 확산되어 대책마련이 시급한 실정이다.

그렇다면 과연 조금이라도 화재를 줄일 수 있는 예방대책은 없는 것일까? 그것은 바로 간절함의 법칙인 피그말리온 효과를 적용해보는 것이다. 어떤 재테크 책에서 부자가 되는 법칙을 "부=간절함×복리투자×시간"이라고 표현한 것을 본 적이 있다. 이는 부자 되기를 간절히 꿈을 꾸면서 복리의 마음을 이해하고 장기간 시간을 들여 노력하면 누구나 부자가 될 수 있음을 뜻한다. 저자는 이를 부(富)의 방정식 혹은 부의 법칙이라고 하였다. 이러한 공식을 화재예방대책에 맞게 바꾸면 어떨까 하는 생각이 들어 한 가지 제안을 할까한다. 즉, 화재예방법칙인 간절함의 법칙인 것이다.

"화재예방법칙＝간절함×(매일 화재예방단어 기억하기)×실천×시간", 즉 화재예방대책을 간절히 꿈을 꾸면서 매일 화재예방단어를 기억함으로 실천하고 시간을 할애한다면 누구나 화재가 발생하지 않도록 주의를 기울일 수 있다는 말이다. 이와 관련된 그리스 신화에 등장하는 피그말리온 효과를 소개할까 한다. "피그말리온은 아프로디테 신전에 있는 키프로 섬에 살았던 조각가였다. 당시 피그말리온은 키프로 섬의 여인들의 정조관념이 희박하여 이러한 여인들을 혐오하였으며 결혼을 하지 않고 한평생 독신으로 살았다. 하지만 그는 외로움과 여성에 대한 그리움 때문에 자신이 원하는 이상적이고 아름다운 여인상을 조각하여 그 조각상을 실제 연인처럼 지극정성으로 보살폈다. 시간이 흘러 아프로디테 축제날이 다가옴에 따라 아름다움의 여신인 아프로디테 신에게 진짜 사람이 되게 해달라고 간절히 요청했다. 그의 정성에 감탄한 아프로디테는 마침내 그 조각상에 영혼을 불어 넣어 사람으로 환생시켜 주었다"고 한다. 이처럼 간절히 무언가를 소망하고 갈망하면 이루어지는 경우를 우리는 조각가의 이름을 따서 피그말리온 효과라 부른다.

모든 조직이나 사람이나 화재예방을 진정으로 간절히 원하고 필요성을 느끼면 반드시 그 소망은 이루어지게 되고 그런 간절함과 소망들이 모이면 결국에는 대형화재를 예방하는 버팀목이 된다는 것이다. 사실 오늘날 대한민국이 무역강국 코리아로 급부상하게 되는 위상도 이러한 간절함과 열정이 있었기에 가능하지 않았던가.

끊임없이 찾아온 위기에도 불구하고 모든 어려움을 극복할 수 있었던 원동력은 우리 조상들의 얼이 담긴 간절함이었다.

금년도 마찬가지로 이제 주말 혹은 연휴기간인 취약시간 때에 화재가 밤손님처럼 예고 없이 찾아온다. 이제 더 이상의 화재 및 피해가 있어서는 안 된다. 안전한 주말 혹은 연휴를 잘 보내기 위해서는 우리 국민 모두 각자가 위에서 언급한 간절함의 법칙을 적용해 사전에 위험요소를 제거하여 미리 대비하는 지혜가 필요하다. 또한 최근 화재로 많은 인명피해가 있는 도시형 생활주택에 대해서는 소방관계당국의 철저한 실태조사와 각 지자체별로 대피훈련을 실시하여 우리 국민 모두는 화재의 주범이 아주 사소한 부분에서 시작된다는 것을 잊지 말고 우리 주변에 산재해 있는 불안전한 요소가 있으면 사전에 제거해 모두 안전하고 즐거운 연휴가 되길 기대한다. 최근 화재로 인한 유족과 피해가족에게 우리 국민 모두의 간절함과 소망이 담긴 따뜻한 격려로 어려움을 극복하고 다시 일어설 수 있는 계기가 되길 희망한다.

(2015년 01월 29일, 한국일보)

15. 세(稅)테크 전략 '한국형 ISA' 조기정착 위해 단점 보완을

　　최근 초저금리 시대에 사회 초년생들과 중산층 및 서민층에게 개인종합자산관리계좌(ISA)가 뜨거운 감자로 회자되는 동시에 세(稅)테크로 각광받고 있다. 특히 지난해만 해도 금리가 두 번 인하되어 현재 1.5%를 유지하고 있다. 올해도 저금리시대 대비책의 일환으로 다양한 투자수요가 예상되는 가운데, 관심을 가지고 눈여겨보아야 할 것이 있다. 이는 바로 지난 해 8월 세법 개정안이 발표되면서 세재 개편으로 인한 금융상품 변화이다. 그중 가장 대표적인 것이 위에서 언급한 ISA이다.

　　만능통장이라고 불리는 개인종합자산관리계좌(ISA)란 여러 종류의 금융상품 등을 하나로 묶어 관리할 수 있는 통합계좌를 뜻한다. 즉, 다시 말해서 ISA의 핵심은 소장 펀드, 재형저축 등 기존 비과세 상품과는 달리 예적금, 펀드 파생상품 등 일반 금융상품에 분산 투자하면서 세제혜택을 받을 수 있다는 것이다. 또한 해당계좌에서 발생한 모든 손익을 통산한 운용수익 200만 원에 대해서도 비과세가 된다는 점이다. 그렇다면 과연 세테크 측면에서 운용수익 200만 원에 대해 비과세되는 세금은 어느 정도 될까.

　　개정된 세법 안에 따르면 5,000만 원 이하 소득 가입자는 250만 원까지 비과세, 5,000만 원 이상의 소득자일 경우 기존의 세법과 동일하게 200만 원까지 비과세를 받을 수 있다. 만능통장 ISA는 직전

연도 근로소득 혹은 사업소득이 있을 경우 가입 가능하며, 신규 가입자의 경우도 가입연도의 소득이 있다면 가능하다. 추가로 세법이 개정되면서 농어업인도 혜택을 받을 수 있도록 추가되었다.

올해 3월 14일에 출시된 ISA의 큰 장점은 바로 절세혜택이며, 연간 납입한도는 연 2,000만 원으로 5년간 최대 1억 원까지 운용할 수 있으며, 5년 만기 인출 시 순수익 200만 원까지는 비과세, 200만 원 초과수익은 9.9%(지방세 포함)의 분리과세 세율이 적용된다. 만약 ISA에 가입하지 않을 경우 이자 발생액 전체에 대해 15.4%의 소득세를 부담해야 한다. 예를 들어, 연간 2,000만 원씩 5년간 납입하여 원금이 1억 원이고 연평균 4% 수익이 났다면 만기 때 누적수익은 1,200만 원이다. 일반상품이라면 소득세(15.4%)로 1,848천 원을 내야 하지만 ISA는 비과세 한도 200만 원을 초과하는 1,000만 원에 대한 세금 99만 원(9.9%)만 내면 된다. 단지 이러한 ISA의 절세혜택은 가입 후 의무가입기간인 5년(15~29세 이하 가입자 또는 연 소득 5,000만 원 이하 가입자의 경우 3년)을 유지(금융소득 종합과세대상자 제외)해야만 누릴 수 있다.

그러나 ISA의 도입은 근로소득 혹은 사업소득 있는 중산층 및 서민층에게는 저금리 시대의 재테크 혹은 세테크 전략으로 안성맞춤이겠지만 한 가지 걱정이 앞선다. ISA의 도입 성공사례로 손꼽히는 영국(1999년 4월 시행)과 일본(2014년 1월 시행)의 사례를 보면 우리와는 사뭇 다르다. 영국과 일본은 가입대상자의 연령에 대한 제한만 있을 뿐 소득에 대한 제한을 두고 있지 아니하며, 계좌에 납입 가능한 금액의 한도는 있으나 그 금액에서 발생한 운용수익 거의 대부분이 비과세로 적용된다는 점이다. 따라서 전문가들은 한국형 ISA가

성공하기 위해서는 선진국 사례들을 좀 더 면밀히 분석하여 장점은 그대로 살리면서 5년 의무가입, 중도인출 불가, 금융소득종합과세자 제외 및 주식형 펀드 비수혜 등 단점은 시급히 보완해야 한다고 지적한다.

금번 한국형 ISA의 새로운 도입방안을 마련하기 위해 정책당국의 많은 노력을 기울인 만큼 초저금리시대 자산관리의 돌파구로 금융소비자들을 위한 맞춤형 재테크(세테크)가 조속히 정착되어 가계의 노후소득을 풍족하게 하는 계기가 되었으면 한다.

(2016년 02월 01일, 헤럴드경제)

16. 경기침체의 탈출구, 협동조합

금년 7월 2일은 세계협동조합의 날이다. 이 날은 국제협동조합연맹(ICA)이 1923년부터 매년 7월 첫째 주 토요일을 정해 기념하고 있는 기념일이다. 국제연합(UN)도 협동조합의 사회·경제적 중요성을 인정하여 1995년 특별결의로 UN공식 '국제협동조합의 날'을 지정해 기념하고 있다. 이 날에는 매년 전 세계인이 인식하고 공감해야할 협동조합과 관련된 특정 주제를 정해 협동조합의 가치와 역할을 알리고 협동조합을 장려하기 위한 협동조합 간 협업추진 마련 및 협동조합 관계자들 간 소통과 교류기회 등을 다양하게 제공하고 있다.

지난 해 세계협동조합의 날 주제는 '평등'이었다. 또한 슬로건은 '협동조합을 선택하고, 평등을 선택하라(Choose co-operative, choose equality)'여서 협동조합이 평등의 원칙을 추구한 것으로 기억된다. UN이 2012년을 '세계협동조합의 해'라고 선포한 지 거의 4년이 되었지만 2008년 금융위기 이후 전 세계경제는 회복되지 못한 채 경기침체에 빠졌다. 이것은 금융위기 이후 전 세계적인 현상이며, 장기침체의 주요원인이 소비부진에 있기 때문에 이를 벗어나기 위해서는 국민들이 소비할 수 있는 여력을 갖게 하는 것이다. 그래서 각국 정부가 추구하는 양극화 해소, 양질의 일자리 창출은 도덕의 문제라기보다는 경제와 생존의 문제인 것이다. 이러한 경제침체의 탈출구를 찾는 돌파구는 없을까. 이는 바로 협동조합에서 찾을 수가 있다. 이러한 이유로 UN은 2012년을 '세계협동조합의 해'로 지정하고 세계 각국이 협동조합운동을 활성화하고 적극적인 지원을 할 것을 권고한 것이다.

협동조합기본법 시행 이후 전국적으로 다양한 분야에서 일반협동조합이 우후죽순으로 설립되고 있는 실정이다. 지난해 보건사회연구원 조사연구에 따르면 2017년까지 8,000~10,000개의 협동조합이 신설될 것으로 예측하였는바, 법 시행 1년 만에 하루 8개씩, 모두 3,000개가량의 협동조합이 점차 확산 추세에 있다. 일반적으로 우리는 협동조합의 양극화로 대변되는 경제성장의 부작용을 완화, 해소하기 위한 수단이라고 간주하면서 경제발전의 부작용이 두드러질 때마다 사람들은 잊고 있던 협동조합을 새삼 되돌아보고 찾게 된다. 이는 소득분배의 불평등을 축소하고 민주주의 공간을 확장하는 데 이바지하는 한편 사회적 자본, 즉 시민의 신뢰 네트워크를 강력하게 창출하는 역할을 협동조합이 하고 있다는 것을 잘 알기 때문이다. 따라서 진정한 의미의 협동조합은 자본의 이익이 아닌 누군가의 이익을 위하여 일하며 우리 사회의 불평등을 완화하고 경제적 약자의 처지를 개선하는 것이다. 여기서 우리가 한 가지 잊지 말아야 할 것이 있다. 협동조합이라고 해서 협동조합의 목표인 인간존중의 바탕에서 이루어진 협동을 통하여 인격적 평등과 경제적 지위향상이 저절로 이루어지는 것은 아니라는 사실이다.

금번 세계협동조합의 날을 맞이하여 재차 협동조합은 사회적 가치와 역할을 통해 모든 구성원, 즉 생산자와 소비자들에게 경제적 필요와 역량을 추구하고 조합원들의 요구와 열망에 부응하면서 사회전반의 지속가능하고 진정한 의미의 협동조합으로서의 기능을 잘 감당하리라 기대한다.

(2015년 07월 04일, 강원일보)

17. 분노조절로 엽기적 사고 예방하자

최근 '분노의 숲에 빠진 대한민국'이라고 할 만큼 분노가 우리 사회의 주요 핵심 키워드로 떠오르고 있다. 지난해에는 아파트에 이사 온 지 하루 만에 변을 당한 사건으로 큰 충격을 주었었는데 '세종시 편의점 총기 난사 사건'과 연이어 발생한 '경기 화성시 총기 난사 사건'에 이르기까지 끊임없이 우리 사회에 도미노 현상처럼 사회의 비극이 엽기적으로 일어나고 있다.

　이러한 비극의 원인은 과연 어디서 오는 것일까? 최근 언론보도에 의하면 대부분 사람은 누구나 자신의 분노를 참지 못하고 순간적인 감정을 억누르지 못한 채 '욱'하는 자신의 분노를 폭발시켜 우발적인 범죄를 일으킨다고 한다. 이를 분노조절장애라고 하는데, 정확한 정식명칭은 의학용어로 '외상 후 격분장애'라 불린다. 즉, 무기력함이나 좌절감, 부당함이 지속적으로 일어나며 분노와 증오의 감정상태가 오래 동안 지속되는 것을 말한다. 건강 보험심사평가원에 따르면, 2010년 13,667명이었던 충동조절장애증상환자가 2011년 14,011명, 2012년 14,050명, 2013년 13,360명, 2014년 13,328명으로 매년 1만 3~4천으로 집계되었다고 한다.

　그렇다면 우리 사회 비극의 주범이 된 분노조절장애를 치유하는 방법은 없는 것일까. 그 답은 바로 감성의 지능을 높이는 일이다. 미국의 심리학자 다니엘 골만의 저서 『감성지능』에 의하면 "감성지능이란 자신과 다른 사람과의 감정을 이해하고 그에 따라 의사결정을 내림으로써 더욱 발전적인 행동을 할 수 있게 하는 능력"이라고 정의를 내리고 있다. 또한 감성지능이 높은 사람은 스스로 동기를 부여하고 자신감에 차 있으며 통제불능 상태의 감정에 휘둘리는 일이 없다고 한다. 한편 이들이 일에 실패할 경우 좌절감도 맛보기도 하지만 이러한 상황들을 신속히 극복하고 예전의 상태로 회복하기도 한다. 그러므로 분노조절을 효과적으로 잘하기 위하여 다음 세 가지를 제안하고자 한다.

　첫째, 충동을 억제하라. 분노를 배출하기 위해서는 분노와 불만을 인식하고 그것들이 쌓이는 것을 막는 것이 핵심이다. 이러한 과정을 행하는 사람은 산책을 하고, 혼자만의 시간을 보내며, TV를 보고 음악을 듣거나 긴장을 완화하는 방법을 익힌다. 또 다른 방법으로 자신의 주변에 스트레스에 잘 대처하는 사람이 있으면 그 사람이 만약 자신의 입장이라면 어떻게 대처할지 생각해보는 것이다.

둘째, 유머를 이용하라. 유머는 자기를 제어하고 분위기를 반전시키는 데 매우 유용하다. 미국의 한 대학에서는 웃음이 뇌 속에 있는 엔돌핀의 분비와 연결되어 있기 때문에 웃으면 기분이 더 나아진다는 사실을 증명해냈다고 한다.

셋째, 감정이입의 능력을 키워라. 감성지능 중 하나인 감정이입능력은 다른 사람의 감정을 헤아리고 그들의 시각을 이해하며 그들의 생각에 적극적인 관심을 표명할 줄 아는 능력을 뜻한다. 이는 다른 사람의 얼굴과 목소리를 통해 그 사람의 감정을 읽어내고 대화 도중에 상대방의 감정에 동조하는 능력이다. 이러한 감성지능은 선천적으로 타고난 것이 아니라 후천적으로 학습이 가능하다는 것이다.

따라서 각 지자체 및 교육관계기관에서는 현재 심각한 사회문제로 대두되고 있는 분노조절장애증후군을 치유하기 위해, 초·중·고에서부터 성인에 이르기까지 특별 프로그램을 운영하여 어린 시절부터 자기중심적이고 이기적인 생각을 버리고 타인의 감정과 입장을 이해하는 능력을 향상시켜 우리 사회에 더 이상의 엽기적이고 극단적인 사고가 일어나지 않길 바란다. 특히 부모가 자녀와 함께 이 프로그램에 참여한다면, 분노조절 조력자로서의 역량을 발휘하게 되어 청소년 성장의 동기를 높이는 데에도 큰 역할을 할 것으로 기대된다.

제6부

송경규의 도시의
구원투수 꿀벌

1. 삶·생명의 터전, 흙에서 활력 찾자

흙은 생명의 터전이라고 한다. 지구의 표면을 덮고 있는 바위가 부스러져 생긴 가루인 무기물과 동식물에서 생긴 유기물이 섞여 이뤄진 물질을 흙 또는 토양이라고 한다. 모든 생명체는 여기에서 기원한다. 도시에 살거나 농촌에 살거나 푸르름은 우리에게 희망과 꿈·활력을 준다. 그리고 때로는 이 활력을 함께 공유하기 위해 씨앗을 뿌리고 물을 주고 잡초를 뽑고 정성 들여 가꾼다. 이는 도시와 농촌이 함께하고 있다.

2010년 트렌드 키워드에 집 주변, 공터, 뒤뜰, 옥상, 아파트 베란다 등에 다양한 야채와 과일을 재배하는 도시농부(city farmer)라는 단어가 생겼다. 뉴욕타임스에 따르면 뉴욕·시카고 등 미국 대도시에서는 옥상정원을 두는 빌딩에 세금감면 혜택을 주는 정책을 실시하면서 도시농부가 급증했다고 한다. 아일랜드에서는 스스로 채소를 길러 먹는 도시인들의 모임도 등장해 인기를 끌고 있다.

도시인들의 새로운 취미활동으로 단순히 정의하기에는 도시농부의 트렌드는 시사하는 바가 적지 않다. 국내에서도 저탄소 빌딩에 대한 관심으로 옥상정원을 두는 기업·가정이 늘면서 조그만 텃밭을 가꾸는 사례가 많아졌다. 이런 도시농부의 삶은 개인적 취향을 넘어 자발적 환경운동가가 되는 계기가 되기도 한다. 땅·물·공기가 내 입으로 들어가는 먹을거리와 무관하지 않기 때문이다.

이들은 상업적 목적이 아닌 자신들이 먹기 위해 소량으로 생산하고 비닐하우스와 같은 시설이 없기 때문에 신선한 제철 음식밖에 재배하지 못하므로 자연히 슬로푸드로 이어진다. 또한 도시텃밭은 삭막한 도시의 오아시스와 같은 역할을 해 자연이 주는 치유의 혜택까지 선사한다. 실제 도시텃밭을 가꾸며 우울증에서 벗어난 사람들의 사례가 자주 오르내린다.

식물·원예 활동을 통한 인간의 치료적 행위로서 사회적·교육적·심리적·신체적 적응력을 기르고 정신적 및 신체적 건강회복을 꾀해 사회참가를 도와주는 전반적인 활동이라고 할 수 있다.

인간의 생명은 태양·물·이산화탄소를 이용해 영양분을 만들어 내고 부산물로 산소를 내는 식물에 의존한다. 이 식물은 자기에게 필요한 영양분이 들어 있는 흙이 있어야 살 수 있으니 그런 의미에서 흙은 생명의 터전임에 틀림없다.

(2010년 07월 20일, 서울경제)

2. '자연과 휴식의 만남' 팜스테이 떠나보자

　복잡한 도시에 사는 사람이라면 한적하고 여유로움을 느낄 수 있는 곳에서 조용하고 한가롭게 온전한 휴식을 취하고 싶을 것이다. 손쉽게 선택할 수 있는 다양하고 편의시설이 잘 갖춰진 테마파크나 휴양지도 좋겠지만, 늦여름 옛 추억을 떠올리며 우리를 온전히 품어주는 마음의 고향, 농촌으로 가족들과 함께 약간의 먹을거리와 들뜬 마음을 가득 안고 팜스테이를 떠나보는 건 어떨까.

　시원스럽게 울어주는 매미와 우리를 반겨주는 나비는 도시의 소음과 높은 빌딩으로부터의 자유를 느끼게 할 것이다. 지금은 규모가 작아졌지만 시골 5일 장터에 나가 간단히 시골식 백반으로 요기를 채우고, 시원한 수박 한 덩이를 사서 먹으면 피곤이 절로 풀리리라.

　밤이 되면 유난히도 반짝이는 별들을 보는 재미와 다양한 별자리를 관찰하며 가물가물한 기억 속의 아름다운 이야기를 나누다보면 깜빡깜빡 꼬리에 빛을 내는 반딧불이도 보게 될 것이다. 아빠는 멋진 잡아채기 기술로 반딧불이를 잡아 형설지공 이야기도 들려주다보면 아이들은 자연의 넓은 품속에서 어느새 단잠에 빠질 것이다.

　한 점의 잔잔한 수채화 같은 팜스테이는 부부들에게는 옛 추억을 떠올리는 포근하고 온전한 휴식이 될 것이고, 아이들에게는 자연의 경이로움을 느끼게 하는 새로운 추억거리가 되지 않겠는가.

(2010년 08월 22일, 세계일보)

3. 건배 구호로 한 해 마무리하자

한 해를 마무리하는 연말이 다가오면서 회식도 잦아지고 건배사도 많아지고 있다. 건배는 술좌석에서 서로 잔을 들어 축하하거나 건강 또는 행운을 비는 일이다. 최근 들어 건배구호가 다양해지고 있다. 일반적으로 술자리에서 주로 건배를 하게 되지만 요즘은 술자리뿐 아니라 웬만한 행사에서도 건배를 하는 경우가 많다.

직장생활에서 행해지는 공식적인 행사는 물론이고 주부들도 동창회모임 같은 곳에서 건배제의를 해야 하는 상황이 발생한다. 또한 윗사람이나 연장자가 도맡아 하던 예전과 달리 건배사도 돌아가면서 하는 일이 잦은 만큼 누구를 막론하고 미리 준비해두는 것이 센스 있는 자세이다.

평소에 어느 정도 준비가 돼 있지 않으면 간단한 건배사라도 당황하게 된다. 갑자기 지명을 받으면 순간적으로 아찔할 수도 있다. 멋진 건배사는 제창자의 인격과 감각을 드러내므로 시간·장소·상황에 따라 적절하게 주제가 달라져야 함은 물론이다.

건배사에서 하게 되는 한 말씀은 짧으면서도 그 자리에 어울려야 하고 건배를 제의하는 사람의 심정을 진솔하게 표현하는 것이어야 한다. 멋있게 하려고 어렵게 생각하거나 억지로 말을 꾸며서 할 필요는 없다. 축하를 하는 자리라면 진심으로 축하하는 말을 하면 되고 석별의 정을 나누는 자리라면 그 아쉬움을 대화하듯이 담으면 된다. 그러면서도 재치 있고 유익하면 금상첨화다.

어떤 사람은 모두들 잔을 들고 있는데 혼자 장광설을 늘어놓기도 한다. 자리에 있는 사람들이 대부분 알고 있고 함께 느끼는 당연한 이야기를 길게 늘어뜨린다면 정말 눈치 없는 사람이 된다. 인터넷에 보면 별별 구호가 다 있다. 기본형은 잘 아는 바와 같이 '건배'와 '위하여'다. 그러나 이것을 모임의 성격에 따라 변형해 웃음을 선사하기도 한다.

건배구호는 의전의 격식을 따지는 경우가 아니라면 분위기와 행사의 성격 등에 맞춰 재치 있게 만들어서 활용하는 것도 괜찮다. 그러나 한 가지 유념할 것이 있다. 인터넷이나 유머책 등에서 찾을 수 있는 변형구호는 가급적 사용하지 않는 게 좋다. 변형된 구호를 남발할 경우 감탄은 고사하고 썰렁하거나, 촌스럽거나, 격이 낮아 보일 여지가 크기 때문이다.

건배구호로 깊은 인상을 남기고 싶다면 자신이 직접 만들어야 한다. 그럴 자신이 없다면 차라리 '건배' 또는 '위하여' 정도로 평범하게 하고 대신 건배사에서 의미를 찾는 것이 좋은 것이다. 건배구호는 그 유형이 '기본형(건배, 위하여 등)', '삼행시형(나가자: 나라와 가정과 자신을 위하여)', '구호형(위기를/기회로)' 등이 있는데 건배를 하는 상황에 따라 누구라도 멋지게 만들어낼 수 있다.

인터넷 등에 소개돼 있는 건배구호가 많이 있다. 그러나 필요할 때는 활용하되 그보다는 독창적이 구호를 어떻게 만들어야 하는지 그 요령을 참고로만 하는 것이 좋을 것이다. 건배구호는 즉석에서 행사의 목적과 상황에 알맞게 만들어서 사용하는 것이 좋다. 예를 들어 석별의 자리라면 '언제나/행복해'라고 당부의 뜻을 담은 건배구호를 외칠 수도 있고 결혼식 피로연에서 친구로서 건배를 제의할 때는 '친구야/사랑해'를 채택할 수도 있다. 문제는 재치요, 남과 다르게 좀 더 의미 있게 해보겠다는 의지와 열정이 있느냐 하는 점이다.

특히 당시의 시사성 있는 단어나 유행어를 활용하면 독특하고도 시의적절한 건배구호가 될 수 있다. 건배사와 구호 정도는 평소에 준비해둬 여러분만의 독특한 건배를 하는 것이 좋다. 이제 여러분의 건배사와 구호를 무엇으로 할지 궁리해보고 한 해를 마무리하는 시기에 건배의 의미를 다시 한번 생각해봤으면 한다.

(2010년 11월 26일, 서울경제)

4. 성공농업의 길 '농업도서관'

"사람은 모름지기 다섯 수레가 넘는 책을 읽어야 비로소 사람 구실을 할 수 있다"란 옛말이 있다. 그만큼 우리 선조는 책을 사랑했고 지식을 공유하기 위한 많은 노력을 했다. 우리나라는 이미 12세기에 세계 최초의 금속활자를 발명한 이후 인쇄술과 출판업을 발달시켰다. 특히 조선시대 세종은 중국에서 빌려온 책을 '새로운 조선'이라는 틀 속에서 '우리의 것'으로 만들어냈다. 이러한 역할을 집현전이 수행했으며, 이는 한국도서관의 모태이다.

2009년 기준으로 우리나라에는 국립중앙도서관 1개, 국회도서관 1개, 공공도서관 487개, 대학도서관 438개, 학교도서관 1만 297개, 전문·특수도서관 570개가 있다. 이 중 대외적으로 내세울 수 있는 농업전문도서관은 농촌진흥청과 한국농촌경제연구원에 있을 정도이다.

미국의 경우, 워싱턴 근처 벨츠빌(Beltsville)에 국립농업도서관이 있다. 이는 국회도서관, 국립의학도서관, 국립교육도서관과 더불어 미국 4대 도서관 중 하나로 손꼽힌다. 1862년 미국 국립농산국 부설 도서관으로 시작해 1962년에 국립농업도서관으로 정식 개관했다. 농업과 관련된 지식을 약 330만 종류로 분류하고 있으니 과히 세계적인 농업정보의 메카라고 할 수 있다.

발명왕 에디슨은 초등학교 입학 석 달 만에 문제아로 취급당해 쫓겨났다. 에디슨은 먼 훗날 이렇게 회상했다. "당시 나의 피난처는 디트로이트 도서관이었다." 마이크로소프트 빌 게이츠 회장도 "오늘의 나를 있게 한 것은 우리 마을 도서관이었고 하버드 졸업장보다도 소중한 것은 독서하는 습관이다"라고 했다. 도서관의 중요성은 농업분야에서도 마찬가지이다. 경쟁이 심화된 글로벌시대에서 남보다 빠른 정보의 습득은 생존의 문제이다.

농업인에게 농업과 관련된 최신정보를 빠르게 제공하고 창의적 아이디어를 착안할 수 있는 역할을 도서관에서 수행해야 한다. 성공 농업인의 경우 성공역량을 조사해보면 늘 책을 가까이 한다는 공통점이 있다. 농업도서관은 농업인들이 평생 캐고도 남을 만큼의 소중한 자원이 있는 보물창고다.

이제 독서의 계절이다. 농업인들이여! 농업도서관이란 지혜의 곳간에서 지적 충전과 감동을 만끽해보면 어떨까?

(2011년 11월 07일, 기호일보)

5. 태풍피해의 아픔 함께 나누자

초강력 태풍 '볼라벤'이 전국에 많은 피해를 입혔다. 특히 올봄 가뭄과 여름철 폭염을 힘들게 극복하고 가을 수확을 눈앞에 둔 농작물에 큰 타격을 주었다.

안타까운 인명피해뿐만 아니라 추석에 맞춰 수확을 앞둔 많은 과일이 하루 사이에 30% 이상 떨어졌고, 수십 년 된 과목이 송두리째 뽑히기도 했다. 아직 남아 있는 과일도 심하게 상처를 입어 상품성이 크게 떨어져 농업인들은 거둬들일 의욕마저 잃고 있다.

엎친 데 덮친 격으로 14호 태풍 '덴빈'이 뒤따라오고 있다. 모두가 함께하는 대책이 시급하다. 수확이 가능한 과일은 미리 수확하고 낙과에 대비한 방풍망 및 지주목을 서둘러 설치해야 한다. 시설물 사전점검으로 추가피해를 최소화하기 위해서다. 아울러 조속한 피해복구를 위해 민·관이 힘을 함께해야 한다. 국민 모두의 관심과 온정이 필요한 시기이다. 태풍으로 약간의 흠이 있는 과일은 가슴 아픈 농심이라 생각하며 구매하는 따뜻한 마음과 배려가 요구된다. 시름에 빠진 농업인들에게 희망을 주었으면 한다.

(2012년 8월 21일, 서울신문)

6. 대형 산불에 대한 국민의 경각심을 일깨워야

최근 전국 곳곳에서 대형 산불이 잇따르고 있다. 봄철 건기에 바람이 거세게 일면서 화재가 예년보다 잦다.

산불예방은 국민의식 제고가 최선이다. 소방방재청에 따르면 작년 한 해 무려 4만 3,237건의 화재로 2,891억 원의 재산피해를 입었다. 이 가운데 절반에 가까운 46.8%(2만 248건)가 부주의로 인한 화재다. 부주의 사례를 보면 담배꽁초 방치가 33.6%, 음식물 조리 13.8%, 불씨 등 화원 방치 13.2%, 쓰레기 소각 11.6% 순이다.

사고예방 의식계몽을 위해선 신문과 방송 등 언론사의 공익적 기능이 절실하다. 불조심에 대한 국민의 경각심을 일깨우고 사회에 범국민적 사고예방 운동과 인식을 확산시키는 데는 매스컴이 가장 효과적이다. 더불어 발달된 소셜네트워크서비스(SNS)를 통해 등산, 야영객에게 주기적으로 홍보한다면 그 효과는 금방 나타날 것이다.

날씨가 풀리면서 식목, 등산 등 야외활동이 잦은 시기다. 꽃샘추위에 언 손 녹이려거나, 울산 화재처럼 사소한 부주의로 화재가 나는 경우가 많다. 아울러 소방방재청의 광범위해진 역할에 걸맞게 소방공무원들의 처우개선도 이뤄졌으면 한다.

(2013년 3월 13일, 국민일보)

7. 장애우에게 배우는 인생역전

삶의 한복판에 서면 '내가 꼭 이렇게 까지 살아야 하나'라는 자괴감으로 극단적인 생각을 할 때가 있다.

시각장애를 딛고 최초로 미 백악관 국가장애위원회 정책차관보를 역임한 고 강영우 박사와 척추 장애인으로 아프리카에서 14년 봉사활동을 하신 김해영 선생님, 양손과 두 발이 없어도 '행복전도사'로 세계를 돌며 희망을 전하는 호주 출신 닉 브이치치, 이들 3인은 건강한 육체를 가지고도 자살을 택하는 우리의 현실에 던져주는 메시지가 많다.

이들은 자기 인생에서 주인공으로 살았다. 위에서 언급한 3인의 장애우는 타고난 신체적 장애는 차치하고 자신의 현실을 수긍하는 데 적잖은 갈등의 세월을 감내해야 했다.

그러나 세상에 홀로 던져진 현실을 확인하고 긍정한 후 그들은 초인적인 불굴의 의지와 신념으로 목표를 향해 나아간다. 일찍 부친을 잃은 고 강영우 박사는 중학교 때 사고로 실명이 되었고, 그 소식에 어머니마저 사망하게 되며, 가정을 꾸리기 위해 돈을 벌던 누나마저 과로로 사망하게 된다.

이제 벼랑에선 강 박사는 희망을 선택했고, 맹인학교에서 열심히 공부하여 연세대를 졸업하고, 미 피츠버그 대학에서 교육철학박사 학위를 받는다. 그리고 부시 대통령 시절 백악관에 차관보로 입성하게 되며 유엔 세계장애위원회 부위원장까지 역임한다.

헌신하는 삶을 본받은 두 아들들도 미국 명문대를 졸업하고 저명한 인사가 되었다. 오늘의 강 박사가 있게 된 것은 헌신적으로 내조한 아내도 있지만 내 인생을 새롭게 설계하고 주도적으로 이끌어간 참다운 주인정신이었다.

그리고 인생의 참된 성공은 결과보다 과정의 가치에 있음을 배우게 된다. 타인의 시선을 받고 사는 저들에겐 삶 자체가 부정, 부패나 세상의 변칙과는 거리가 멀다. 김해영 씨는 가난한 집 5남매 중 첫딸로 태어났으나, 딸로 태었다는 이유로 버려져 척추 불구가 되었으며 성장은 134cm에서 멈춘다.

아버지는 자살하고 어머니는 오히려 그녀를 괴롭혀 초등학교를 마치고 14살 나이에 식모살이를 시작한다. 상경 서울종합직업훈련원에서 편물을 배워 1983년 전국 장애인기능경기대회 금메달, 1985년 미국 세계장애인기능경기대회 우수상을 받고 직장생활을 하다 아프리카 봉사활동을 떠나 14년간을 봉사한다.

2004년 미국으로 건너가 컬럼비아대 사회복지학 석사학위를 받는다. 신체적 장애도 결코 그녀의 의지를 꺾지 못했다. 그녀는 매일 좌절했다고 하지만 한편으로 '희망'이라는 단어는 유일한 등대가 되었다.

감사하는 삶이다. 호주 출신 닉 브이치치는 양손은 물론 두 다리도 없이 태어났다. 최근 우리나라도 방문한 바 있지만 그는 어린 시절 밖에서 뛰노는 친구들을 보며 죽을 생각을 많이 했다고 한다. 갈등과 절망을 딛고 그는 홀로 사는 법을 배워 양팔과 두 다리도 없지만 딱 2개밖에 없는 발가락으로 비장애인 못지않게 타이핑을 하고, 드럼도 치며, 웬만한 일은 입으로 다 해낸다. 지금은 전 세계를 돌며 청소년들에게 꿈과 희망을 전하는 '행복전도사'로 활동하고 있다.

그는 가는 곳마다 외친다. 지금 '나는 행복합니다'라고. 이들 장애인들은 가족이나 사회의 도움을 받았기에 이웃을 위해 봉사할 줄 알고, 사랑을 받았기에 사랑을 베풀 줄 알며, 가진 것이 없었기에 가진 것의 소중함을 일찍 깨달았다.

평범하지 못했던 저들이 빚은 비범한 인생을 보며 오히려 건강한 것이 부끄럽다는 느낌이다. OECD 국가 중 자살률 단연 1위, 특히 인내하지 못하고 쉽게 자살하는 우리 청소년들에게 저 장애인들은 삶의 가치와 무한한 가능성을 용기 있는 삶을 통해 웅변하고 있다. '꼭 성과가 없더라도 인생은 살 만한 가치가 있다. 그리고 살아 있는 자는 모두 행복할 권리가 있다'고 말이다.

(2013년 04월 22일, 전북도민일보)

8. 로컬푸드는 곧 창조농업

최근 환경보전, 식품안전성 제고, 지역농업 발전 등을 위한 방안으로 '로컬푸드(Local Food)'에 대한 관심이 세계적으로 확산되고 있다. 로컬푸드 운동은 생산자와 소비자 사이의 먹거리 이동거리를 최소화해 환경과 건강을 지키고, 도농(都農) 상생을 촉진하는 일련의 활동을 의미한다. 일본에서는 로컬푸드 개념을 지산지소(地産地消)로 부르고 농산물직매장에 농가 레스토랑이나 체험농장 관광까지 연계하는 형태도 나타나 소비자의 호응을 얻고 있다.

로컬푸드가 지역 농산물 직거래와 함께 기존의 유통망을 보완할 수 있는 새로운 판로로 부각되기 위해선 다음이 전제돼야 한다. 우선 정부와 지자체, 농업관련단체 등이 협력해 법적·제도적 지원과 정책개발 등의 다양한 활동을 하는 것이 필요하다.

또 그 가치가 훼손되지 않도록 지속가능한 운영을 해야 하며 소비자 요구를 충족할 수 있도록 균일한 품질과 다양한 농산물 공급 등을 위한 시스템 구축이 필요하다. 로컬푸드가 우리 농업과 소비자에게 희망을 불어넣을 수 있는 계기가 되었으면 한다.

(2013년 8월 12일, 국민일보)

9. 조상의 지혜가 깃든 미풍양속

벌초는 고유의 미풍양속으로 음력 7월 말부터 추석 성묘를 전후로 행해진다. 2인 이하 가구가 46%대에 이르는 우리 사회에서 벌초는 조상의 묘를 정리하는 이상의 의미가 있다. 부모를 찾아뵙고 흩어져 있던 형제를 만나면서 조상과 나 그리고 가족을 생각하게 된다. 조상으로부터 시작된 연이 오늘의 나를 존재케 했으니 이제 더 아름답고 발전된 가족과 사회를 위해 후손을 생각하는 날이 되는 것이다. 우리 민족 최대 명절인 한가위를 앞두고 가족이 함께 모여 정성된 마음과 땀방울로 벌초도 하고 그간 소홀했던 대화와 정을 나누면서 가족의 소중한 의미를 되새겨보았으면 한다.

(2013년 09월 11일, 경남도민일보)

10. 농기계 교통사고에 따른 대책 시급

본격적인 농산물 수확기를 맞아 농기계를 활용하는 농작업 시간이 증가하고 있다. 농작업의 기계화는 꾸준히 증가하는 반면 농촌고령화와 농기계 조작미숙으로 지난 10여 년간 농기계에 의한 교통사고는 큰 폭으로 증가추세를 보이고 있어 대책이 시급하다.

전체 교통사고는 발생건수와 사상자수가 감소추세인데 반해 농기계 교통사고는 발생건수, 사망자수, 부상자수가 모두 증가하고 있다. 2012년 100건당 농기계 교통사고 사망자수는 20.4명으로 전체 교통사고의 치사율 2.4명에 비해 10배 정도 높은 실정이다. 월별 분포를 보면 농번기인 5월과 10월에 전체사고가 집중되고 있으며, 시간대별로는 농기계가 빈번이 이동하는 오전 8~10시와 오후 4~6시에 집중되고 있다.

농촌 도로운행에 대한 주의와 관심이 필요한 때다. 사고를 유발하는 쪽이 농기계운전자인 경우가 증가하고 있는 걸 보면 무엇보다 농기계운전자의 방어운전 습관이 중요하다. 장시간 농작업을 하거나 피로한 상태에서는 운전을 피하도록 하는 것이 좋겠다. 도로주행 시에는 가장자리로 운행하여 다른 차들과의 추돌을 사전에 예방해야 한다. 일반 운전자들도 주의가 필요하다. 농촌 도로는 중앙선 표시가 없는 도로가 많고 커브길이 상대적으로 많다. 또한 도로에는 수확한 농산물을 건조시키는 농업인들이 많기 때문에 농촌 도로에서는 무조건 속도를 줄여줘야 한다.

농촌 고령화는 전체의 3배에 달할 만큼 노인들이 많고 노인들은 사고 시 순간대처능력이 떨어져 사고에 취약하다. 관련기관에서는 농기계에 안전장치와 야광 형광띠 부착, 안전홍보교육, 농기계보험 제도 운영 등 지속적인 관심과 예방활동이 필요하다.

(2013년 09월 30일, 경남도민일보)

11. 관광지 쓰레기 되가져오자

산과 들에 울긋불긋 단풍이 만발해 사람들이 몰려들고 있다. 자연과 함께 몸과 마음의 피로를 풀고, 숲과 아름다운 산야를 즐기는 절정기다. 그러나 그곳에는 아름다움만 있는 것이 아니다. 산행을 하다 보면 눈에 거슬리는 장면이 목격되곤 한다.

몰래 버려진 쓰레기와 단풍을 즐기려는 등산객의 먹다 남은 밥, 삼겹살, 김치 등이 쓰레기가 되어 악취를 풍기며 아름다운 단풍을 멍들게 하고 있다. 분리수거는 고사하고 산과 들에 몰래 버리고 간 각종 쓰레기는 환경오염은 물론 금수강산 이미지를 훼손한다.

이러한 모습은 예나 지금이나 별로 변하지 않고 있다. 그러나 이제는 변해야 한다. 매년 되풀이되는 악순환의 고리를 끊기 위해 철저한 대책이 필요하다. 지자체에서는 쓰레기 투기를 철저히 단속해 근절해야 한다.

음식물 쓰레기를 줄이려면 가을 단풍놀이를 떠나기 전 식단을 구성하고 필요한 식품만 준비하도록 하자. 적정량 음식만 가지고 가서 깨끗이 먹고 오는 것도 소중한 자연을 지키는 것이다. 스스로 공중질서를 지키는 성숙한 국민의식이 절실한 때다.

(2013년 10월 21일, 경남도민일보)

12. 아름다운 정월대보름 풍속 계속 이어져야

14일은 정월대보름이다. 민속놀이를 즐기며 신나게 축제를 벌이는 날이다. 식문화로는 부럼 깨물기, 더위팔기, 귀밝이술 마시기, 복쌈이나 묵은 나물 먹기와 달떡 먹기 등이 있고 전통놀이로는 줄다리기, 고싸움, 돌싸움, 쥐불놀이, 탈놀이, 별신굿, 달맞이, 농악놀이, 새노래 등이 펼쳐진다. 밤중에는 아이들이 깡통에 숯불을 넣어 돌린다. 이 쥐불놀이는 새해 풍년농사를 기원하며 논두렁에 기생하는 병해충을 박멸하려는 조상들의 지혜에서 비롯되었다.

오곡밥을 먹는 일은 삼국시대부터 내려오는 전통이다. 참쌀과 검은콩, 팥, 차조, 찰수수 등을 섞어 소금으로 간을 해 지은 잡곡밥에 각종 산나물과 마른가지나물, 무말랭이, 고추부각 등을 곁들여 밥상에 올리면 훌륭한 웰빙 식단이 된다. 그렇지만 아쉽게도 농촌에서 아이들 웃음소리가 끊기면서 많은 전통행사도 사라져가고 있다. 풍년을 기원하고 건강을 비는 풍속은 계속 이어졌으면 좋겠다. 도시에서도 주민들끼리 모여 앉아 오곡밥도 나누어 먹고 보름달을 바라보며 서로 덕담도 나누어보자.

(2014년 2월 12일, 국민일보)

13. 정월대보름······ 오곡밥 나누며 미풍양속 즐기자

정월대보름은 우리 민족의 가장 큰 세시풍속 중 하나로 각종 민속놀이에 마을 사람들이 모두 동참하며 신나게 축제를 벌이는 날이다.

정월대보름 하면 맨 먼저 떠오르는 추억이 쥐불놀이다. 까만 밤중에 깡통에 숯불을 넣어 돌리는 쥐불놀이는 새해 풍년농사를 위해 논두렁에 기생하는 병해충을 박멸하려는 조상들의 지혜에서 비롯됐다.

또한 이날엔 부럼 깨물기, 더위팔기, 귀밝이술 마시기, 시절음식인 복쌈이나 묵은 나물 먹기와 달떡 먹기 등 식문화와 줄다리기, 고싸움, 돌싸움, 쥐불놀이, 탈놀이, 별신굿, 달맞이, 농악놀이 등 다채로운 대보름 전통행사가 펼쳐진다.

대보름날 오곡밥을 먹는 일은 삼국시대부터 내려오는 오래된 전통이다. 찹쌀과 검은콩, 팥, 차조, 찰수수 등을 섞어 소금으로 간을 해 지은 잡곡밥은 우리나라 사람의 맛과 멋을 보여주는 종합건강식품이다.

오곡밥의 혼합비율에 대해 고서인 규합총서(閨閤叢書)에 찹쌀·찰수수·흰팥 각 2되, 차조 1되, 물콩 5홉, 대추 1되의 비율로 섞는다고 기록돼 있다. 모두 잡곡을 주재료로 한 밥이며 오곡밥이라고 해서 꼭 다섯 가지만 넣는 것은 아니고 여러 잡곡을 형편에 맞게 사용했다.

이 오곡밥에 여름내 정성스레 말려놓은 각종 산나물과 마른가지 나물, 무말랭이, 고추부각 등을 곁들여 밥상에 올리면 명품 웰빙 식단이 된다. 색다르게는 쌀과 잡곡에 밤, 대추, 검은콩을 넣고 시루에 쪄서 잡곡밥을 만들기도 했다. 더위와 추위를 잘 견디기 위한 과학적인 메뉴와 레시피를 그때부터 마련해놓았다.

이제 놀이의 주인공인 아이들 웃음소리가 농촌에서 끊기면서 많은 행사가 추억 속으로 사라져가고 있다. 시대는 이미 첨단 디지털 시대로 기울었지만 풍년을 기원하고 건강을 비는 미담은 변함이 없다. 버릴 것은 버리되 미풍양속은 시대에 맞게 발전시켜 본래의 민족정기를 이어가야 한다.

(2014년 02월 12일, 문화일보)

14. 여름휴가는 신나는 '팜스테이'에서

여름휴가철이다. 가족과 함께 어디로 떠날 것인가를 고민하고 있을 것이다. 이미 해수욕장은 개장기간을 예년에 비해 한 달 이상 늘렸고 유명 관광지마다 이색체험거리를 마련해 피서객을 유혹하고 있다. 그러나 한껏 부푼 기대로 떠난 여름휴가가 교통체증, 바가지 상혼, 몰려드는 인파로 망치기 쉽다.

가족과 함께 휴식을 취하면서 삶을 충전하길 원한다면 매번 되풀이되는 유명 관광지에서의 휴가를 농어촌 체험형 휴가로 바꾸기를 권한다. 특히 초등학생과 같은 어린 자녀를 둔 가장이라면 볼거리, 먹거리, 체험거리가 풍성한 팜스테이를 추천한다. 잘 정비된 농어촌 마을에서 숙박하면서 고추 따기, 감자 캐기, 계곡에서 물고기 잡기 등 도시에서 할 수 없는 농촌과 자연을 체험할 수 있다.

팜스테이는 신선한 우리 농산물로 만든 음식을 먹으면서 시골의 넉넉한 인심과 자연을 즐기면서 조상의 지혜를 배울 수 있는 추억거리가 넘치는 곳이다. 자연이 주는 느긋함과 생명의 소중함은 과격하고 조급한 요즘 학생의 인성교육에 많은 도움이 될 것이다. 이러한 팜스테이 마을은 전국에 300곳 이상 있다.

팜스테이 마을들도 등급화가 시행돼 경쟁적으로 자기 지역의 특성을 살린 체험상품, 문화상품, 이벤트를 내놓기 때문에 자신의 취향에 맞는 마을을 선택한다면 결코 실망하지 않는 휴가지가 될 것이다.

(2014년 07월 22일, 서울신문)

15. 에볼라 국내 유입 가능성…… 공항부터 차단대책 필요

　최근 에볼라 바이러스로 전 세계가 우려하고 있고, 더불어 국민들의 불안감이 높아지고 있다. 지난 1월 서아프리카에서 시작된 에볼라 바이러스가 10개월째 걷잡을 수 없이 확산돼 감염자 수가 1만여 명에 육박하고, 사망자도 4,000여 명을 넘어섰다. 에볼라출혈열은 에볼라 바이러스에 의한 감염증으로 치사율이 25~90%에 이르고, 전 세계적으로 이를 치료할 수 있는 백신과 치료제는 현재 없는 상태다.

　국내에서는 환자가 발생하지 않았지만, 대국민 홍보와 대응이 필요하다. 미 질병통제예방센터(CDC)는 방역장비를 갖춘 간호사가 전염을 피하지 못하자 에볼라 대처를 위한 안전규정이 충분하게 마련돼 엄격히 지켜지고 있는지에 대한 우려도 제기됐고, 미국간호사연합이 1,900명의 간호사를 상대로 조사한 결과 85%가 에볼라 환자 치료와 관련한 실질적 교육을 받지 못한 것으로 나타났다.

　에볼라 바이러스의 전염원은 감염된 사람의 혈액이나 체액의 직접 접촉에 의해서 전파되는 것으로 알려져 있고, 질병을 일으키는 많은 바이러스들은 주로 사람의 손을 통해 이동하는 경우가 많기 때문에 외출 후 손 씻기만으로도 많은 질병을 예방할 수 있다는 것은 이미 널리 알려진 사실이다. 또한 비누 등의 세정제를 이용해 손가락 사이와 손목까지 확실하게 20초 이상 손을 씻는 것이 중요하다.

공포가 확산되는 것을 조기에 차단하기 위해 정부가 정보를 공개하고 안전홍보 활동에도 힘을 쏟아야 한다. 질병의 국내 유입 가능성을 차단하기 위해 국제공항을 중심으로 방역작업을 강화하고, 에볼라를 치료하기 위한 실험실이 국내에 전무한 만큼 인프라 구축에도 관심을 기울여야 한다.

(2014년 10월 24일, 문화일보)

16. '자연과 휴식의 만남' 팜스테이로 떠나보자

본격적인 여름휴가철이 시작됐다. 여름이면 흔히 깊은 산속 계곡과 바다를 찾아가 무더위를 식힌다. 특히 학령기 자녀를 둔 가정에서는 피서와 함께 체험학습을 더할 수 있는 곳이 어디일까를 찾아 헤매는 고민 아닌 고민을 하게 된다. 그래서 이번 여름휴가에 팜스테이 마을에서의 행복한 가족체험 피서를 권하고 싶다.

팜스테이 마을은 전국에 300여 곳 이상이 조성돼 있다. 팜스테이 마을은 등급화되어 나뉘어져 있고, 각 지역의 특성을 살린 문화상품 및 이벤트를 준비해두고 있다. 여행객들은 자신들의 취향에 맞는 마을을 선택할 수 있다. 좋아하는 채소나 과일을 수확하는 경험을 할 수 있는 곳이나 자연경관이 우수한 곳 등을 잘 살필 수 있도록 팜스테이 홈페이지(www.farmstay.co.kr)를 운영한다. 이곳을 통해 여행할

마을의 정보를 확인할 수 있고 예약도 가능하다.

그렇다면 우리는 팜스테이 체험을 통해 무엇을 얻을 수 있을까. 첫째, 이곳에서 우리는 자연이 주는 느긋함을 즐길 수 있다. 천천히 흘러가는 구름 한 조각과 살랑이면서 시원하게 불어오는 바람, 신나게 울어대는 매미 노래 소리를 듣는 느림의 미학을 체험하게 된다. 둘째, 밭에서 직접 수확한 신선한 우리 농산물을 접할 수 있다. 직접 수확한 풋고추를 쌈장에 푹 찍어 먹고, 애호박을 따서 끓인 된장찌개, 상추와 깻잎, 오이 등을 섞어 만든 비빔밥 등 즉석에서 가족과 함께 요리해 먹으면 소박하지만 건강한 먹거리를 맛볼 수 있다. 셋째, 시골의 넉넉한 인심과 자연이 주는 숨겨진 혜택을 받을 수 있다.

어딜 가나 반갑게 인사하고, 옥수수나 감자를 쪄서 나눠 먹는 넉넉한 농촌인심을 쉽게 접할 수 있게 된다. 또한 밤이 되면 평상에 누워 도시에서는 볼 수 없는 쏟아지는 별빛을 바라보면서 자신의 어린 시절 이야기부터 첫사랑 추억, 아련했던 추억을 얘기할 수 있게 된다. 복잡한 도시에서 빨리빨리가 몸에 밴 어른들에게 한가롭고 온전한 휴식을 선물받게 될 것이다.

마지막으로 또한 손쉽게 이용하고 인공적인 편의시설이 갖춰진 워터파크나 테마파크가 아닌 자연 속에서 아이들은 또 다른 이색적인 경험을 할 수 있다. 즉, 모든 놀이를 게임기나 정해진 놀이기구를 통해서 즐거움을 얻는 것이 아니라 자연 그대로나 조금 변형된 놀이기구를 찾거나 스스로 만들면서 창조적인 생각을 해보기도 한다. 게다가 농촌의 팜스테이가 도시와는 다른 무엇인가 조금은 불편할 수 있다. 그러나 그 불편함을 해결할 수 있는 것은 무엇인지 골똘히 함께 생각하기도 하고, 함께 해결하기도 한다.

조금은 느리지만 천천히 깨닫게 하는 팜스테이는 신선한 건강함을 입으로 몸으로 느끼게 할 것이다. 이러한 상생의 휴가는 농촌경제 활성화에도 기여하고, 우리 농축산물 소비확대와 농업인 소득증대에도 한몫을 하는 좋은 기회가 될 수 있을 것이다. 자, 올여름 피서를 팜스테이로 떠나보자.

(2015년 7월 30일, 경남일보)

17. 즐거운 휴가! 안전도 함께

본격적인 여름휴가를 떠나는 시기다. 해방감 속에서도 잊지 말아야 할 화두가 바로 '안전'이다. 즐거워야 할 여행이 예상치 못한 불행으로 이어지지 않도록 안전에 각별이 주의해야 한다.

특히 방학과 본격적인 휴가철인 7월 하순에서 8월 중순 사이에 인명사고가 집중되고 있다. 국민안전처는 최근 3년(2012~2014년)간 여름철 물놀이 안전사고 분석결과 인명구조가 2천383건이 발생해 84명이 사망했으며, 사고발생 원인은 안전수칙불이행 968건(40.6%), 수영 미숙 858건(36%), 음주 수영 등 기타 557건(23.4%) 등 대부분 부주의에 의한 것이라고 발표했다. 또 소방관계당국은 올여름은 폭염에 의한 해수욕장 물놀이 사고가 크게 증가할 것으로 예상돼 각별한 주의를 기울여야 한다고 경고했다.

물놀이 안전사고는 대부분 안전수칙을 무시한 개인주의, 음주 수영 등 안전 불감증에 의해 사고가 많이 발생하는 것으로 분석됐다. 그러면 매년 반복되고 있는 여름철 안전사고를 사전에 예방할 수 있는 방법은 없을까? 스스로 '안전'에 대한 정보를 미리 파악해 철저히 준비하는 것만이 사고를 예방할 수 있는 길이다.

따라서 지역 소방본부와 119시민 수상구조대는 사전에 물놀이, 폭염(교통사고 포함) 등 안전사고 발생 위험지역을 사전 분석해 그 지역에서 과거의 사고 유무 등을 기록해 안전조치에 최선을 다해야 하고, 행정기관에서는 조난에 대비해 안전표시 체계를 정비하여야 한다. 해수욕장에서는 필수 안전요원의 확보함과 동시에 휴가를 떠날 때에는 해당지역에 충분한 정보와 지식을 갖는다면 안전사고 발생은 현재보다 현저히 줄어들 것이다.

(2015년 8월 12일, 중부매일)

18. 교통 불편한 농촌에서 '노노케어' 활성화 위해선 차량지원 등 필요

신조어인 노노케어(老老 Care)는 '노인이 노인을 돌본다'는 의미로, 거동이 불편한 노인에게는 복지혜택을 제공하고, 건강한 노인에게는 일자리를 제공함으로써 농촌사회 안전망과 맞춤형 노인복지사업으로 각광받고 있다.

노노케어는 노인 수발과 노인 일자리 창출 사업을 중심으로 65세 이상 기초연금을 받는 저소득 독거노인, 노인부부, 조손가구, 경중치매 노인에게 안부 확인, 말벗(Phone-Care) 활동, 생활상태 점검을 지원하고 있다.

농촌지역의 노노케어는 높은 만족도에도 불구하고 도시에 비해 지리적 접근성이 낙후돼 어려움이 많다. 65세 이상의 고령 노노케어 제공자가 수십 명의 대상자를 맡다보니 운영상의 한계가 존재하고, 서비스의 질적 하락이 우려되고 있다.

농촌형 노노케어 활성화를 위하여 농촌 현실에 적합한 복지서비스 및 노노케어와의 상호 연계를 위한 지속적인 협력과 지원이 필요하고 특히, 교통 인프라가 취약한 농촌, 산간지역에 돌봄서비스를 위한 차량지원 등의 방안도 적극 모색해야 한다. 관련 단체는 농촌형 노노케어 형성을 위해 기존의 지원체계를 확충하고, 지자체와의 협력을 모색하여 고령화의 진전에 따른 노인복지사업을 강화할 필요가 있다. 또한 여가활동, 건강, 취미 등의 교육 프로그램과 반찬배달, 말벗서비스, 건강검진, 일자리를 통한 농외소득 등 복지사업이 확대 시행되기를 기대한다.

(2015년 8월 19일, 문화일보)

19. 숲은 미래를 위한 준비다

이제 우리나라도 뚜렷한 사계절이 점차 사라지고 비가 많고 무더운 여름과 춥고 긴 겨울만 이어진다. 이런 현상은 우리뿐만이 아니다. 요즘 지구는 이상기후로 인해 자정능력을 잃을 정도로 심한 몸살을 앓고 있다. 각종 기록을 갈아 치우는 홍수와 폭설 등의 피해사례가 빈번히 발생한다.

이상기후는 지구온난화가 주범이다. 온난화로 빙하가 사라지고 있고 지구 곳곳에서 사막화가 급속히 진행되고 있다. 유엔의 기후변동에 관한 자료에 의하면 대기 중 온실가스 증가로 지난 100년간 세계 평균기온은 0.74℃ 상승하였고 금세기 말 최고 6.4℃까지 상승을 예상하고 있다. 이는 곳 엄청난 재난을 예고하고 있는 셈이다.

이러한 이상기후의 심각성을 강조하기 위해 환경운동가 레스터 브라운은 그의 저서인 『우리는 미래를 훔쳐 쓰고 있다』에서 기후변화는 단순히 과학 이슈가 아니라 세계 경제, 세계 안보와 직결되는 정치, 사회, 문화의 문제라 경고했다.

더워지는 지구를 지키는 가장 훌륭한 방법은 화석연료 사용 감축과 더불어 나무를 심고 숲을 가꾸는 것이다. 유엔 식량농업기구(FAO)에서 발표한 자료에 의하면 매년 6,400만ha의 숲이 파괴되어 사라지고 있다고 밝혔다. 지구의 허파가 조금씩 잘려나가고 있는 것이다.

잘 가꾸어진 숲에 있는 큰 나무 한 그루는 네 사람이 하루에 필요로 하는 산소를 공급해주며 산림 1ha는 온난화의 주범인 이산화탄소를 연간 16t 흡수한다. 또한 삼림은 지구온난화 방지라는 공익적 가치 외에도 직접적인 가치로 목재생산을 비롯해 산림에서 얻을 수 있는 각종 부산물들을 우리에게 제공해준다.

숲을 가꾸는 일은 미래를 가꾸는 것이다. 우리 후손들도 푸른 숲 속에서 건강에 좋은 피톤치드를 맘껏 마실 수 있도록 심고 가꾸자. 또한 종이 한 장이라도 아껴 쓰는 절약정신이 숲을 보존하는 지름길 이라는 것을 명심하자.

(2015년 9월 1일, 경남일보)

20. 쌓이는 눈은 내가 먼저 치우기 시작해야

올겨울 잦은 눈이 예보된다. 가끔 내리는 눈은 사람 마음을 설레게 한다. 어린이들은 눈사람을 만들기도 하고, 눈을 모아 던지면서 즐긴다. 하지만 자주 오는 눈은 불편을 준다. 거리가 미끄러워 혹여나 넘어지진 않을까 조심조심하며 종종걸음을 걷게 된다. 도로는 주차장이 되기 십상이고 교통사고를 유발한다. 그늘진 골목길 사고도 잦아진다.

눈으로 인해 여러 가지 발생되는 불편과 사고를 미리 예방하려면 내 집 앞 쌓이는 눈부터 치워야 한다. 함께 사는 사회를 위해 스스로 나서 눈을 치워야 한다. 폭설이 내리면 큰 도로는 행정기관에서 눈을 치우고 염화칼슘도 뿌린다. 그러나 골목길까지는 행정기관이 처리하지 못한다.

눈을 치우지 않으면 골목골목이 오랫동안 빙판으로 남아 있게 되고 이 때문에 나이 드신 분들과 어린이들이 미끄러지는 사고가 빈번이 일어난다.

또 화재사고나 응급환자가 발생했을 때 차량이동에도 큰 방해가 된다. 간혹 눈만 내리면 무작정 시청, 구청, 동사무소에 전화해 치워달라고만 하는 사람들이 있다. 이는 시민의식과 관련 있는 만큼 내 집 앞만이라도 스스로 치운다는 생각을 가져야 한다.

동네 골목길 같은 이면도로 제설작업은 '내 집 앞 눈 쓸기' 법규와 조례가 있다. 집주인과 상가 관리자는 이면도로와 보행로 등의 눈을 직접 치워서 안전한 거리환경을 만들어야 한다. 또한 도로에 불법주정차로 인해 신속한 제설작업에 어려움이 없도록 시민의식을 높여야 하겠다.

눈이 치워지지 않은 상가나 가게 앞을 지나다 보면 주인의 시민의식을 의심하게 된다. 의식 개혁이 이뤄져야 한다. 자발적으로 눈을 치우는 것은 이웃을 위한 배려이자 자신의 품격을 높이는 일이다. 또한 자치단체에서는 제설작업을 제때에 해주어 시민들의 불편이 없도록 해야 한다. 안전하고 마음 따뜻한 겨울을 위해 이웃과 내 가족이 내 집 앞 눈 쓸기 운동에 적극적으로 참여하자.

(2015년 12월 7일, 중부매일)

21. 어려운 농업용어 순우리말로 바꿔 사용해야

어려운 농업용어는 농업이 미래성장 산업으로 발전하는 데 있어서 저해요소이다. 자라나는 아이들에게는 농업에 대한 친숙한 환경조성을 어렵게 하고 있다. 최근 늘어나고 있는 젊은 농업인에게도 낯설다.

현장과 학계에서 상당 부분은 한자어와 일제 강점기에 사용해오던 것을 바꾸지 않은 경우가 많다. 순우리말로 바꿔 사용하면 이해가 쉽고 의미가 정확하게 전달된다.

한해(旱害)는 가뭄피해, 한해(寒害)는 추위피해, 맹아(萌芽)는 움트기로 바꿔 표현해야 한다. 이외에도 사양(飼養)은 기르기, 지주(支柱)는 받침대, 가식(假植)은 임시심기로 사용하면 훨씬 이해가 빠르다. 굳이 어려운 말을 사용할 이유가 없다.

농업 농촌 관련 기관에서 책자를 발간해 농업용어 이해증진에 사용하고 있으나 아직까지 우리말 농업용어 쓰임이 활발하지 않은 상황이다. 한자와 일본식 용어는 언어소통을 불편하게 하여 농업이 타 산업과 연계를 통한 미래성장 산업으로 발전에 장애요인이다.

최근 증가하고 있는 귀농·귀촌인들이 농업에 대한 이해를 어렵게 하고 있는 측면도 있다. 조사에 따르면, 귀농 장애요인 중 '여유자금 부족' 다음으로 '영농기술 습득'이 높게 나타났다. 어려운 농업용어가 귀농인들의 농촌 정착에 장애요인으로 작용하고 있다.

순우리말 농업용어 사용의 확산과 정착을 위해서는 정부와 자치단체의 적극적인 참여가 중요하다. 공식적인 사용을 강화하기 위해 농업 관련 법령이나 행정규칙 재·개정을 통해 하루빨리 변경해야 한다. 농촌 현장에서는 순우리말 농업용어 사용 캠페인 등에 적극 동참할 필요가 있다. 농협 등 생산자단체에서도 적극적 동참을 유도한다면 우리말 농업용어의 사용 확산 및 정착에 기여할 수 있을 것이다.

(2015년 12월 23일, 중부매일)

22. 도시의 구원투수 꿀벌

온 국민의 사랑을 받고 있는 프로야구 시즌이 개막된다. 대장정을 하다보면 선발투수가 한 경기를 책임지는 일은 그리 많지 않다. 선발투수의 컨디션이 좋지 않거나, 부상 혹은 경기 전력에 위기상황이 왔을 때 필요한 것이 바로 구원투수다. 프로야구의 구원투수처럼 도시의 위기상황에 대처할 구원투수는 누구일까? 꿀벌이다. 꿀벌을 투입해야 한다.

꿀벌을 도시의 구원투수로 세우는 전략은 세 가지다.

첫째는 꿀벌을 통한 도시브랜드 강화다. 꿀벌은 깨끗한 환경을 나타내는 환경지표종이다. 그렇기에 대기환경 등이 오염된 곳에서는 살기 어렵다. 꿀벌이 잘 사는 도시라는 것은 사람도 살만하다는 걸 나타내는 지표다.

둘째는 도시농업의 연장선상이다. 해외에서도 도시농업이 발전해 나갈수록 1차 채소류, 2차 곤충, 3차 소형가축으로 점점 그 영역을 넓혀나가는 경우가 많다. 우리나라의 도시농업의 역사에서 볼 때 현재는 2차의 시기라고 생각된다.

셋째로 도시 환경개선, 도시민의 친자연 커뮤니티 조성을 위해 진행되는 경우다. 지방자치단체 차원에서 가로수 농약 사용 억제, 지역 내 밀원식물 식재 등을 병행하는 경우가 많다. 그만큼 도시의 문화적, 생태적, 경제적 차원의 융복합 가능성은 매우 높게 평가된다.

도시에서 꿀벌을 키우는 것만으로도 큰 변화를 가져올 수 있다. 자연스레 도시환경에서 꿀벌에 좋지 않은 것들을 제거해주고 꿀벌이 잘살 수 있게 도와주는 역할을 하게 된다.

가로수 방제약을 친환경 약제로 바꾸거나 가로수나 꽃을 더 많이 심는 등 친환경 운동을 병행하며 사람이 살기 좋은 도시환경이 조성되는 경우가 많다.

우리나라는 산업화와 함께 도시화가 빠르게 진행되면서 그 결과 도시 거주민은 전체 인구의 90.9%로 100명 중 약 91명이 도시에 산다. 사람이 사는 공간이기에 더 조화로워야 하나, 도시라는 공간은 그렇지 않은 경우가 많다. 도시민 1명당 세계보건기구가 권장하는 도시의 녹지율은 약 9제곱미터, 하지만 우리나라의 대도시들은 그 수치를 훨씬 밑돈다.

해외에서 대도시 중심으로 꿀벌을 키우는 사례가 많다. 일본 도쿄 긴자, 영국 런던의 포트넘앤메이슨 백화점 옥상, 프랑스 파리대성당 옥상 등 우리에게 익숙한 건물에는 사람만이 아닌 꿀벌도 살고 있는 것이다.

　도시꿀벌을 시행하는 지자체나 단체에서도 단순하게 꿀만 생산하는 데에서 머무르지 말아야 한다. 도시환경 개선 등을 위해 꿀벌이 선호하는 밀원식물 식재, 가로수 방제제 친환경으로 바꾸기 등을 통해 도시환경과 공존하며 사람들과 공존할 수 있는 도시양봉을 전개해나갈 수 있다. 도시꿀벌이 단순한 농업에서만 머무르는 게 아닌 다양한 주체들이 함께해 하나의 문화로 자리 잡을 수 있는 토대가 하루빨리 마련돼야 한다.

(2016년 4월 1일, 인천일보)

전성군

전북대학교 및 동 대학원 졸업(경제학 박사)
농협 조사부 조사역 및 농협중앙교육원 교수
농촌진흥청 녹색기술자문위원 및 한국귀농귀촌진흥원 이사
현) 농협안성교육원 교수

강대성

단국대학교 및 동 대학원 졸업(농학 박사)
NH농협종묘개발센터 팀장
농협중앙회 영양군지부 농정단장
현) 농협안성교육원 교수

최성오

경상대학교 졸업(경영학)
중앙대학교 대학원 경영학 석사
농협중앙회 양산시지부 팀장
현) 농협안성교육원 교수

김광태

동국대학교 석사 및 박사과정 수료
석사정훈장교 중위 임관
보병 15사단 50연대 정훈과장
서평택 포승공단 출장소장
현) 농협안성교육원 교수

박상도

한국외국어대학교 졸업
육군학사장교 복무(중위)
중앙대학교 대학원 경영학 석사
농협중앙회 국제금융부
현) 농협안성교육원 교수

송경규 —————————————————————————

전북대학교 박사과정 수료(농학)
육군학사장교 복무(중위)
농협식품연구소 센터장
농협유통(전주유통) 팀장
현) 농협안성교육원 교수

흥부가
태어난다면
제비가
돌아올까?

초판인쇄 2016년 7월 29일
초판발행 2016년 7월 29일

지은이 전성군·강대성·최성오·김광태·박상도·송경규
펴낸이 채종준
펴낸곳 한국학술정보㈜
주소 경기도 파주시 회동길 230(문발동)
전화 031) 908-3181(대표)
팩스 031) 908-3189
홈페이지 http://ebook.kstudy.com
전자우편 출판사업부 publish@kstudy.com
등록 제일산-115호(2000. 6. 19)

ISBN 978-89-268-7496-7 03520